化学工业出版社"十四五"普通高等教育规划教材

 高等院校智能制造人才培养系列教材

机器人技术基础

刘瑛 李文 编著

Fundamentals of
Robotics

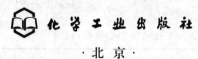 化学工业出版社

·北京·

内 容 简 介

本书是"高等院校智能制造人才培养系列教材"之一，面向智能制造相关专业，目标是打造适合培养智能制造工程人才的教材体系，以培养适应智能制造发展需求的应用型人才。

本书主要介绍机器人技术的内涵和体系，以串联机器人为重点，涵盖串、并联和移动机器人的本体结构，机器人坐标系及其位姿描述，正向和逆向运动学分析，机器人的动力学分析，机器人内部和外部传感器的类型与工作原理，机器人的控制系统，关节空间和操作空间运动规划等核心内容。各章均按照思维导图、学习目标、问题导入、主要内容、本章小结、习题的结构编排。本书讲解深入浅出，并配有大量图片、MATLAB 程序以及视频讲解，将抽象内容可视化。

本书可作为高等学校机器人工程、智能制造工程、机械设计制造及自动化、机械电子工程、自动控制和计算机应用等专业本科生和研究生专业课程的教材，同时也可为从事机器人研究和制造的科研及工程人员提供参考。

图书在版编目（CIP）数据

机器人技术基础 / 刘瑛，李文编著. —北京：化学工业出版社，2024.4

高等院校智能制造人才培养系列教材

ISBN 978-7-122-45116-3

Ⅰ.①机… Ⅱ.①刘… ②李… Ⅲ.①机器人技术-高等学校-教材 Ⅳ.①TP24

中国国家版本馆 CIP 数据核字（2024）第 039506 号

责任编辑：金林茹 严春晖 　　　　　装帧设计：韩 飞
责任校对：边 涛

出版发行：化学工业出版社（北京市东城区青年湖南街 13 号 邮政编码 100011）
印 　　装：大厂聚鑫印刷有限责任公司
787mm×1092mm 1/16 印张 15½ 字数 367 千字 2024 年 5 月北京第 1 版第 1 次印刷

购书咨询：010-64518888 　　　　　　售后服务：010-64518899
网 　址：http://www.cip.com.cn
凡购买本书，如有缺损质量问题，本社销售中心负责调换。

定 　价：49.80 元

高等院校智能制造人才培养系列教材
建设委员会

序

党的二十大报告指出，要建设现代化产业体系，坚持把发展经济的着力点放在实体经济上，推进新型工业化，加快建设制造强国、质量强国、航天强国、交通强国、网络强国、数字中国。实施产业基础再造工程和重大技术装备攻关工程，支持专精特新企业发展，推动制造业高端化、智能化、绿色化发展。推动战略性新兴产业融合集群发展，构建新一代信息技术、人工智能、生物技术、新能源、新材料、高端装备、绿色环保等一批新的增长引擎。其中，制造强国、高端装备等重点工作都与智能制造相关，可以说，智能制造是我国从制造大国转向制造强国、构建中国制造业全球优势的主要路径。

制造业是一个国家的立国之本、强国之基，历来是世界各主要工业国高度重视和发展的重要领域。改革开放以来，我国综合国力得到稳步提升，到 2011 年中国工业总产值全球第一，分别是美国、德国、日本的 120%、346%和 235%。党的十八大以来，我国进入了新时代，发展的格局更为宏大，"一带一路"倡议和制造强国战略使我国工业正在实现从大到强的转变。我国不但建立了全球最为齐全的工业体系，而且在许多重大装备领域取得突破，特别是在三代核电、特高压输电、特大型水电站、大型炼化工、油气长输管线、大型矿山采掘与炼矿综采重点工程建设项目、重大成套装备、高端装备、航空航天等领域取得了丰硕成果，补齐了短板，打破了国外垄断，解决了许多"卡脖子"难题，为推动重大技术装备高质量发展，实现我国高水平科技自立自强奠定了坚实基础。进入新时代的十年，制造业增加值从 2012 年的 16.98 万亿元增加到 2021 年的 31.4 万亿元，占全球比重从 20%左右提高到近 30%；500 种主要工业产品中，我国有四成以上产量位居世界第一；建成全球规模最大、技术领先的网络基础设施……一个个亮眼的数据，一项项提气的成就，勾勒出十年间大国制造的非凡足迹，标志着我国迎来从"制造大国""网络大国"向"制造强国""网络强国"的历史性跨越。

最早提出智能制造概念的是美国人 P.K.Wright，他在其 1988 年出版的专著 *Manufacturing Intelligence*（《制造智能》）中，把智能制造定义为"通过集成知识工程、制造软件系统、机器人视觉和机器人控制来对制造技工们的技能与专家知识进行建模，以使智能机器能够在没有人工干预的情况下进行小批量生产"。当然，因为智能制造仍处在发展阶段，各种定义层出不穷，国内外有不同专家给出了不同的定义，但智能机器、智能传感、智能算法、智能设计、解决制造过程中不确定问题的智能方法、智能维护是智能制造的核心关键词。

从人才培养的角度而言，实现智能制造还任重道远，人才紧缺的局面很难在短时间内扭转，相关高校师资力量也不足。据不完全统计，近五年来，全国有 300 多所高校开办了智能制造专业，其中既有双一流高校，也有许多地方院校和民办高校，人才培养定位、课程体系、教材建设、实践环节都面临一系列问题，严重制约着我国智能制造业未来的长远发展。在此情况下，如何培养出适应不同行业、不同岗位要求的智能制造专业人才，是许多开设该专业的高校面临的首要任务。

智能制造的特点决定了其人才培养模式区别于其他传统工科：首先，智能制造是跨专业的，其所涉及的知识几乎与所有工科门类有关；其次，智能制造是跨行业的，其核心技术不仅覆盖所有制造行业，也适用于某些非制造行业。因此，智能制造人才培养既要考虑本校专业特色，又不能脱离社会对智能制造人才的需求，既要遵循教育的基本规律，又要创新教育体系和教学方法。在课程设置中要充分考虑以下因素：

- 考虑不同类型学校的定位和特色；
- 考虑学生已有知识基础和结构；
- 考虑适应某些行业需求，如流程制造，离散制造，混合制造等；
- 考虑适应不同生产模式，如多品种、小批量生产、大批量生产等；
- 考虑让学生了解智能制造相关前沿技术；
- 考虑兼顾应用型、技能型、研究型岗位需求等。

改革开放 40 多年来，我国的高等教育突飞猛进，高等教育的毛入学率从 1978 年的 1.55%提高到 2021 年的 57.8%，进入了普及化教育阶段，这就意味着高等教育担负的历史使命、受教育的对象都发生了深刻的变化。面对地方应用型高校生源差异化大，因材施教，做好智能制造应用型人才培养，解决高校智能制造应用型人才培养的教材需求就是本系列教材的使命和定位。

要解决好这个问题，首先要有一个好的定位，有一个明确的认识，这套教材定位于智能制造应用人才培养需求，就是要解决应用型人才培养的知识体系如何构造，智能制造应用型人才的课程内容如何搭建。我们知道，应用型高校学生培养的主要目的是为应用型学科专业的学生打牢一定的理论功底，为培养德才兼备、五育并举的应用型人才服务，因此在课程体系、基础课程、专业教育、实践能力培养上与传统综合性大学和"双一流"学校比较应有不同的侧重，应更着眼于学生的实用性需求，应培养满足社会对应用技术人才的需求，满足社会实际生产和社会实际发展的需求，更要考虑这些学校学生的实际，也就是要面向社会发展需求，为社会各行各业培养"适销对路"的专业人才。因此，在人才培养的过程中，对实践环节的要求更高，要非常注重理论和实践相结合。据此，在应用型人才培养模式的构建上，从培养方案、课程体系、教学内容、教学方式、教材建设上都应注重应用型人才培养的规律，这正是我们编写这套智能制造相关专业教材的目的。

这套教材的突出特色有以下几点：

① 定位于应用型。这套教材不仅有适应智能制造应用型人才培养的专业主干课程和选修课程教

材，还有基于机械类专业向智能制造转型的专业基础课教材，专业基础课教材的编写中以应用为导向，突出理论的应用价值。在编写中引入现代教学方法和手段，结合教学软件和工业仿真软件，使理论教学更为生动化、具象化，努力实现理论课程通向专业教学的桥梁作用。例如，在制图课程中较多地使用工业界成熟设计软件，使学生掌握比较扎实的软件设计能力；在工程力学教学中引入有限元软件，实现设计计算的有限元化；在机械设计中引入模块化设计的概念；在控制工程中引入 MATLAB 仿真和计算机编程内容，实现基础教学内容的更新和对专业教育的支撑，凸显应用型人才培养模式的特点。

② 专业教材突出实用性、模块化、柔性化。智能制造技术是利用先进的制造技术，以及数字化、网络化、智能化等知识和控制理论来解决制造过程中不确定和非固定模式的问题，使得制造过程具有智能的技术，它的特点是综合性和知识内涵的丰富性以及知识本身的创新性。因此，在教材建设上与以前传统的知识技术技能模式应有大的区别，更应注重对学生理念、意识、认知、思维方式和系统解决问题能力的培养。同时考虑到各行业、各地和各校发展阶段和实际办学水平的不同，希望这套教材尽可能为各校合理选择教学内容提供一个模块化、积木式结构，并在实际编写中尽量提供项目化案例，以便学校根据具体情况做柔性化选择。

③ 本系列教材注重数字资源建设，更多地采用多媒体的互动方式，如配套课件、教学视频、测试题等，使教材呈现形式多样化，数字内容更为丰富。

由于编写时间紧张，智能制造技术日新月异，编写人员专业水平有限，书中难免有不当之处，敬请读者及时批评指正。

高等院校智能制造人才培养系列教材建设委员会

前　言

党的二十大报告中，习近平总书记指出要建设现代化产业体系，坚持把发展经济的着力点放在实体经济上，推进新型工业化，加快建设制造强国、质量强国、航天强国、交通强国、网络强国、数字中国。这些重点工作都与智能制造相关，可以说智能制造是我国从制造大国转向制造强国，使中国制造业占据全球优势的主要路径。在向制造强国奋进的道路上，发展机器人是大势所趋。目前在我国机器人产业爆发式成长的态势下，需要大量掌握机器人技术的专业人才。不论是机械、机电等传统专业，还是机器人工程、智能制造工程等新兴专业，纷纷将机器人技术相关课程纳入其培养体系。

编者从事机器人技术基础本科教学工作多年，熟悉市面上与机器人技术基础相关的教材，在使用中发现有不便或不足之处。该课程涉及机械、电子、控制甚至生物多个领域，对高等数学、线性代数等数学基础也有很高的要求，这就决定了这门课程十分硬核的特征。如何讲解才能让学生更好地理解和掌握，这是编者长期思考和探索的问题。这种思考形成了本书的几个特点。

（1）丰富的图片

有很多内容仅用语言表达不易理解，看了图片却能很快领会，所谓一图胜千言。本书的图片比例非常高，在编写过程中编者往往是首先精心挑选和绘制图片，然后再围绕图片用通俗易懂的文字讲述原理。在有些章节，比如讲述编码器的工作原理、不同的轨迹规划方式时，还提供了动画（扫码可见），尽可能多地降低读者的认知负荷。

（2）为例题配套程序和视频讲解

本书的核心章节包括机器人的运动学、动力学、控制以及轨迹规划，它们均涉及需要分析计算的内容。如果仅用传统理论推导的形式展示，读者往往难以理解公式、参数与物理世界究竟有何联系。MATLAB/Simulink 功能非常强大，可以广泛应用于机器人教学中。本书核心章节的例题均配套了 MATLAB 程序或 Simulink 仿真，只要运行一下即可将抽象的概念和公式用数据、图片、动画等形式生动地展现出来。如果简单修改程序的参数，就会产生不同的运行结果，从而进一步理解各个参数的具体含义。这种可视化的学习方法不但易于理解，更会让学习变得妙趣横生。

（3）符合认知规律的章节组织形式

每一章都从问题导入开始，使读者通过案例相关的问题聚焦本章的主要内容，接下来明确列出本章的学习目标，正文之后的总结则帮助读者重新梳理本章的内容。最具特色的是课后习题，分为工程基础问题和设计问题两大类，前者与普通教材的习题无异，后者则为本书的特色所在，即通过一个系统设计项目贯穿教材始终，让碎片化知识融会贯通。比如学习机器人结构时，要求用三维软件对 PUMA560 机器人进行结构建模和装配；学习运动学时，要求仿照例题用 MATLAB 程序解决 PUMA560 机器人的正逆运动学问题；学习动力学、控制及轨迹规划时，设计问题均围绕该机器人进行。学完整本书时，学生也就设计出了自己的一个串联机器人，并可通过软件进行仿真，从而获得很强的成就感。由于工作量较大，这个项目可以由小组同学共同完成。

本书在内容上聚焦于串联机器人，共分 7 章。第 1 章介绍了机器人的历史、分类及其基本参数，结合学科和科技的发展，探讨了机器人的发展趋势。第 2 章介绍了串联、并联和移动机器人的本体结构，给出结构设计要点和常用的结构形式。第 3 章介绍机器人坐标系及其位姿的描述方法、机器人的 D-H 表示法、正向运动学和逆向运动学等内容。第 4 章分析机器人的速度和速度雅可比矩阵，介绍用拉格朗日方程进行动力学分析的方法。第 5 章介绍机器人内部和外部传感器的类型及其工作原理。第 6 章介绍机器人控制系统，包括电动机驱动的系统动力学建模、关节位置控制以及力控制。第 7 章讨论在关节空间和操作空间运动的轨迹规划和生成方式。

本书是编者在多年的教学经验、科研实践的基础上编写而成的。第 1、5 章由北方工业大学李文副教授编写，其他章节由北方工业大学刘瑛副教授编写。郭淇和王恩红两位研究生作为第一读者，从学生的视角提出许多宝贵的建议，确保本书内容安排循序渐进、讲解深入浅出，便于学生学习和理解，在此一并表示感谢。

由于水平所限，书中难免有不足之处，欢迎读者通过 liuying@ncut.edu.cn 联系我们，帮助我们不断完善。

编著者
2023.10 于北京

扫码获取课件与
源程序资料包

目　录

第 1 章　绪论 ······ 1

1.1　机器人的发展与定义 ················· 2
  1.1.1　机器人发展简史 ··············· 2
  1.1.2　机器人的定义 ················· 6
1.2　机器人的组成与分类 ················· 7
  1.2.1　机器人的组成 ················· 7
  1.2.2　机器人的分类 ················· 9
1.3　机器人的技术参数 ················· 13
  1.3.1　自由度 ···················· 13
  1.3.2　精度 ····················· 14
  1.3.3　工作空间 ·················· 15
  1.3.4　工作速度 ·················· 15
  1.3.5　承载能力 ·················· 16
  1.3.6　防护等级 ·················· 16
1.4　机器人的应用与发展趋势 ············· 17
  1.4.1　机器人的应用 ··············· 17
  1.4.2　机器人的发展趋势 ············· 18
1.5　机器人相关学科和课程 ·············· 19
  1.5.1　机器人相关学科 ·············· 19
  1.5.2　机器人相关课程 ·············· 20
本章小结 ·························· 21
习题 ···························· 22

第2章 机器人本体结构　23

2.1 串联机器人的结构 ·················· 24
　　2.1.1 驱动机构 ·················· 24
　　2.1.2 传动机构 ·················· 27
　　2.1.3 传动机构的定位与消隙技术 ·················· 37
　　2.1.4 执行机构 ·················· 40

2.2 并联机器人的结构 ·················· 53
　　2.2.1 并联机构 ·················· 53
　　2.2.2 并联机器人 ·················· 54

2.3 移动机器人的结构 ·················· 55
　　2.3.1 车轮式移动机器人 ·················· 55
　　2.3.2 履带式移动机器人 ·················· 56
　　2.3.3 步行机器人 ·················· 57

本章小结 ·················· 58
习题 ·················· 58

第3章 机器人运动学分析　60

3.1 机器人位姿和坐标变换 ·················· 61
　　3.1.1 位置与姿态 ·················· 61
　　3.1.2 坐标变换 ·················· 62
　　3.1.3 齐次坐标变换 ·················· 65
　　3.1.4 左乘与右乘规则 ·················· 70

3.2 串联机器人位姿分析 ·················· 72
　　3.2.1 坐标系的建立 ·················· 73
　　3.2.2 D-H 参数及连杆坐标系变换矩阵的确定 ·················· 75
　　3.2.3 运动方程 ·················· 76

3.3 串联机器人运动学分析 ·················· 76
　　3.3.1 正向运动学 ·················· 77
　　3.3.2 逆向运动学 ·················· 84
　　3.3.3 关于反解的讨论 ·················· 91

本章小结 ………………………………………………… 93

习题 ………………………………………………………… 94

第4章　机器人动力学分析　96

4.1　速度分析 …………………………………………… 97

4.1.1　速度雅可比 ………………………………… 97

4.1.2　速度分析具体案例 ………………………… 102

4.2　静力学分析 ………………………………………… 104

4.2.1　力雅可比 …………………………………… 104

4.2.2　静力学的两类问题 ………………………… 105

4.3　动力学分析 ………………………………………… 106

4.3.1　动力学分析基础和方法 …………………… 106

4.3.2　拉格朗日方程 ……………………………… 108

4.3.3　关节空间和操作空间中的动力学方程 …………113

本章小结 ………………………………………………… 114

习题 ……………………………………………………… 114

第5章　机器人传感器　118

5.1　机器人传感器概述 ………………………………… 119

5.1.1　机器人传感器的分类 ……………………… 120

5.1.2　传感器的性能指标 ………………………… 121

5.1.3　机器人传感器的要求 ……………………… 124

5.2　机器人内部传感器 ………………………………… 125

5.2.1　位置传感器 ………………………………… 125

5.2.2　速度传感器 ………………………………… 131

5.2.3　加速度传感器 ……………………………… 134

5.2.4　姿态传感器 ………………………………… 136

5.3　机器人外部传感器 ………………………………… 136

5.3.1　视觉传感器 ………………………………… 137

5.3.2　听觉传感器 ………………………………… 139

5.3.3　触觉传感器 ………………………………… 141

    5.3.4　接近与距离觉传感器 ································ 146

    5.3.5　工业机器人的常用传感器 ····················· 149

  5.4　多传感器信息融合 ·································· 150

本章小结 ··· 152

习题 ·· 152

第6章　机器人控制系统 　154

  6.1　机器人控制系统概述 ·································· 155

    6.1.1　机器人控制系统的构成 ······················ 155

    6.1.2　机器人的控制层次和特点 ··················· 158

    6.1.3　机器人典型控制方式 ························· 159

  6.2　机器人位置控制 ······································ 160

    6.2.1　伺服驱动及其传递函数 ······················ 160

    6.2.2　单关节位置控制器的结构设计 ··············· 167

    6.2.3　单关节位置控制器的增益参数确定 ········· 171

    6.2.4　单关节位置控制器误差分析 ················· 173

    6.2.5　单关节位置 PID 控制 ······················· 176

    6.2.6　多关节位置控制 ····························· 177

  6.3　机器人力控制 ·· 179

    6.3.1　力控制概述 ································· 179

    6.3.2　阻抗控制 ··································· 181

    6.3.3　力/位混合控制 ······························ 185

本章小结 ··· 187

习题 ·· 187

第7章　机器人运动规划 　190

  7.1　机器人运动规划概述 ·································· 191

    7.1.1　运动规划的基本概念 ························· 191

    7.1.2　轨迹规划的一般问题 ························· 192

    7.1.3　轨迹的生成方式及控制过程 ················· 193

    7.1.4　关节空间和操作空间的轨迹规划 ··········· 194

7.2　关节空间的轨迹规划方法 ⋯⋯⋯⋯⋯⋯⋯⋯⋯ 195

　　7.2.1　三次多项式插补 ⋯⋯⋯⋯⋯⋯⋯⋯ 196

　　7.2.2　高阶多项式插补 ⋯⋯⋯⋯⋯⋯⋯⋯ 199

　　7.2.3　多项式插补用于多点间轨迹规划 ⋯⋯⋯⋯⋯⋯ 202

　　7.2.4　抛物线过渡的线性插补 ⋯⋯⋯⋯⋯⋯ 206

　　7.2.5　抛物线过渡的线性插补用于多点间轨迹规划 ⋯ 209

7.3　操作空间的轨迹规划 ⋯⋯⋯⋯⋯⋯⋯⋯⋯⋯ 213

　　7.3.1　空间直线插补 ⋯⋯⋯⋯⋯⋯⋯⋯⋯⋯⋯ 213

　　7.3.2　空间圆弧插补 ⋯⋯⋯⋯⋯⋯⋯⋯⋯⋯⋯ 215

　　7.3.3　机器人的末端姿态插补 ⋯⋯⋯⋯⋯⋯⋯ 221

　　7.3.4　操作空间轨迹规划的几何问题 ⋯⋯⋯⋯⋯⋯ 224

本章小结 ⋯⋯⋯⋯⋯⋯⋯⋯⋯⋯⋯⋯⋯⋯⋯⋯⋯ 227

习题 ⋯⋯⋯⋯⋯⋯⋯⋯⋯⋯⋯⋯⋯⋯⋯⋯⋯⋯⋯⋯ 227

参考文献 230

第 1 章

绪论

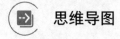

思维导图

扫码获取课件与
源程序资料包

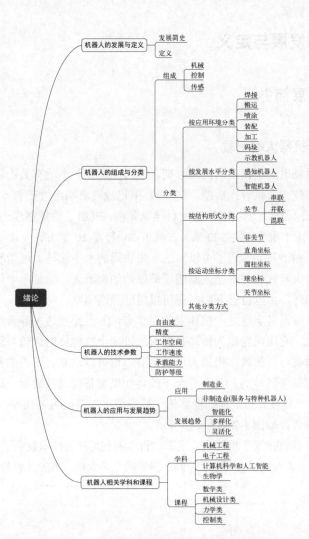

学习目标

1. 了解机器人的发展历史及定义；
2. 熟悉机器人的基本组成和主要分类方式；
3. 理解机器人主要技术参数的含义；
4. 了解机器人的主要应用领域和发展趋势；
5. 了解机器人技术主要与哪些学科及课程相关。

 问题导入

机器人这个名词，似乎每天都在眼前闪烁，在耳边回响，每个人都对此耳熟能详。然而，你真正了解什么是机器人吗？机器人经历了怎样的发展历程？它由哪些部分组成，主要有哪些分类？机器人是否也像其他工业品一样有其技术参数？机器人有哪些应用，未来又会朝着哪个方向发展？机器人技术涉及哪些学科？与我们曾经学过的基础课和专业课又有何种关系？让我们带着这些问题开启本章以及本书的学习之旅吧。

1.1 机器人的发展与定义

1.1.1 机器人发展简史

（1）古代关于机器人的记载

机器人的起源可以追溯到我国的西周时期，《列子·汤问》中就有关于巧匠偃师献给周穆王一个歌舞机器人的记载。春秋时代后期，《墨经》中记载鲁班利用竹子和木料制造出一个木鸟，能在空中飞行，"三日不下"。东汉时期的大科学家张衡，发明了测量路程的计里鼓车，如图 1-1所示，车上的木人每走 1 里（1 里=500 米）击鼓 1 次，每走 10 里击钟一次。《三国演义》和《三国志》都提到蜀汉丞相诸葛亮创造了可以运送军用物资的木牛流马，可惜制作工艺已失传。公元前 2 世纪，亚历山大时代的古希腊人发明了最原始的机器人，这是一个以水、空气和蒸汽压力为动力的会动的雕像，可以自己开门，还可以借助蒸汽唱歌。

著名的画家达·芬奇其实也是一位伟大的科学家，16 世纪初达·芬奇绘制了西方文明世界的第一款人形机器人，它用齿轮作为传动装置，通过两个机械杆的齿轮与胸部的一个圆盘齿轮咬合，机器人的胳膊就可以挥舞，机器人可以坐着，也可以站立。更绝的是，再通过一个传动杆与头部相连，头部就可以转动，甚至开合下颌。如果配备自动鼓装置，这个机器人甚至还可以发出声音。后来，一群意大利工程师根据达·芬奇留下的草图苦苦揣摩，耗时 15 年造出了被称作铠甲武士的机器人，如图 1-2 所示。

17～18 世纪，多国都出现了机器人的雏形。日本人利用钟表技术发明了自动机器玩偶，法国人发明了机械鸭，瑞士人发明了会写字、绘画、弹琴的三种人偶；英国钟表商向乾隆皇帝进贡了一个铜镀金写字人钟，能用毛笔写出"八方向化，九土来王"的对联，至今还存放在故宫博物院里。

图 1-1　计里鼓车　　　　　　　　　图 1-2　铠甲武士机器人

（2）近代机器人的发展

"机器人"一词首次出现是在 1920 年捷克作家卡雷尔·卡佩克发表的科幻剧《罗萨姆的万能机器人》中，作者根据捷克文 Robota（意为劳役、苦工）和波兰文 Robotnik（意为工人），创造出"robot"这个词。

1942 年，科幻作家阿西莫夫在其科幻小说 *Rounaround* 中，提出了著名的机器人学三原则：

① 机器人不得危害人类，也不能在人类受伤害时袖手旁观；

② 机器人必须服从人类的命令，但命令违反第一条原则时例外；

③ 在不违反第一条和第二条原则时，机器人必须保护自身不受伤害。

上述三原则虽然只是在科幻小说中的创造，但却成为机器人研究的伦理性纲领，机器人学界一直将这三原则作为机器人开发的准则。

1958 年，被誉为工业机器人之父的 J.Engelburger 创建了世界上第一家机器人公司 Unimation，他还参与设计了第一台机器人，即图 1-3 所示的用于压铸的五轴液压驱动的 Unimate 机器人，其手臂的运动由计算机控制完成。该机器人后用于通用汽车工厂，用来将高温铸件放入冷却池中，从而避免工人在恶劣的环境中工作。

1962 年，美国 AMF 公司生产出第一台圆柱坐标机器人 Versatran（意为万能搬运），如图 1-4 所示，该机器人后用于美国福特汽车制造厂。AMF 与 Unimation 公司生产的 Unimate 一样成为真正商业化的工业机器人，并出口到世界各国，掀起了机器人研究的热潮。

图 1-3　第一台工业机器人 Unimate　　　　　图 1-4　圆柱坐标机器人 Versatran

20 世纪 60 年代中期开始，麻省理工学院（MIT）、斯坦福大学、爱丁堡大学等陆续成立了机器人实验室，开始研究第二代具有感知的机器人。1965 年，MIT 研发出第一个具有视觉传感器、能识别与定位简单积木的机器人系统。1968 年，美国斯坦福研究所研发出机器人 Shakey，这是世界上首台采用了人工智能的移动机器人，由此拉开了第三代机器人研发的序幕。1969 年，斯坦福大学机械工程系学生 V.Scheinman 设计出了 Stanford ARM，这是机器人历史上的第一个全电驱动的六轴机器人，是工业机器人发展历史上的里程碑。同年，日本早稻田大学研究出第一台双足行走机器人。1970 年 11 月，苏联的月球 17 号探测器把世界上第一台无人月球表面巡视机器人（月球车一号，如图 1-5 所示）送上了月球，第一次实现了在地球上对另一个星球上机器人的远程遥控。

机器人研发高歌猛进的同时，机器人的实用化进程也有烈火燎原之势。1969 年，挪威 Trallfa 公司（后被 ABB 公司收购）推出了第一台商用喷漆机器人。同年，日本川崎重工与 Unimation 公司谈判购买了机器人专利。20 世纪 70 年代，日本迅速将机器人用于各行各业，解决了劳动力不足带来的问题。1973 年，德国库卡公司研发出第一台采用机电六轴驱动的机器人 Famulus。1974 年，瑞典通用电机公司 ASEA（ABB 公司的前身）开发出世界上第一台全电驱动、由微处理器控制的工业机器人 IRB6，主要用于工件取放和物料搬运。1978 年，美国 Unimation 公司推出由 V.Scheinman 主持设计的通用工业机器人 Puma（图 1-6），并应用于通用汽车装配线，这标志着工业机器人技术已经完全成熟。在本书后面的章节，经常以 Puma 机器人为例，讲解机器人运动学、机器人控制相关的知识。

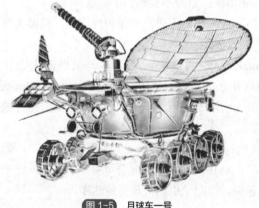

图 1-5　月球车一号

图 1-6　工业机器人 Puma

（3）现代机器人的发展

20 世纪 80 年代，机器人在工业中的应用开始普及，高性能机器人所占比例不断增加，尤其是各种装配机器人、机器人配套使用的机器视觉技术和装置发展迅速。1985 年前后，日本的 FANUC 和 GMF 公司先后推出了交流伺服驱动的工业机器人，此时日本工业机器人进入鼎盛期。80 年代后期，传统工业机器人市场趋于饱和，许多厂家被兼并或倒闭，全球机器人研究和机器人行业进入萧条期。

1995 年，全球机器人市场开始复苏。丹麦乐高公司推出了机器人套件，让机器人制造像搭积木一样相对简单又能任意拼装，机器人开始进入个人世界。1996 年，本田公司研制出世界上第一台真正意义上的人形双足步行机器人 P2，掀起了世界范围内人形机器人的研究热潮。1997

年，美国国家宇航局发射的探测机器人索杰娜成功登陆火星，这是世界上第一台自主式星球探测机器人，它能利用激光传感器和摄像机识别环境障碍，自主规划出安全路径。2002 年，丹麦 iRobot 公司推出了吸尘器机器人，它能避开障碍，自行设计路线，自动驶向充电器完成充电，为目前商业化程度最高、销量最大的家用机器人。2005 年，美国波士顿动力公司推出了一款动态稳定性超强的四足机器人大狗，这是世界上第一台能在真实世界环境而非实验室中稳定运动的四足机器人。

2009 年，丹麦优傲公司推出了世界上第一款人机协作机器人 UR5，此款机器人的推出迅速在世界范围内掀起了人机协作机器人的研究热潮。2015 年，ABB 公司在德国汉诺威工业博览会上推出全球首款人机协作双臂机器人 Yumi，如图 1-7 所示，该名字来源于 you & me。Yumi 具有力控制功能，在碰到人或其他物体时能够自动停下来，因此人机协作十分安全，不需要像其他工业机器人那样必须与人隔离。

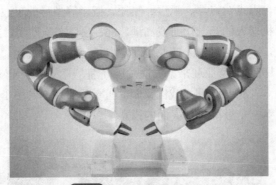

图 1-7　协作双臂机器人 Yumi

2015 年，日本东芝公司首次推出了仿真人形机器人 ChihiraAico ［图 1-8（a）］，该机器人不仅可以像正常的日本女性那样说话交流，还可以做出哭泣、悲伤等人性化的表情。2016 年，中国科学技术大学发布中国首台特有体验交互机器人佳佳 ［图 1-8（b）］，并首次提出机器人品格定义，以及机器人形象与其品格和功能协调一致的论点。同年，香港汉森公司推出机器人索菲亚 ［图 1-8（c）］，索菲亚还获得了沙特阿拉伯的公民身份。索菲亚能够表现出 62 种面部表情，其算法能够识别人的面部并与人进行眼神接触。在一次采访中，索菲亚被问到是否会毁灭人类，她肯定的回答给人们带来了恐慌。但后来她说那只是个玩笑，在被授予公民身份时说"人不犯我我不犯人"才是她的真正的原则。她的发明者汉森认为，在接下来的 20 年，仿人机器人将行走在我们之间。

(a)　　　　　　　　　　(b)　　　　　　　　　　(c)

图 1-8　仿真人形机器人 ChihiraAico（a）、佳佳（b）和索菲亚（c）

ChihiraAico、佳佳和索菲亚的出现，让人们惊叹于仿人机器人的发展速度，引发了更多关于智能机器人与人类相处模式的思考。人工智能及机器人技术的发展引领了新一代的产业变革，也给经济社会生活带来深刻变革。与此同时，人工智能发展也不可避免带来安全风险，还可能带来新的道德和伦理困惑，如何规范其应用、避免技术失控将成为行业持续关注的问题。

（4）我国机器人的发展

我国工业机器人起步较晚，始于 20 世纪 70 年代初，经过 50 多年的发展，大致可分为三个阶段：70 年代的萌芽期，80 年代的开发期和 90 年代后的实用化期。

20 世纪 70 年代初，我国开始关注机器人的发展，尝试机器人的研究，并积极开展与国外同行的技术交流。国家先后在航空航天部、机械工业部、中国科学院及多所高校成立机器人科研机构，开展机器人的研发工作。进入 80 年代，国家在"七五计划"中将工业机器人开发研究作为重大科研攻关项目，重点对点焊、弧焊、喷漆、搬运等型号的工业机器人及其零部件进行攻关，形成了中国工业机器人的第一次研发高潮。863 项目实施期间，共研制出 7 种工业机器人和 102 种特种机器人，中国的机器人产业逐渐走向规范化、规模化。

进入 21 世纪，中国机器人产业迎来第二次发展高潮，国内机器人公司纷纷成立，开始研发各类机器人产品。2013 年 12 月 15 日，我国研制的玉兔号月球车（图 1-9）成功登陆月球表面，成为继美国、苏联之后第三个登陆月球表面的国家。

图 1-9　着陆器（左）和玉兔号月球车（右）

2023 年初，工业和信息化部等十七部门印发《"机器人+"应用行动实施方案》，为中国机器人产业发展按下"加速键"，拓展机器人应用深度和广度，培育机器人发展和应用生态。据统计，2022 年中国机器人全行业营业收入超过 1700 亿元，继续保持两位数增长；工业机器人装机量占全球的一半以上，连续 10 年居世界首位。2023 年上半年工业机器人产量达到 22.2 万套，同比增长 5.4%；服务机器人产量 353 万套，同比增长 9.6%。产业协同融合持续提速，极大改变了社会生产生活方式，为发展注入强劲动力。

1.1.2　机器人的定义

在科技界，科学家通常会明确定义每一个科技术语，但机器人问世已有几十年，机器人的定义仍然仁者见仁，智者见智，没有一个统一的意见。主要原因是机器人一直处于发展中，新的机型、新的功能不断涌现，往往会突破前人对机器人的认知。

国际上，关于机器人的定义主要有如下几种：

① 英国牛津字典的定义："机器人是貌似人的自动机，具有智力的和顺从于人的但不具人格的机器"。现在看来这个定义并不准确，目前大部分机器人的外形与人并不相似，人形机器人只是机器人大家族中的一个分支。另外，现在的多数机器人也还不能说具有智力，不过这是机器人发展的方向。

② 美国机器人协会（RIA）的定义："机器人是一种用于移动各种材料、零件、工具或专用装置的，通过可编程的动作来执行任务，并具有编程能力的多功能机械手"。这个定义与工业机器人的特征比较吻合，从今天的角度看，它作为全体机器人的定义显然有一定局限性。

③ 日本工业机器人协会（JIRA）的定义："工业机器人是一种装备有记忆装置和末端执行器，能够转动并通过自动完成各种移动来代替人类劳动的通用机器"。此外还有以下两种定义：

a. 工业机器人是一种能够执行与人的上肢类似动作的多功能机器。

b. 智能机器人是一种具有感觉和识别能力，能够控制自身行为的机器。

JIRA 的定义强调机器人的目的是代替人类劳动，这确实是人类发明机器人的初衷，但现在已经出现很多娱乐机器人、陪伴机器人用于满足人的心理需求，还有外骨骼之类的辅助机器人用于提升人类自身的能力。这些类型的机器人显然已经超出了该定义范围。

④ 国际标准化组织（ISO）的定义："机器人是一种自动的、位置可控的、具有编程能力的多功能机械手，这种机械手有几个轴，能够借助于可编程序操作来处理各种材料、零件、工具和专用装置，以执行各种任务"。该定义明显也是基于工业机器人提出的。

⑤ 中国科学院沈阳自动化研究所蒋新松院士提出的机器人定义："机器人是一种拟人功能的机械电子装置"，或者"机器人是一种自动化的机器，所不同的是这种机器具备一些与人或生物相似的智能，如感知能力、规划能力、动作能力和协同能力，是一种具有高度灵活性的自动化机器。"

上述各种定义说法各不相同，但有共同之处，即认为机器人：a.像人或人的上肢，并能模仿人的动作；b.具有智力或感觉与识别能力；c.是人造的机器或机械电子装置。

随着机器人技术的飞速发展，机器人不断向各个领域拓展。机器人从外观上已脱离了最初仿人机器人和工业机器人所具有的形状，其功能和智能化程度也大大增强。现在看来，过去的机器人定义一般只能描述一类或几类机器人，难以对所有类型的机器人进行准确定义。由于机器人的外观形态各异，应用场景也越来越丰富，也有学者通过高度抽象提出一个简单的定义，即机器人是一种高度自动化、高度智能化的机器。智能化是机器人区别于其他高度自动化机器（如多轴数控机床）的最重要特征。

也许机器人永远不会有统一的定义，但这也恰恰说明机器人技术有无限的生命力和不断进步发展的空间。

1.2　机器人的组成与分类

1.2.1　机器人的组成

机器人大都是由机械、传感和控制三大部分组成，其中机械部分相当于人的躯干和四肢，传感部分相当于人的感觉器官，控制部分则相当于人的大脑。这三大部分均包含两个子系统，如图 1-10 所示，控制部分包括人机交互系统和控制系统，机械部分包括驱动系统、机械系统，传感部分包括感知系统、机器人-环境交互系统。因此我们常说，机器人由三大部分六个系统组成。

（1）机械部分

机械部分是机器人的本体部分，也称为被控对象，这部分可分为以下两个子系统。

① 机械系统　机械系统是我们最容易观察到的部分，又称为操作机或执行机构系统，它包括一系列连杆、关节和其他形式的运动副。工业机器人的机械系统由机身、手臂和末端执行器三大件组成，每一大件都有若干自由度，从而构成一个多自由度的机械系统，如图 1-11 所示。末端执行器是直接安装在手腕上的一个重要部件，它可以是机械手爪、吸盘，也可以是喷漆枪或者焊具等作业工具。

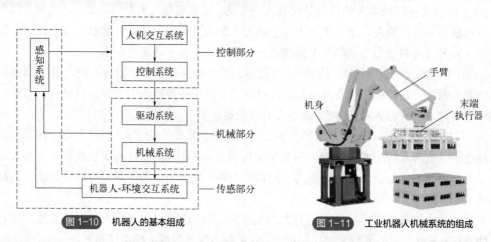

图 1-10　机器人的基本组成　　　　图 1-11　工业机器人机械系统的组成

② 驱动系统　要使机器人运行起来，就需要为其提供原动力，这就是驱动系统的作用。驱动系统主要指驱动机械系统的装置，根据驱动源的不同可分为电力系统、液压系统、气动系统，以及几种系统结合起来的综合驱动系统。驱动系统可与机械系统直接相连，也可以通过同步带、链条、齿轮、减速器等传动部件与机械系统间接相连。驱动和传动装置通常安装在机器人本体之内，大多位于各个关节处。具体内容将在第 2 章详细介绍。

随着科技的发展，出现了根据新的工作原理制造的新型驱动器，如压电驱动器、静电驱动器、人工肌肉及光驱动器等。

（2）控制部分

控制部分相当于机器人的大脑，它可以直接控制机器人的运动，也可通过人工对机器人的动作进行控制。控制部分也分为两个子系统。

① 人机交互系统　人机交互系统是使操作人员参与机器人控制并与机器人进行联系的装置。典型的人机交互设备包括计算机的标准终端、信息显示屏及危险信号报警器等。简单地说，此系统具备两大功能，即指令给定功能和信息显示功能。以图 1-12 为例，示教器是主要的人机交互设备，同时具备指令给定和信息显示功能；控制按钮的作用是指令给定，显示屏用于信息显示，三色报警灯属于危险信号报警器，其功能也是信息显示。

② 控制系统　控制系统主要是根据机器人的作业指令程序，以及从传感器反馈回来的信

号，控制执行机构完成规定的运动和功能。根据控制原理，控制系统可以分为程序控制系统、适应性控制系统和人工智能控制系统三种。根据运动形式，控制系统可以分为点位控制系统和轨迹控制系统两大类，具体内容将在第 6 章详细介绍。以图 1-12 为例，机器人的控制系统对应的硬件是机器人控制器。

图 1-12　机器人的组成举例

（3）传感部分

传感部分就是机器人的五官和皮肤，为机器人工作提供感觉，从而使机器人作业更加准确有效。传感部分也分为两个系统。

① 感知系统　感知系统由内部传感器模块和外部传感器模块组成，用于获取内部和外部环境中有意义的信息。图 1-12 中的摄像头就是视觉传感器，通过它来识别传送带上送来的工件的形状、大小，从而准确完成装配任务。机器人的内部传感器安装于机器人本体的内部，比如位置传感器、速度传感器等，用于给控制系统提供反馈。

智能传感器可以提高机器人的机动性、适应性和智能化的水准。对于一些特殊的信息，传感器的灵敏度甚至可以超越人类的感觉系统。关于传感器的进一步内容将在第 3 章详细介绍。

② 机器人-环境交互系统　机器人-环境交互系统是实现工业机器人与外部环境中的设备相互联系和协调的系统。工业机器人与外部设备集成为一个功能单元，如加工制造单元、焊接单元、装配单元等。也可以是多台机器人、多台机床设备或者多个零件存储装置集成为一个能执行复杂任务的功能单元，也称为机器人工作站。图 1-12 就是一个装配码垛机器人工作站，其中包括码垛盘、储料位、传送带等与机器人协调工作的外设，图中的 PLC 是整个机器人工作站的控制器，其作用是使机器人与传送带、视觉系统等工作节拍相协调。

1.2.2　机器人的分类

机器人的分类方法很多，还没有一种分类可以将各类机器人均包括在内。下面介绍几种最常见的分类方式，帮助大家从不同视角了解机器人大家族的全貌。

（1）按应用环境分类

国际上的机器人学者从应用环境出发，将机器人分为两类：制造环境下的工业机器人和非制造环境下的服务与仿人型机器人。我国机器人专家从应用环境出发，也将机器人分为两大类，即工业机器人和特种机器人，本质上与国际上的分类是一致的。

工业机器人是指面向工业领域的多关节机械臂或多自由度机器人，也经常称为机械臂，这是本书主要探讨的内容。工业机器人最常见的有焊接机器人、搬运机器人、喷涂机器人、装配机器人、码垛机器人、加工机器人等。

特种机器人则是除工业机器人之外的用于非制造业并服务于人类的各种先进机器人，包括服务机器人、水下机器人、空间机器人、娱乐机器人、军用机器人、农业机器人、微操作机器人、机器人化机器等。在特种机器人中，有些分支发展很快，有独立成体系的趋势，如服务机器人、水下机器人、军用机器人、微操作机器人等。

（2）按发展水平分类

按照从低到高的发展水平，工业机器人可以分为三代。

① 第一代为示教机器人　机器人能够按照人类预先示教的轨迹、行为、顺序和速度重复作业，示教可由操作员手把手进行或通过示教器完成，如图 1-13 所示。目前在工作现场广泛应用的大都是这一类机器人。以焊接机器人为例，在机器人焊接的过程中，一般由操作人员通过示教方式给出机器人的运动曲线，机器人携带焊枪按此曲线运动进行焊接。这要求工件被焊接的位置必须十分准确，否则机器人行走的曲线和工件实际焊缝位置之间将产生偏差。

② 第二代为感知型机器人　它具备一定的感知能力，如力觉、触觉、滑觉、听觉和视觉等，通过反馈控制对外部环境有一定的适应能力。仍以焊接机器人为例，如果在焊接机器人上采用焊缝跟踪技术（图 1-14），通过传感器感知焊缝的位置并进行反馈控制，机器人就可以自动跟踪焊缝，即使实际焊缝相对于原始设定的位置有变化，机器人仍然可以很好地完成焊接工作。目前这类机器人已经进入应用阶段。

图 1-13　第一代示教机器人

图 1-14　带有激光焊缝跟踪系统的感知型机器人

③ 第三代为智能型机器人　它应该具有发现问题及自主解决问题的能力。目前为止，真正完整意义的智能机器人并不存在，还只是在局部有这种智能的概念。在世界范围内尚无统一的智能机器人定义，大多数专家认为智能机器人至少要具备以下三个要素：

一是感觉要素，用来认识周围环境状态；

二是运动要素，能对外界做出反应性动作；

三是思考要素，能根据感觉要素所得到的信息，思考出采用什么样的动作。

经过多年的不懈努力，已经出现各具特点的实验装置和大量的新方法、新思想，智能型机器人尚处于实验研究阶段，但这是机器人技术未来的发展方向。

（3）按结构形式分类

按结构形式，机器人可分为关节型机器人和非关节型机器人两大类。移动机器人和特殊材料制造的软体机器人都属于非关节型机器人，这不是本书的重点。根据机械本体是否封闭，关节型机器人又可分为串联机器人、并联机器人和混联机器人。

串联机器人具有开式运动链，它由一系列连杆通过转动或移动关节串联而成，如图 1-15 所示。串联机器人控制简单，运动空间大，但刚度不够大且存在累积误差。并联机器人的机械本体为若干关节和连杆首尾相连的闭式链机构（图 1-16），其刚度大、精度高，但运动空间小。混联机器人是一种新兴结构，以并联机构为基础，在并联机构末端连接一个多自由度的串联机构，如图 1-17 所示。此类机器人继承了并联机器人刚度大、承载能力强、高速度、高精度的优点，同时末端执行器也拥有串联机器人具有的运动空间大、控制简单、操作灵活等特性。混联机器人多用于高运动精度的场合。

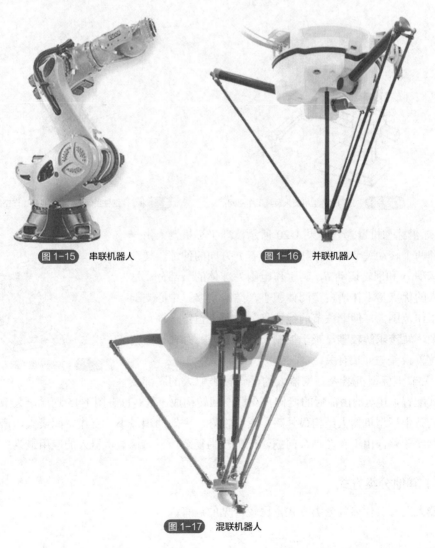

图 1-15　串联机器人　　　　图 1-16　并联机器人

图 1-17　混联机器人

（4）按运动坐标分类

关节机器人按照运动坐标形式的不同，可以分为直角坐标型、圆柱坐标型、球坐标型和关节坐标型机器人。

① 直角坐标型机器人　直角坐标型机器人是一种最简单的结构，其手臂按直角坐标形式配置，即通过三个相互垂直轴线上的移动来改变手部的空间位置，其工作范围为一个立方体，如图1-18所示。这种机器人的位置精度高，X、Y、Z三个方向的控制无耦合，避障性好，但体积庞大，动作范围小，灵活性差。

② 圆柱坐标型机器人　圆柱坐标型机器人通过两个移动和一个转动实现末端空间位置的改变，如图1-19所示，两个移动包括沿r方向的伸缩和沿立柱z方向的升降，此外还可以绕立柱转动，其工作范围为一个空心的圆柱体。圆柱坐标型机器人的位置精度仅次于直角坐标型机器人，且控制简单，避障性好。缺点是手臂可以到达的空间受限，工作时手臂后端会碰到工作范围内的其他物体，此外末端执行器外伸离立柱轴心越远，线位移分辨精度越低。这种机器人常用于多品种、大批量的柔性化作业，尤其是搬运。图1-4中的Versatran机器人是这类机器人的典型代表。

图 1-18　直角坐标型机器人及其工作空间

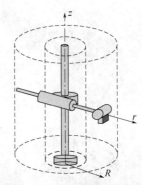

图 1-19　圆柱坐标型机器人及其工作空间

③ 球坐标型机器人　如果1-20所示，球坐标机器人由一个移动和两个转动关节组成，移动指沿着r方向的伸缩，转动指俯仰运动φ和回转运动θ，其工作范围为球体的一部分。这种机器人的优点是本体所占空间体积小，结构紧凑；中心支架附近的工作范围大，伸缩关节的线位移分辨精度恒定。缺点是坐标复杂，轨迹求解较难，难于控制，避障性差，存在平衡问题，且位置误差与臂长有关。

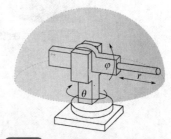

图 1-20　球坐标型机器人及其工作空间

④ 关节坐标型机器人　机器人的手臂按类似人的腰部及手臂形式配置，其运动由前后的俯仰及立柱的回转构成。图1-11～图1-15均属于关节坐标型机器人。关节坐标型机器人结构最紧凑，灵活性好，占地面积最小，工作空间最大，避障性好，但位置精度较差，由于存在耦合问题，控制较为复杂。目前这类机器人的应用最为广泛。

（5）其他分类方式

机器人还有其他多种分类方式，比较常见的还有：

① 按驱动方式分类，可分为气压驱动式、液压驱动式、电力驱动式以及新型驱动方式驱动的机器人。

② 按控制方式分类，可分为操作型机器人、程控型机器人、示教再现型机器人、数控型机器人、感觉控制机器人、适应性机器人、学习控制型机器人、智能机器人等。

③ 按移动性分类，可分为固定机器人和移动机器人。根据移动方式，移动机器人又可分为轮式移动机器人、步行移动机器人（单足式、双足式、多足式等）、履带式机器人、爬行机器人、蠕动式机器人和游动式机器人等。

④ 按机器人性能指标分类，可分为超大型、大型、中型、小型、超小型机器人，从负载能力 500N 以上、作业空间 $10m^2$ 以上到负载能力 10N 以下、作业空间 $0.1m^2$ 以下不等。

1.3　机器人的技术参数

机器人的技术参数反映了机器人可胜任的工作、具有的最高操作性能等情况，是设计、应用机器人必须考虑的问题。机器人的主要技术参数有自由度、精度、工作空间、工作速度、承载能力、防护等级等。

1.3.1　自由度

自由度指机器人具有的独立运动坐标轴的数目，一般不包括末端执行器的开合自由度。它是衡量机器人适应性和灵活性的重要指标。自由度越高，机器人越灵活，但控制和调试越复杂，系统潜在的机械共振点也会增加。

在三维空间中描述物体的位置和姿态需要 6 个自由度。工业机器人的自由度是根据用途设计的，自由度可能小于也可能大于 6。大多数工业机器人都是 6 个自由度，也称为六轴机器人，图 1-21 所示为一个 6 自由度关节型串联工业机器人。图 1-22 是一个 4 自由度机器人，它完全满足在电路板上插接电子元器件的作业要求。

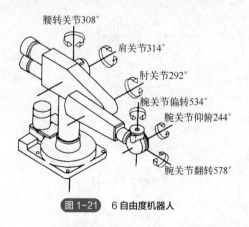

图 1-21　6 自由度机器人

图 1-22　4 自由度 SCARA 机器人

在完成某一特定作业时具有多余自由度的机器人，称为冗余自由度机器人，简称冗余机器人。冗余自由度可以增加机器人的灵活性，能够更好地躲避障碍物并改善动力性能。最常见的冗余机器人是 7 自由度的。人类的大臂、小臂、手腕共有 7 个自由度，因此人手能以不同的姿态到达空间同一点，所以操作更灵活。

1.3.2　精度

机器人的精度包括定位精度和重复定位精度两个指标。

定位精度指机器人手部实际到达位置与目标位置之间的差距。如图 1-23 所示，反复多次测量后，实际位置的中心与要求位置之间的距离就是定位精度。

重复定位精度指机器人手部重复定位于同一位置的能力，以实际位置值的分散度来表示。重复定位精度是精度的统计数据，任何一台机器，即使在同一个环境下采用同一个程序，每次动作到达的位置也不可能完全一致，通常会在平均值附近变化，变化的幅度就是重复定位精度。如果说某机器人的重复定位精度为±0.04mm，就是指经多次测试，机器人的实际停止位置均在中心的左右 0.04mm 范围之内，如图 1-23 所示。

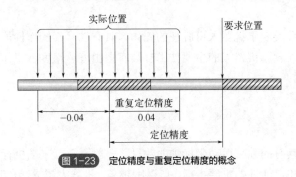

图 1-23　定位精度与重复定位精度的概念

图 1-24 清晰展示了定位精度与重复定位精度的不同含义。引起定位误差的因素并不一定对重复定位精度有影响，如重力变形对定位精度影响较大，但是对重复定位精度没有影响，故常用重复定位精度作为衡量机器人示教-再现定位水平的重要指标。

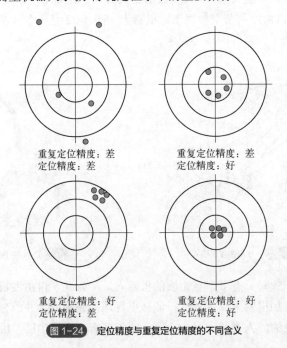

图 1-24　定位精度与重复定位精度的不同含义

1.3.3 工作空间

工作空间是指机器人运动时手臂末端或手腕中心可到达的所有点的集合，也称为工作区域，一般是指不安装末端执行器的工作范围。工作空间的大小不仅与机器人各杆件尺寸有关，而且与其总体构型有关。一般机器人制造商会给出机器人的工作范围，如图 1-25 所示。选择和设计机器人时要确保要求的运动轨迹在其工作空间之内，同时轨迹上的点还不能落在机器人无法到达的死区之内。

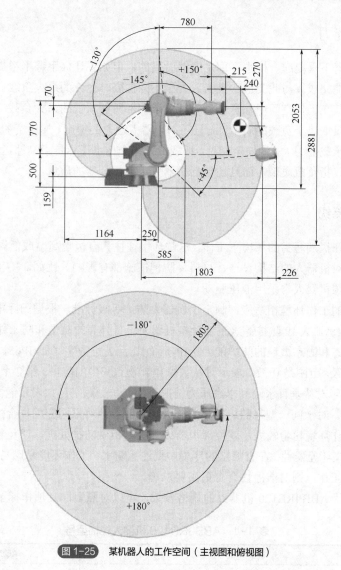

图 1-25 某机器人的工作空间（主视图和俯视图）

1.3.4 工作速度

工作速度指机器人在工作载荷条件下和匀速运动过程中，机械接口中心或工具中心点在单位时间内所移动的距离或转动的角度。最大工作速度，有的厂家指的是机器人主要自由度上的最大稳定速度，比如某个关节的最大运行速度；有的厂家定义为手臂末端最大的合成速度，通常都会在技术参数中加以说明。

我们一般会认为最大工作速度越高，工作效率越高，但在实际应用中，仅考虑最大工作速度是不够的。工作速度直接影响机器人的运动循环周期，运动循环包括加速启动、等速运行和减速制动三个过程，如果最大工作速度高，但允许的最大加速度小，则加减速的时间就会长，因此实际的工作效率并不一定会提高。此外，过大的加减速度会导致惯性力加大，从而影响运行平稳性和定位精度。因此决定机器人手部的运动速度时，必须综合考虑生产节拍、生产过程的平稳性和定位精度等多方面的要求。

1.3.5　承载能力

如果让你手臂下垂提起一桶水，你是能够做到的，但如果让你手臂平举提起同一桶水，这个任务你就未必能完成。与此类似，机器人处于不同位姿时允许的最大负载也是不同的。机器人的承载能力指其在工作空间中任意位姿时腕关节端部所能承受的最大负载。

承载能力不仅取决于负载的质量，而且还与机器人运行的速度、加速度的大小及方向有关。一般低速运行时承载能力大，为安全起见，承载能力这个技术指标是指高速运行时的承载能力。通常承载能力不仅指负载质量，而且还包括机器人末端执行器的质量。

1.3.6　防护等级

机器人能够在极端恶劣的环境下工作，这些环境往往具有极端高温或低温、高气压、潮湿、腐蚀性等，因而对机器人的结构设计、材料、防护措施都有影响。比如，鉴于喷漆过程的防火和防爆需求，喷漆机器人常采用液压驱动。

为了与不同的工作环境相适应，制定了机器人防护等级标准。根据国际电工委员会的标准IEC 60529，工业机器人IP防护等级主要考核机器人设备外壳的防尘和防水能力。IP等级定义了一个界面对液态和固态微粒的防护能力。IP后面跟了2位数字（如IP65，IP54等），第1个是固态防护等级，范围是0～6，表示对从大颗粒异物到灰尘的防护；第2个是液态防护等级，范围是0～8，表示对从垂直水滴到水底压力情况下的防护。数字越大表示能力越强，目前最高防护等级为IP68。对于同一型号的机器人，一些制造商会针对不同应用场合生产不同防护等级的产品。比如工作环境粉尘较大，就要对机器人和控制柜做防护处理，避免粉尘进入控制柜影响其散热，导致损坏元器件；在有喷水的环境中要注意防水；工作环境易燃易爆要有防爆功能；在食品医药行业工作，则对洁净性会有更高要求等。

表1-1展示了ABB IRB120机器人的规格参数，可以对照上面几项指标了解其性能。

表1-1　ABB IRB120机器人规格型号

机型		ABB IRB 120
控制轴数		六轴
运动范围（最高速度）/（°/s）	J1	250（+165°～-165°）
	J2	250（+110°～-110°）
	J3	250（+70°～-110°）
	J4	320（+160°～-160°）
	J5	320（+120°～-120°）
	J6	420（+400°～-400°）

续表

机型	ABB IRB 120
手腕部可搬运质量/kg	3
1kg TCP 最大速度/（m/s）	6.2
1kg TCP 最大加速度/（m/s^2）	28
加速时间（0～1m/s）/s	0.07
重复定位精度/mm	0.05
机器人质量/kg	25
可达半径/mm	580
安装方式	落地式
防护等级	IP54

注：TCP 代表 tool center point，即工具中心点。

1.4　机器人的应用与发展趋势

1.4.1　机器人的应用

目前，全球的机器人应用市场都在不断拓展中，而我国的发展尤为迅速。2023 年机器人发展报告指出，我国机器人装机量占比已经超过全世界的 50%，应用领域已覆盖 65 个行业大类、206 个行业中类。

在制造行业中，汽车和电子行业仍然是机器人应用程度最高的领域；在卫浴、陶瓷、五金、家具等传统产业应用更加广泛；在新能源汽车、锂电池、光伏等新兴行业应用快速拓展。图 1-26 为制造业中工业机器人的一些典型应用场景。

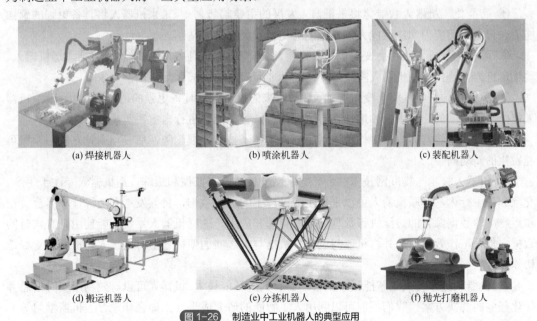

(a) 焊接机器人　　　　(b) 喷涂机器人　　　　(c) 装配机器人

(d) 搬运机器人　　　　(e) 分拣机器人　　　　(f) 抛光打磨机器人

图 1-26　制造业中工业机器人的典型应用

服务和特种机器人在物流、医疗健康、建筑等领域已实现规模化应用，在智慧农业、商贸物流、养老服务、安全应急、商业社区服务、教育等领域，机器人的应用日益普及；在载人航天、探月探火、中国天眼、青藏铁路等重大工程中，机器人也发挥着越来越重要的作用。图1-27为其他行业场景中的各种机器人。

(a) 物流机器人　　　　　　　(b) 医疗机器人　　　　　　　(c) 消防机器人

(d) 国防机器人　　　　　　　(e) 采矿机器人　　　　　　　(f) 采摘机器人

图1-27　其他行业场景中的各种机器人

1.4.2　机器人的发展趋势

机器人研究包括基础研究和应用研究两个方面，内容涉及机器人机构学、运动学、动力学、传感与控制技术、运动规划智能算法、计算机接口与系统、机器人装配、机器人语言和机器适应性等。在不同技术和学科的交叉融合下，机器人发展趋势主要体现在以下方面。

①　智能化　机器人智能化将是机器人发展的主要趋势之一。未来机器人将具备更强的感知能力、自主学习能力和决策能力，甚至能够模拟人类思维和情感。

②　多样化　机器人将会变得更加多样化，未来将会有各种各样的机器人，包括人形机器人、动物形机器人等。这些机器人将具备不同的功能和应用，能够满足不同的需求。

③　灵活化　机器人将会变得更加灵活，未来的机器人将具备更强的适应性和灵活性。机器人将能够在不同的环境中自如地移动和执行任务，甚至能够进行自主决策和合作。

以上三大趋势具体有以下体现，其中前4项属于技术发展趋势，后6项则是在应用领域可能发生的新动向。

①　机器人技术与物联网技术结合　物联网支持传感、监控和跟踪，而机器人专注于生产、交互和自主行为。互联机器人可以采集生成过程中的各种数据，将其发送到边缘计算平台，在靠近物（即数据源）的边缘进行数据处理、存储和应用，这样机器人系统就能使用几乎实时的数据，提升工作效率。此外，机器与机器、机器与人之间的便捷通信有助于人与机器人更好地协作。

②　机器人技术与人工智能技术结合　结合人工智能技术，机器人可以有效利用实时信息并优化任务的解决方案。我们不但可以利用人工智能的研究成果（比如强化学习、机器学习等）

来解决机器人领域的问题，而且可以通过大型数据集和实时数据训练机器人，从而提高其准确性和性能。

③ 机器人技术与虚拟现实技术结合　虚拟现实技术指机器人基于多传感器、多媒体和虚拟现实技术，实现操作者对机器人虚拟遥控操作的技术，在维修检测、娱乐体验、现场救援、军事侦察等领域具有很强的应用价值。

④ 人机交互技术的提升　人机交互是机器人发展的一个重要方向，没有良好的人机交互，机器人就很难在实际中得到广泛的应用。现代机器人已经可以通过自然语言处理、语音识别、手势识别等技术实现与人类的交互，并且通过人机协作技术实现与人类的协同工作。此外，作为人机交互的特殊形式，情感识别技术、脑机接口技术也都有很大的发展前景。

⑤ 人形机器人的兴起　人形机器人可以广泛应用于教育、娱乐、医疗保健、养老服务等各个领域。新型冠状病毒感染疫情后，用于非接触式清洁及医疗操作的人形机器人迅速兴起。人形机器人还可用于发电厂的检查、维护和灾难恢复操作，作为主人在接待处迎接顾客，作为销售人员在超市与顾客互动，还能为老人和病人提供陪伴。

⑥ 辅助机器人的兴起　辅助机器人结合传感器和智能算法来感知信息并与人类互动，改善了机器人的认知决策，协助老年人、残疾人或病人做到生活自理，外骨骼机器人还可帮助患者进行康复训练。

⑦ 柔性机器人的兴起　柔性机器人技术是指采用柔韧新材料进行机器人的研发、设计和制造，一般采用记忆金属、气体驱动等控制方式。柔性材料具有能够在大范围内任意改变自身形状的特点，在管道故障检查、医疗诊断、侦察探测等领域具有广泛前景。

⑧ 协作机器人的增加　与传统的工业机器人不同，协作机器人具有先进的传感器和软件，确保其与人类一起安全工作。预计到 2027 年，协作机器人将占整个机器人市场的 30%。这样即便企业没有机器人技术经验，或者没有足够的空间安装机器人安全围栏，同样可以使用协作机器人提升自动化水平。

⑨ 串并混联机器人的增加　目前机器人以串联居多，并联机器人因响应快、误差小也得到快速发展和应用。串并混联机器人兼具并联结构的刚性强和串联结构的运动空间大的优点，未来很可能会得到较大的发展，这也是机器人机构学研究的重点。

⑩ 自主移动机器人（AMR）的普及　自主移动机器人结合传感器、计算机视觉和人工智能算法来了解周围环境并独立导航。AMR 即将进入更多行业，尤其是在物流领域。

此外，液态金属控制技术、生肌电控制技术、敏感触觉技术、自动驾驶技术、机器人云服务技术等，都是十分具有成长性的机器人技术。

1.5　机器人相关学科和课程

1.5.1　机器人相关学科

机器人技术之所以能够不断进步和发展，得益于多学科的研究进展。在未来的发展过程中，机器人技术将会涉及更多领域并实现更多功能，需要不同学科的专家共同努力，实现技术的跨学科发展。机器人主要相关学科包括以下几个。

（1）机械工程

机械工程学是机器人技术的核心学科之一。机器人的机械结构和运动控制是机械工程学的重要研究内容。机器人的机械结构必须具有机动灵活、刚度和精度高等特点，能够适应不同环境和工作任务的要求。而机器人的运动控制则必须具备快速响应、稳定可靠的特性，能够实时监测并控制机器人的位置、速度、力等参数。

（2）电子工程

电子工程学也是机器人技术的重要学科之一。机器人的传感器和控制系统属于电子化、智能化的设备，需要电子工程师对其进行设计、开发和集成。机器人传感器用于采集与机器人周围的环境和任务相关的信息，如位置、距离、压力、视觉、声音等，可以实现机器人的智能感知和环境适应。而机器人的控制系统则是机器人的大脑，可以将传感器采集的信息进行处理和分析，实现机器人的运动控制和工作任务执行。

（3）计算机科学和人工智能

计算机科学和人工智能是机器人技术中相对成熟的学科。机器人的高级智能是计算机科学和人工智能的重要应用，机器人需要具备各种形式的人机交互机制、学习能力、规划能力、决策能力等。机器人人工智能的核心是机器学习算法，机器学习能够通过训练数据实现机器人的自主学习和优化，从而提高机器人的性能和功能。

（4）生物学

生物学是机器人技术中相对较新的学科。生物学将机器人技术与生物学知识相结合，可以实现生物仿真、生物智能、生物医学等应用。生物仿真的核心思想是模拟自然界中的生物行为和演化过程，从而获得新的启示和发现。生物智能是从生物体中获取灵感，通过仿生学进行创新和研发。此外，通过生物医学还可以将机器人技术应用于医疗领域，如手术机器人、外骨骼机器人等。

1.5.2　机器人相关课程

机器人技术基础是机器人工程、智能制造工程、机械设计制造及自动化、机械电子工程等专业的一门重要专业课，是一门多学科交叉的综合性课程，对系统性的理论知识与综合性的实践应用均有较高要求。目前机器人的主要研究方向有机器人机构、机器人运动学、机器人动力学、机器人控制、机器人感知等，本书基本是按照这些研究方向组织章节的。由于机器人技术与多个学科关系密切，学习中必然会用到其他基础课和专业课的内容，因此学习过程具有一定的挑战性。图1-28展示了本书各个章节需要用到的其他课程的相关知识。

第2章机器人本体结构，包括机器人的驱动系统、传动系统，末端执行器的构成等内容，需要机械原理、机械设计、材料科学等学科的相关知识。

第3章机器人运动学分析，主要研究机器人的位置、速度、加速度及其高阶导数，包括正运动学和逆运动学两大类问题。本章需要线性代数中关于矩阵的基础知识。

第4章机器人动力学分析，主要研究机器人产生预定运动需要的力。本章需要理论力学、高等数学和线性代数的相关知识。

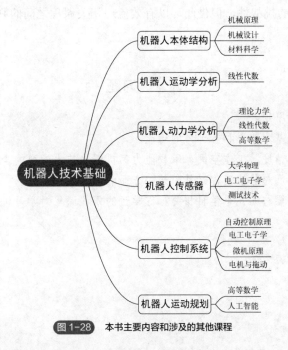

机器人技术基础
- 机器人本体结构 — 机械原理 / 机械设计 / 材料科学
- 机器人运动学分析 — 线性代数
- 机器人动力学分析 — 理论力学 / 线性代数 / 高等数学
- 机器人传感器 — 大学物理 / 电工电子学 / 测试技术
- 机器人控制系统 — 自动控制原理 / 电工电子学 / 微机原理 / 电机与拖动
- 机器人运动规划 — 高等数学 / 人工智能

图 1-28　本书主要内容和涉及的其他课程

第5章机器人传感器，主要包括内部传感器和外部传感器两大类，前者用于测量机器人自身位置、速度、加速度等并为控制系统提供反馈，后者用于感知机器人外部环境及工作对象的状态。本章需要大学物理、电工电子学、测试技术学科的相关知识。

第6章机器人控制系统，本章以运动学和动力学为基础，主要介绍位置控制和力控制，需要自动控制原理、电工电子学、微机原理、电机与拖动等学科的相关知识。

第7章机器人运动规划，本书主要使用高等数学相关知识进行轨迹规划，但随着人工智能技术的发展，智能算法、机器学习等知识也广泛应用于该领域。

此外，本书的第3、4、6、7等核心章节的例题均提供了 MATLAB 程序或 Simulink 模型，从中可以学习这种高效的建模仿真软件的使用方法。

由此可见，机器人技术涵盖了机、电学科的大部分专业课程，是一门多学科交叉的综合课程，通过该课程的学习，可以有效梳理机械、自动化相关课程之间的联系。

本章小结

本章首先回顾了机器人的发展历史，接着讨论了多种机器人定义方式，说明机器人的定义也必须随着时代发展不断充实和完善。第二节介绍了机器人一般由三大部分六个系统组成，机器人有多种分类方式，比如根据应用场景、发展水平、机器人结构、机器人运动坐标等进行分类；第三节介绍了机器人的技术参数，这是在选择和设计机器人时必须考虑的参数，包括自由度、精度、工作空间、工作速度、承载能力和防护等级等。第四节介绍了机器人在制造业和非制造业中的应用，以及机器人的三大发展趋势：智能化、多样化和灵活化。第五节介绍了机器人技术主要与机械、电子、计算机、生物学四大学科紧密关联，在学习这门跨学科的综合性课程时，需要用到高等数学、线性代数、机械原理、理论力学、电工电子、控制工程等多门课程的知识，具有一定的挑战性，但借此可以有效梳理相关课程之间的联系，获得更完善的知识结构。

 习题

1. 简述机器人三原则。
2. 简述机器人的基本组成和各部分的功能。
3. 简述自由度、精度、工作空间、承载能力等机器人技术参数的含义。
4. 从机器人的发展趋势谈谈你对其中某一方面的理解。
5. 机器人技术主要与哪几个学科相关？你学过的哪些课程对学习机器人技术有帮助？

第 2 章

机器人本体结构

→ 思维导图

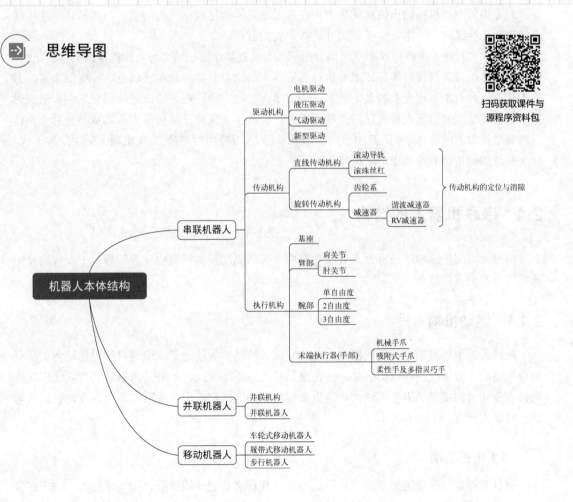

学习目标

1. 了解机器人常见的驱动方式；
2. 熟悉机器人常用传动机构的构成及其工作原理；
3. 理解机器人定位和消隙的意义并了解其主要方法；
4. 熟悉串联机器人的基座、臂部、腕部及手部的结构；
5. 了解并联机器人和移动机器人的主要分类和基本结构。

问题导入

你可能见过饭店里的送餐机器人或者工厂里的搬运机器人，你是否想过这些机器人的本体由哪些部分构成？机器人能动意味着它有能量来源，那么有哪些可用的驱动机构？机器人的执行机构包括手臂、手腕以及手部等，要保证它们准确而灵活地完成规定的任务，其结构应如何设计？电机等驱动机构输出的运动和力矩往往无法直接满足执行机构的需要，要设计何种传动机构进行转换或调整？本章将带你揭开这些问题的谜底。

机器人由机械、传感和控制三大部分组成，本章主要介绍机械部分，即机器人的本体结构。机器人本体的任务是精确地保证末端执行器所要求的位置、姿态和运动轨迹，并提供需要的力和力矩。机器人本体也是机器人运动学、动力学、控制、轨迹规划等课题的研究基础和研究对象。目前最主流的机器人形式包括串联机器人、并联机器人和移动机器人，本章将分别介绍这三种典型机器人的本体结构，其中重点是串联机器人，因为绝大多数工业机器人采用这种形式，后面几章的分析主要也基于串联机器人。

2.1　串联机器人的结构

按照动力的传递顺序，机器人有驱动机构、传动机构和执行机构三大部分，下面依次介绍这几部分的构成和特点。

2.1.1　驱动机构

机器人的驱动机构是控制机器人运动和实现各种动作的动力源。驱动机构根据动力类型分为电机驱动、液压气动和气动驱动，这也是最常用的驱动方式。此外，新型驱动方式的出现为机器人驱动机构提供了更多可能性。这里介绍的驱动方式也适用于并联机器人、移动机器人等其他机器人形式。

（1）电机驱动

电机驱动是目前使用最多的一种驱动方式，其特点是无环境污染、运动精度高、响应速度快、驱动力大、信号检测传递处理方便、速度变化范围大、效率高，并可采用多种灵活的控制方式。但大多数需要与减速装置相连，直接驱动比较困难。

电机驱动装置可分为普通直流电机、伺服电机、步进电机和直线电机（图 2-1）。普通直流电机的调速性能好，启动转矩大，可以均匀而经济地实现转速调节。伺服电机又分为直流和交流两种，早期多用直流伺服电机，现在交流伺服电机应用更为普遍。本书主要讨论直流伺服驱动的类型，在第 6 章中会详细介绍伺服驱动及其动力学模型。步进电机多用于开环控制，控制简单但功率不大，适用于低精度小功率机器人系统。直线电机可与其所驱动的负载直接耦合在一起，因中间没有减速机构，减少了传动过程中减速机构产生的间隙和松动，极大地提高了机器人的精度。

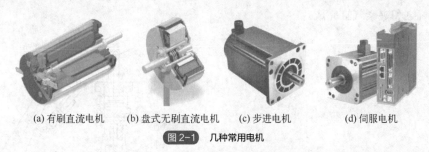

(a) 有刷直流电机　　(b) 盘式无刷直流电机　　(c) 步进电机　　(d) 伺服电机

图 2-1　几种常用电机

电机驱动系统为机器人领域中最常见的驱动系统，但存在输出功率小、减速齿轮等传动部件容易磨损的问题，所以常用于中等负荷以下的工业机器人中。

（2）液压驱动

液压驱动装置是利用液体传动的原理，通过密封容积的变化将机械能转化为液体的动能，再通过管道将液体的动能传递给执行机构，从而驱动负载进行直线往复运动、连续转动或摆动的一种装置。直线液压驱动装置包括活塞缸、柱塞缸，回转液压驱动装置包括液压马达、摆动液压缸等。

液压驱动输出功率大、控制精度高、可无级调速、反应灵敏，可实现连续轨迹控制，其执行机构具有可标准化、体积小、结构紧凑的特点，适用于重载低速驱动（图 2-2），常用于机器人的机身、手臂和手腕的驱动。另外，由于液压系统具有较好的防爆功能，所以对防爆性能有较高要求的喷涂机器人也多采用液压驱动。液压系统的缺点是对密封性要求比较高，容易出现泄漏，对环境产生污染。

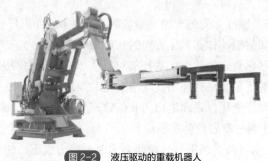

图 2-2　液压驱动的重载机器人

（3）气动驱动

气动驱动机构是指用气压作为能源的动力装置，气动驱动机构常用于需要精密和高速运动的场景。

气动驱动具有气源使用方便、不污染环境、动作灵活迅速、工作安全可靠、操作维修简便、成本低以及适于在恶劣环境下工作等特点，非常适合用于中小负荷的机器人。多用在冲压、注塑及压铸等有毒或高温条件下的作业装置中，机床上也十分常见。

典型的气动驱动装置有气缸和气动马达等。气缸常用于控制末端执行器的开合驱动，图2-3所示为各种气动夹爪。气缸也可用于机器人关节驱动，如图2-4所示，其中各个气缸的输出均为直线运动，大臂和小臂的运动由俯仰气缸和摆动气缸与连杆机构共同实现，夹爪的升降与开合由升降气缸和夹紧气缸完成。

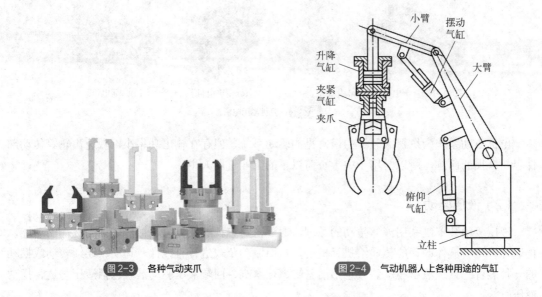

图2-3　各种气动夹爪　　　　图2-4　气动机器人上各种用途的气缸

（4）新型驱动

随着机器人技术的发展，出现了利用新工作原理制造的新型驱动设备，如磁制伸缩驱动器、压电驱动器、静电驱动器、形状记忆合金驱动器、超声波驱动器、人工肌肉驱动器、光驱动器等，新型驱动器为机器人驱动设计提供了更多选择。

新型驱动器往往利用特殊材料的特殊性能来产生驱动效果，下面简单介绍几种新型驱动器，有兴趣可以进一步查阅相关资料。

① 磁致伸缩驱动器　磁性体的外部加上磁场后，磁性体的外形尺寸就会发生变化，这种现象称为磁致伸缩现象。如果磁性体在磁化方向的长度增大，则称为正磁致伸缩，如果磁性体在磁化方向的长度减小，则称负磁致伸缩。从外部对磁性体施加压力，磁性体的磁化状态会发生变化，则称为逆磁致伸缩现象。磁致伸缩驱动主要是利用这些磁致伸缩现象，将外界磁场与压力转换为磁性体长度的微小变化，进而输出力和位移产生驱动效果。磁致伸缩驱动器主要用于微小的驱动场合。图2-5为几款磁致伸缩驱动器。

② 压电驱动器　压电材料受到压力时表面会出现与外力成正比的电荷，反过来，如果给压电材料加上电压，材料就会产生应变从而输出力和位移。利用这个特性就可以制成压电驱动器，这种驱动器可以达到亚微米级（0.35～0.8μm）的精度，适用于微型机器人。图2-6为几款压电驱动器。

③ 形状记忆合金驱动器　形状记忆合金有个神奇的特点，在低温中加载外力可使其发生变

形，一旦加热到跃变温度，它又可以魔术般地变回原来的形状。形状记忆合金驱动器正是利用这个特点，将恢复形状产生的位移与恢复力作为驱动力。形状记忆合金驱动器均适用于微型机器人、昆虫型生物机械、机器人手爪及医用内窥镜等领域。图 2-7 中的机器人名为 RoBeetle，长约 1cm，由甲醇和镍钛形状记忆合金提供动力。RoBeetle 将它的腿移出，当燃烧产生热量时，形状记忆合金会恢复其原来的形状，于是 RoBeetle 又会将它的腿移回。

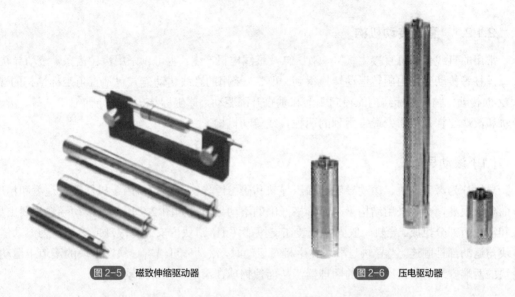

图 2-5　磁致伸缩驱动器　　　　　　　　　　　　　　图 2-6　压电驱动器

④ 超声波驱动器　超声波驱动器由振动部分和移动部分组成。振动部分通常由压电陶瓷和金属弹性材料制成，而移动部分则由弹性体、摩擦材料和塑料等材料制成。当在振动部分的压电陶瓷振子上施加高频交流电压时，压电陶瓷会产生微观的高频振动。之所以叫超声波驱动器，是因为压电晶体产生的高频振动频率高于人类听力范围上限（20000Hz），处于超声波的范围之内。这种高频振动通过驱动器的结构、共振放大和摩擦耦合等手段传递到移动部分上，从而使移动部分产生旋转或直线运动。超声波驱动器具有可提供高驱动力、高精度和高可靠性的优点，被广泛应用于机器人领域。图 2-8 为一款超声波电机。

图 2-7　形状记忆合金驱动在微型机器人中的应用

图 2-8　超声波电机

2.1.2　传动机构

传动机构是将驱动机构输出的动力传送到工作单元的一种装置。首先，传动机构具有调速和调转矩的作用，比如电机输出的运动往往是高速小转矩的，而机械臂经常运行在低速大转矩的状态下，这时就可以通过减速器等传动机构的调速、调转矩功能来满足工作单元的需求。其次，驱动器的输出轴一般是等速回转运动，而工作单元要求的运动形式则是多种多样的，如直线运动、螺旋运动等，依靠传动机构还可以实现运动形式的改变。最后，有时需要用一台驱动器带动若干个不同速度、不同负载的工作单元，这时传动机构可用于完成动力和运动的传递和分配。机器人常用的传动机构分为直线传动机构和旋转传动机构。

2.1.2.1　直线传动机构

常用的直线传动可直接由气缸、液压缸及直线电机产生，也可以采用齿轮齿条、滚动导轨、滚珠丝杠等传动元件由旋转运动转换得到。机器人采用的直线传动方式包括直角坐标结构的 X、Y、Z 向传动，圆柱坐标结构的径向驱动和垂直升降驱动，球坐标结构的径向伸缩驱动等。滚动导轨和滚珠丝杠是机器人最常用到的两种直线传动机构。

（1）滚动导轨

导轨分为滑动导轨、滚动导轨、静压导轨和磁悬浮导轨等形式，由于机器人在速度和精度方面要求很高，一般采用结构紧凑且价格低廉的滚动导轨。如图 2-9 所示，滚动导轨主要由导轨和滑块两部分组成。导轨一般固定安装在支撑部件上，滑块内安装有滚珠或滚柱作为滚动体，滑块与运动部件固连。当导轨与滑块发生相对运动时，滚动体可沿着导轨在滑块的滚道中运动，滑块的两端安装有连接回球孔的回球器，从而使钢球在滚道中循环滚动。

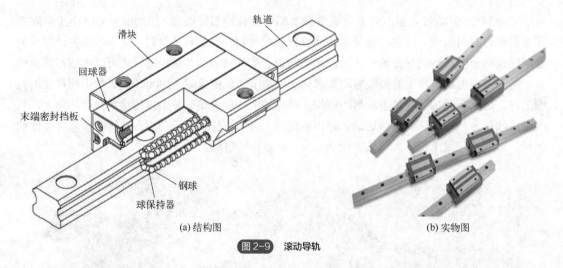

(a) 结构图　　　　　　　　　　　　　　　(b) 实物图

图 2-9　滚动导轨

滚动导轨通常用于承受高负载，这是因为滚珠能够将负载均匀分布到导轨上，从而提高了导轨的承载能力。此外，由于滚动导轨的摩擦系数较小，能够提供较高的精度和较长的寿命。

（2）滚珠丝杠

滚珠丝杠是滚珠丝杠螺母副的简称，它是一种以滚珠为滚动体的螺旋式传动元件，其结构如图 2-10 所示，主要由丝杠、螺母和滚珠三部分组成。滚珠丝杠的螺旋轨道内装有滚珠，当丝杠旋转时，滚珠一方面在滚道内自转，同时又可沿着滚道螺旋运动。滚珠运动到滚道终点后，可通过反向器和回珠滚道返回至起点，形成循环运动。滚珠的螺旋运动可使丝杠和螺母之间产生轴向相对运动，因此，固定丝杠，则螺母可产生直线运动；固定螺母，则丝杠可产生直线运动。在机器人中经常采用滚珠丝杠实现直线运动，它具有摩擦阻力小、传动效率高、使用寿命长、传动间隙小、传统定位精度高的优点。图 2-11 为多轴滚珠丝杠传动的直角坐标机器人，三个轴均为丝杠固定螺母做直线运动。

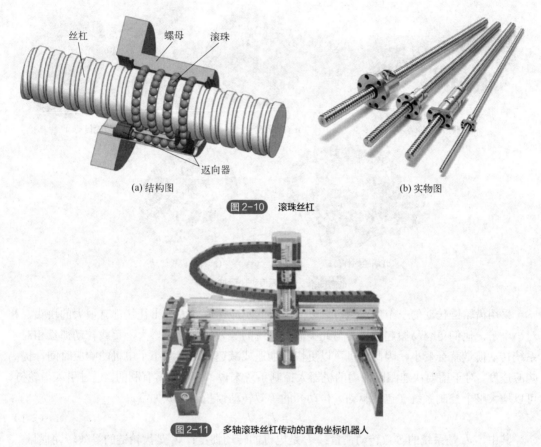

丝杠　　螺母　　滚珠

返向器

(a) 结构图　　　　　　　　　　　　　　　　　　(b) 实物图

图 2-10　滚珠丝杠

图 2-11　多轴滚珠丝杠传动的直角坐标机器人

2.1.2.2　旋转传动机构

一般电动机都能够直接产生旋转运动，但其输出力矩比要求的力矩小，其输出转速比要求的转速高，因此需要采用各种齿轮、皮带、减速器等机构，把较高的转速转换成较低的转速，并获得较大的力矩。这种运动的传递和转换必须高效地完成，并且不能有损机器人系统所需的特性，特别是定位精度、重复精度和可靠性。下面介绍机器人最常用的几种旋转传动机构，包括齿轮系、谐波减速器和 RV 减速器。

（1）齿轮系

齿轮系是由两个或两个以上的齿轮组成的传动机构，它不但可以传递运动角位移和角速度，而且可以传递力和力矩。如图 2-12 所示，齿轮传动包括圆柱齿轮传动、斜齿轮传动、锥齿轮传动、蜗轮蜗杆传动及行星齿轮传动等多种类型。

圆柱齿轮结构简单，传动效率高（约为 90%），在机器人设计中最常见。斜齿轮可以改变输出轴方向，且由于啮合时间长和接触面积大，斜齿轮的传动更为平稳，其传动效率约为 80%。

锥齿轮可以使输入轴与输出轴不在同一平面，传动效率约为70%。蜗轮蜗杆传动比大，传动平稳，可实现自锁，但传动效率较低（约为70%），且制造成本高。行星齿轮系传动效率约为80%，传动比大，但结构复杂。市面上有利用各种齿轮系制造的减速器供选用。

(a) 圆柱齿轮传动　　　　　　(b) 斜齿轮传动　　　　　　(c) 锥齿轮传动

(d) 蜗轮蜗杆传动　　　　　　(e) 行星齿轮传动

图 2-12　齿轮系传动的各种类型

　　采用齿轮链传动的一个优点是可以提高电机的响应速度。大力士往往都有很大的块头，相对小个子，他们更容易搬起重物。与此类似，系统的等效转动惯量增大，负载转动惯量相对于系统转动惯量就会变小，因此电机可以更快地加速或减速，从而减小了电机的响应时间，提高响应速度。对于需要快速跟踪能力的机器人控制系统来说，这是非常有利的。通过引入齿轮链，可以增大整个控制系统（包括驱动、传动）的等效转动惯量，公式如下：

$$J_e = J_a + J_c \tag{2-1}$$

其中，J_e 是系统的等效转动惯量；J_a 是电机的转动惯量；J_c 是齿轮链的等效转动惯量。

　　然而，齿轮链传动也有其缺点。由于齿轮间隙误差的存在，也会导致机器人的定位误差增大，假如不采取一些补救措施，齿隙误差还会增加伺服系统的不稳定性。

（2）减速器

　　减速器是工业机器人所有回转关节都必须使用的关键部件，因为电动机一般是高转速、小力矩的驱动器，而机器人通常需要低转速、大力矩，减速器的作用就是降低转速和增大力矩。机器人对减速器的要求非常高，目前机器人中主要使用谐波减速器和RV减速器，图2-13所示机器人的机身、大臂、小臂等关节中使用了能提供较大力矩的RV减速器，腕关节则采用输出力矩较小但精度更高的谐波减速器。

　　1）谐波减速器

　　在讨论谐波减速器的结构和原理之前，我们先来看一个小实验。图 2-14（a）中有两条等长的刚性齿条，下面一条为固定的，上面一条可以活动且齿数比固定齿条少两个。如果把活动齿条叠放在固定齿条上，如图 2-14（b）所示，则只有两处的齿能完全对齐，其他位置的前后齿均有错位。如果再拿一条柔性齿条，并用滚轮压着柔性齿条与叠放在一起的两条刚性齿条啮合，如图 2-14（c）所示，那么啮合的柔性齿就会像楔子一样，迫使活动齿条发生微小移动，从而使其啮合部位的齿与固定齿条的齿对齐。随着滚轮向前行进，依次进入啮合状态的柔性齿就会像楔形块一样推动活动齿条不断移动。

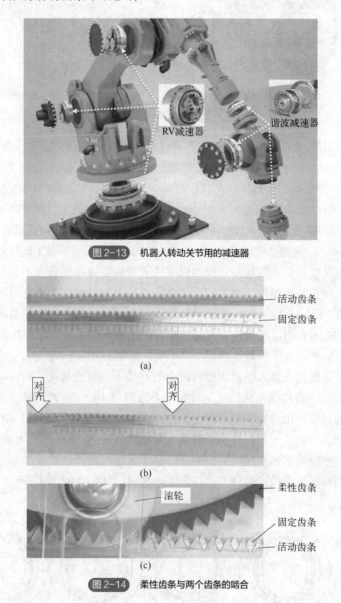

图 2-13　机器人转动关节用的减速器

图 2-14　柔性齿条与两个齿条的啮合

　　如果将齿条首尾相连变成环形，活动齿条的移动就会变成转动，这就与谐波减速器的工作原理十分相似了。谐波减速器主要由刚轮、柔轮和谐波发生器三个基本构件组成，如图 2-15 所示。这三个构件中可以任意固定一个，其余的两个一个接输入轴，另一个输出，则可实现减速增矩的作用。

　　刚轮是一个具有刚性内齿圈的金属圆环，刚轮周围的连接孔用于和基体或输出端连接。柔轮是一个水杯形金属薄壁弹性体，弹性体外侧加工有外齿圈，非常容易产生弹性变形，而水杯形弹性体底部又厚又硬，其上的连接孔用于和输出端或基体连接。柔轮上的外齿圈的齿数比刚轮内齿圈的齿数略少，一般少 2 或 4 齿。

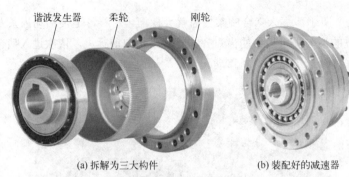

谐波发生器 柔轮 刚轮

(a) 拆解为三大构件   (b) 装配好的减速器

图 2-15   谐波减速器的结构

　　谐波发生器内部是一个椭圆形凸轮，凸轮的外缘套着能够弹性变形的薄壁滚珠轴承，当凸轮装入轴承内圈，就会迫使轴承发生弹性变形，从而变成椭圆形轴承。为什么给这部分起名为谐波发生器？请想象如果给一个椭圆形的凸轮配上一个竖直方向的从动件，当凸轮旋转时从动件会输出什么运动？没错，是上上下下的往复运动，其振幅大小为椭圆的长短轴之差，输出位移与时间的曲线为正弦波。即便没有从动件，我们以凸轮边缘上任一点为观察对象，凸轮运动过程中该点运动在竖直方向的投影仍为正弦波，所以可以说椭圆凸轮输出的运动为谐波运动，这就是谐波发生器的名称来由。

　　椭圆形的谐波发生器装入柔轮后，弹性较好的柔轮也被撑成椭圆形。柔轮长轴处的轮齿受到挤压，插入外圈刚轮的齿槽内，成为完全啮合状态，而短轴方向的齿则与刚轮齿完全脱离，如图 2-16 所示。在图 2-16（a）中，长轴 AB 位于竖直方向，柔轮和刚轮基准齿对齐，处于完全啮合状态，A、B 两点附近的齿也会有部分啮合。当输入轴带动谐波发生器顺时针旋转时，柔轮的长轴也随之旋转。由于柔轮比刚轮少 2 个齿，转动后的长轴方向的柔轮齿和刚轮齿有微小错位不能正对，柔轮齿在插入刚轮齿槽时就会受到挤压，朝逆时针方向转动一个微小角度，从而使啮合部位的柔轮齿和刚轮齿槽完全对齐，类似图 2-14（c）的情况，只不过在这里活动齿条和柔性齿条的功能均由柔轮承担。在图 2-16（b）中，谐波发生器转过 90°，此时柔轮的基准齿相对刚轮基准齿产生了一些错位；谐波发生器继续旋转到 180° 时，如图 2-16（c）所示，柔轮的基准齿相对刚轮基准齿在逆时针方向正好转了 1 个齿位；谐波发生器旋转一整圈时，柔轮的基准齿相对刚轮基准齿向逆时针方向转了 2 个齿位，如图 2-16（d）所示。

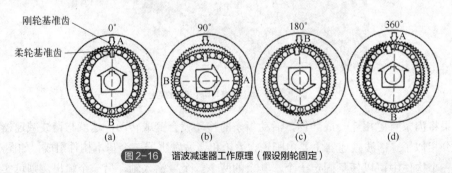

刚轮基准齿
柔轮基准齿

0°   90°   180°   360°

(a)   (b)   (c)   (d)

图 2-16   谐波减速器工作原理（假设刚轮固定）

　　简单来说，柔轮和刚轮两个齿环的啮合过程，实际上是齿数较少的柔性齿在齿数较多的刚性齿环上的滚动过程。假如柔轮有 200 个齿，刚轮有 202 个齿，当椭圆凸轮顺时针转过 360° 后，其长轴方向与刚轮的 0° 基准位置重新对齐，必定经过了 202 个齿的啮合，即柔轮也要经历 202 个齿的啮合，由于柔轮 1 周只有 200 个齿，故转到图 2-16（d）位置时，柔轮相对于刚轮逆时针转过 2 个齿以补偿这一齿差。有兴趣的读者可以在网上搜索谐波减速器的工作视频，可以更清晰生动地感受其工作原理。

下面来讨论一下谐波减速器的传动比，分为两种情况。

① 刚轮固定，柔轮输出　此时，谐波发生器连接输入轴，柔轮连接输出端。谐波发生器旋转一周，柔轮相对固定的刚轮反向转过一个齿差（2 个齿）。假设柔轮（flexspline）齿数为 Z_f，刚轮（circularspine）齿数为 Z_c，则柔轮输出与谐波发生器输入之间的传动比为：

$$i = \frac{Z_c - Z_f}{Z_f} \tag{2-2}$$

假设柔轮齿数为 $Z_f=200$，刚轮齿数为 $Z_c=202$，则传动比 $i=2/200=0.01$。

② 柔轮固定，刚轮输出　此时，谐波发生器连接输入轴，刚轮连接输出端。所以刚轮输出与谐波发生器输入之间的传动比为：

$$i = \frac{Z_c - Z_f}{Z_c} \tag{2-3}$$

仍旧假设柔轮齿数为 $Z_f=200$，刚轮齿数为 $Z_c=202$，则传动比 $i=2/202=0.0099$。

谐波减速器的主要优点是结构简单、体积小、质量小、使用寿命长。多齿同时啮合起到减小单位面积载荷、均化误差的作用，所以它承载能力强、传动精度高、传动平稳、无冲击、噪声小，因此目前工业机器人的旋转关节有 60%～70% 都使用谐波减速器。不过谐波减速器也有缺点，由于它要在承受较大交变载荷的情况下不断变形，因此对材料的材质、疲劳强度、加工精度均有很高要求，此外其刚度也不如传统的行星减速器，不能输出太大的力矩。

2）RV 减速器

RV 减速器是旋转矢量（rotary vector）减速器的简称，它是在传统的摆线针轮和行星齿轮传动装置的基础上发展起来的新型传动装置。RV 减速器包括正齿轮减速和差动齿轮减速两级传动，可以实现 200 以上的大传动比。

图 2-17 为 RV 减速器的传动简图。电机通过输入轴带动太阳轮（主动轮）转动，太阳轮带动周边 2 个或 3 个行星齿轮（从动轮），行星轮均匀分布在一个圆周上（参考图 2-18）起功率分流作用，即将输入功率分成几路传递给下一级减速机构。由于主动轮和从动轮均采用正齿轮，所以这一级传动称为正齿轮减速。

每个行星齿轮均连接一个曲柄轴（简称曲轴），在每根曲轴上有一前一后两段对称布置的偏心轴，如图 2-19（b）所示，之所以在同一根曲轴上设计两个对称的偏心轮，主要是为了确保动力传递过程的平衡。两段偏心轮通过滚针轴承安装在两个 RV 齿轮座孔中，参考图 2-19（a）。当行星齿轮带动曲轴旋转时，三组曲轴上的偏心轮同时带动两个 RV 齿轮摆动，两个 RV 齿轮摆动方向相同，但相位相差 180°。

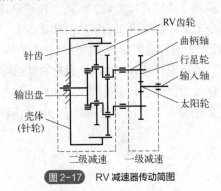

图 2-17　RV 减速器传动简图

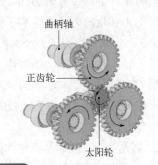

图 2-18　RV 减速器的第一级减速：正齿轮减速

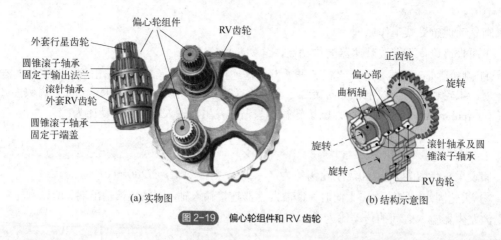

(a) 实物图　　　　　　　　　　　　　　　(b) 结构示意图

图 2-19　偏心轮组件和 RV 齿轮

在壳体（针轮）内侧的针齿槽中装有等距离排列的针齿销，如图 2-20 所示，其数目比 RV 齿轮的齿数多一。曲轴带动 RV 齿轮顺时针摆动时，针齿销将迫使 RV 齿轮沿着针齿逆时针转动。曲轴顺时针旋转一圈，RV 齿轮相对针轮反方向转动一个齿，该转动被输出轴输出，从而实现 RV 的第二级减速，即差齿减速。

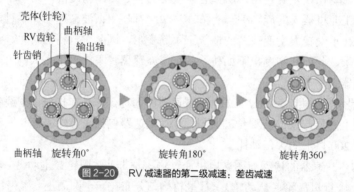

图 2-20　RV 减速器的第二级减速：差齿减速

了解了 RV 减速器的基本工作原理后，再来学习其基本结构。图 2-21 分别给出了 RV 减速器三维和二维结构剖视图，并按照相同顺序标注了各部分名称，我们对照该图从外到内逐层介绍其结构。

RV 减速器最外层的壳体（针轮）实际是一个内齿圈，其内侧有齿槽可安装针齿销，壳体外侧为安装法兰，用于和外部结构连接。

在针轮的内部，是中间层的输出法兰和端盖，这两部分通过定位销和连接螺栓固定，形成一个圆柱形的中空壳体，RV 齿轮被置于其中。每个曲轴中部的两段偏心轮通过滚针轴承支撑在 RV 齿轮的座孔中，参考图 2-19（a），由于曲轴承受的径向力较大，所以曲轴两端采用可以同时承受径向力和轴向力的圆锥滚子轴承，两个轴承分别支撑在输出法兰和端盖上。可见，RV 齿轮、输出法兰、端盖组成了一个共同旋转的组件，通过输出轴承支撑在针轮的内缘中。当 RV 齿轮相对针轮转动时，将带动该组件一同旋转，故该组件可以作为 RV 齿轮的输出端。

最内层的芯轴是整个减速器的输入端，它穿过输出法兰、端盖和 RV 齿轮的中心，其一端固定有太阳轮（太阳轮也可与芯轴做成一体），太阳轮与三个行星轮同时啮合，从而将动力传递给行星轮及与其固连的曲轴。

图 2-22 展示了 RV 减速器的爆炸图。有兴趣的读者可以上网搜索 RV 减速器相关视频，更清晰生动地了解其构成和工作原理。

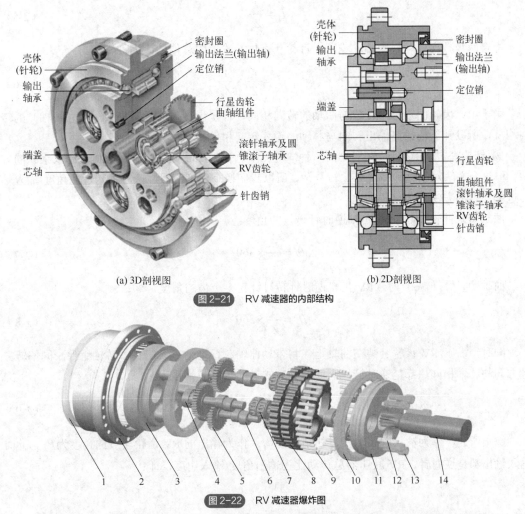

(a) 3D剖视图　　　　　　　　　　(b) 2D剖视图

图 2-21　RV 减速器的内部结构

图 2-22　RV 减速器爆炸图

1—垫圈；2—壳体（针轮）；3—输出法兰；4—圆锥滚子轴承；5—行星齿轮；6—曲柄轴；7—滚针轴承；8—RV 齿轮；

9—针齿销；10—输出轴承；11—端盖；12—定位销；13—锁紧螺钉；14—芯轴

　　下面讨论 RV 减速器的传动比。与谐波减速器类似，RV 减速器也有多种工作方式，我们讨论比较典型的两种。

　　① RV 齿轮固定，针轮输出　首先考虑一级减速即正齿轮减速。假设主动轮（太阳轮）的齿数为 Z_1，行星轮的齿数为 Z_2，从动轮和主动轮转向相反，其传动比为输出轮转速/输入轮转速，或输入轮齿数/输出轮齿数，即：

$$i_1 = \frac{Z_1}{Z_2} \tag{2-4}$$

　　其次考虑二级减速即差动齿轮减速。当曲轴的偏心轮顺时针旋转 360°，带动 RV 齿轮完成一次摆动时，RV 齿轮的基准齿相对于针轮的基准位置逆时针偏移一个齿。由于 RV 齿轮固定，根据相对运动原则，针轮则会相对于固定的 RV 齿轮顺时针转过 1 个齿，与曲轴的旋转方向相同。这相当于齿数为 Z_4 针轮作为内齿圈，和一个连接在曲轴上、只有 1 个齿的当量小齿轮内啮合。因此，差速传动（针轮输出，曲轴输入）的传动比为：

$$i_2 = \frac{1}{Z_4} \qquad (2-5)$$

综合两级减速传动，则芯轴输入，针轮（壳体）输出的总传动比为：

$$i = i_1 \times i_2 = \frac{Z_1}{Z_2} \times \frac{1}{Z_4} \qquad (2-6)$$

由于 RV 齿轮固定时，针轮与曲轴的转向相同，行星齿轮（曲轴）与太阳轮（芯轴）的转向相反，所以针轮的最终输出转向与芯轴的输入转向相反。

② 针轮固定，RV 齿轮输出　前一种情况在求总传动比时，采用了两级传动比求乘积的方法，但这个方法对于这种情况会比较复杂，所以我们换个角度，通过输出轴转过的角度/输入轴转过的角度的方法来求总传动比。

曲轴顺时针转 360° 时，芯轴逆时针转过的角度：

$$\theta_1 = \frac{Z_2}{Z_1} \times 360° \qquad (2-7)$$

曲轴顺时针转 360° 时，RV 齿轮逆时针转过针轮一个齿的角度，即：

$$\theta_2 = \frac{1}{Z_4} \times 360° \qquad (2-8)$$

同时，由于 RV 齿轮套装在曲轴上，将带动曲轴、行星轮、太阳轮、芯轴组件一同偏转，且方向与芯轴相同，都是逆时针，因此芯轴所转过的角度应修正为：

$$\theta_3 = \theta_1 + \theta_2 = \left(\frac{Z_2}{Z_1} + \frac{1}{Z_4} \right) \times 360° \qquad (2-9)$$

综上所述，作为输入的芯轴转过的角度为 θ_3，作为输出的 RV 齿轮转过的角度为 θ_2，此时输入输出都是逆时针，RV 减速器总传动比为输出角度/输入角度，即：

$$i = \frac{\theta_2}{\theta_3} = \frac{\dfrac{1}{Z_4}}{\dfrac{Z_2}{Z_1} + \dfrac{1}{Z_4}} = \frac{1}{1 + \dfrac{Z_2 Z_4}{Z_1}} \qquad (2-10)$$

RV 减速器与其他传动装置相比，由于有正齿轮和差动齿轮两级传动，故其传动比较传统的行星齿轮传动、蜗轮蜗杆传动、摆线针轮传动都大，甚至比谐波减速器传动比更大。此外由于针齿销直径较大，曲轴采用圆锥滚子轴承支撑，所以减速器结构刚性好，使用寿命长。由于差动变速时多个硬齿面的齿销同时啮合，且齿差固定为 1 个齿，所以在体积相同时其齿形可以比谐波减速器做得更大，输出转矩更高。因此，RV 减速器多用于机器人机身上的腰、大臂、小臂等大惯量高转矩关节的回转减速，大型搬运和装配工业机器人的手腕有时也采用 RV 减速器。

RV 减速器的缺点是内部结构比谐波减速器复杂，两级传动造成传动间隙较大，导致其定位精度一般不及谐波减速器。同时由于其结构复杂，安装不太方便，故其使用也不及谐波减速器方便。

减速器是机器人产业关键零部件，约占工业机器人总成本的 38%。高精尖的减速器一直是我国的"卡脖子"环节之一，长期依赖从日本、瑞士等国的进口。根据前瞻产业研究院数据，

2020年全球精密减速器市场，日系品牌纳博特斯克（RV减速器行业龙头）、哈默纳科（谐波减速器行业龙头）及日本住友，分别以60%、15%、10%的市场占有率垄断了85%的市场份额。他们与以ABB、发那科、库卡及安川为代表的国际四大机器人厂商的合作历史悠久，在全球工业机器人减速器市场中占有先发优势。中国的减速器企业目前也在奋起直追中，绿的谐波制造的谐波减速器目前占到世界市场份额的7%，这是一个令人鼓舞的成绩，此外双环传动、中大力德、秦川机床等在RV减速器领域均有不俗表现。

2.1.3 传动机构的定位与消隙技术

（1）传动机构的定位技术

机器人能够准确定位是完成各种作业的前提，控制机器人各关节到达指定位置，是机器人进行运动控制的基础。机器人的重复定位精度要求较高，设计时应根据具体要求选择适当的定位方法。目前常用的定位方法有电气开关定位、机械挡块定位和伺服定位。其中前两者用于两点或多点定位，伺服定位系统可用于任意点定位，或者说可进行连续点位控制。

① 电气开关定位　电气开关定位利用电气开关作为行程检测元件，当机械手运动到定位点时，行程开关发出信号，切断动力源或接通制动器，从而使机械手获得定位。如果机械手是液压驱动的，行程开关发出信号后，电控系统会使电磁换向阀关闭油路，即通过切断动力源实现定位；如果机械手是电动机驱动的，电气系统则会激励电磁制动器制动，即通过接通制动器实现定位。

机械手使用电气开关定位，结构简单、工作可靠、维修方便，但由于受惯性力、油温波动和系统误差等因素的影响，重复定位精度较低，一般为±(3～5)mm。

② 机械挡块定位　机械挡块定位是在行程终点设置机械挡块，当机械手经减速运行到终点时，紧靠挡块而定位。若定位前缓冲较好，但定位时驱动压力尚未撤除，机械挡块定位能达到较高的重复精度，一般可高于±0.5mm，最高可达±0.2mm；若定位时驱动压力已关闭，这时机械手可能被挡块碰回一个微小距离，因而定位精度变低。影响定位精度的因素包括挡块和机械手的刚度，以及机械手碰接挡块时的速度。

③ 伺服定位　伺服系统又称随动系统，是用来精确地跟随或复现某个过程的闭环控制系统。伺服系统可以通过指令控制位移的变化，它不仅适用于点位控制，而且适用于连续轨迹控制。

伺服系统可以是开环或闭环的。开关伺服定位系统没有行程检测及反馈，是一种直接用脉冲频率变化和频率数控制机器人速度和位移的定位方式。这种定位方式抗干扰能力差，定位精度低，如果需要较高的定位精度，则一定要降低机器人关节轴的平均速度。

闭环伺服定位系统具有反馈环节，其抗干扰能力强，反应速度快，容易实现任意点定位。闭环伺服系统常用于连续轨迹控制，在第6章会详细介绍这种控制方式。

（2）传动机构的消隙技术

传动机构一般都存在间隙，也叫侧隙。以齿轮为例，侧隙是指一对齿轮啮合时齿面间的间隙，根据测定的方向不同，侧隙有不同分类，比如圆周方向侧隙、法向方向侧隙等。在齿轮副中固定其中一个齿轮，另一个齿轮所能转过的节圆弧长称为圆周方向侧隙；两齿轮的啮合齿面互相接触时，其非啮合齿面之间的最短距离，称为法向侧隙，如图 2-23 所示，可用塞尺测量。

轮齿在啮合时必须有适当的侧隙，这样才能保证齿面间形成正常的润滑油膜，同时防止由于齿轮工作温度升高引起热膨胀变形致使轮齿卡死。但是，如果齿轮侧隙过大，齿轮反方向转动时就会造成回程误差，并产生冲击。就齿轮传动而言，侧隙会影响机器人的重复定位精度和平稳性。对机器人控制系统来说，侧隙会导致显著的非线性变化、振动和不稳定。

侧隙主要有两种：一种是为了适应热膨胀和油膜需要而特意留出的；另一种则是由于制造及装配误差带来的。消除传动间隙的主要途径包括提高制造和装配精度、设计可调整侧隙的机构、设置弹性补偿零件等，具体方法有很多种，下面介绍工业机器人常用的几种消隙方法。

① 双片齿轮消隙　齿轮消隙是指消除齿轮传动中的齿侧间隙。图 2-24 所示为双片错齿周向弹簧式消隙法。一对啮合齿轮中的主动轮不变，将其从动轮做成两个薄片，其中一片固定在轴上（图 2-24 中的 B 片），另一片套在该齿轮的轮毂上（图 2-24 中的 A 片）。两片齿轮间有弹簧相连，弹簧一端固定在 A 片上，另一端钩在 B 片上，在弹簧拉力作用下，B 片就会相对 A 片产生微小错位（仔细观察图 2-25 中的实物图），这样 A 片齿轮的齿左侧和 B 片齿轮的齿右侧分别紧贴在主动齿轮的齿槽左、右两侧，通过这种错齿结构就消除了齿侧间隙，反向时就不会产生回程误差。

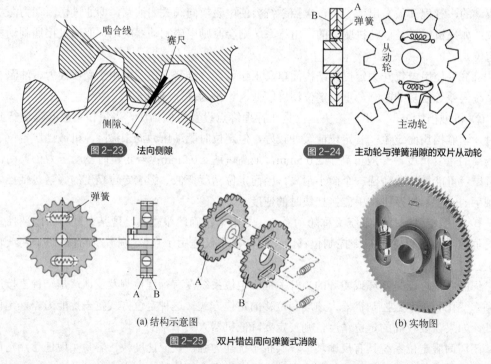

图 2-23　法向侧隙　　　　图 2-24　主动轮与弹簧消隙的双片从动轮

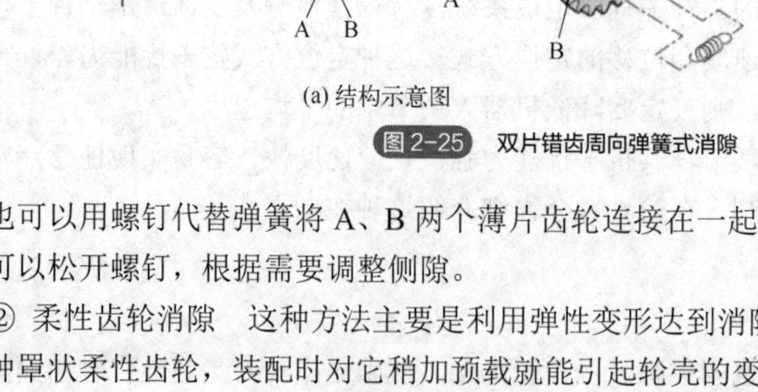

(a) 结构示意图 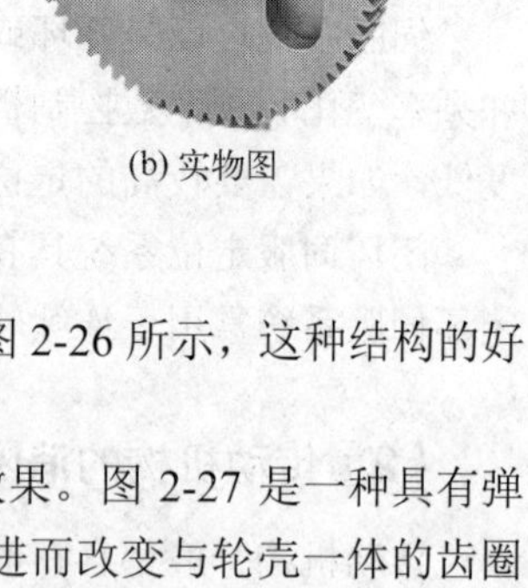　　　　　　(b) 实物图

图 2-25　双片错齿周向弹簧式消隙

也可以用螺钉代替弹簧将 A、B 两个薄片齿轮连接在一起，如图 2-26 所示，这种结构的好处是可以松开螺钉，根据需要调整侧隙。

② 柔性齿轮消隙　这种方法主要是利用弹性变形达到消隙的效果。图 2-27 是一种具有弹性的钟罩状柔性齿轮，装配时对它稍加预载就能引起轮壳的变形，进而改变与轮壳一体的齿圈的位置，合理调节轮壳变形量就能使每个轮齿的双侧齿廓都能啮合，从而消除侧隙。

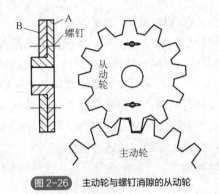

图 2-26 主动轮与螺钉消隙的从动轮

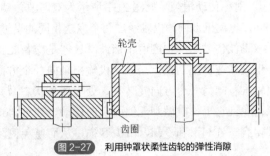

图 2-27 利用钟罩状柔性齿轮的弹性消隙

图 2-28 所示的径向柔性齿轮也是利用弹性变形消隙,图中柔性齿轮的轮壳和齿圈是刚性的,但二者连接处具有弹性。在相同的转矩载荷下,确保径向柔性齿轮无侧隙啮合所需要的预载力比钟罩状柔性齿轮需要的小很多。

③ 偏心机构消隙 长期使用后,齿轮磨损会造成传动间隙的增加,此时最简单的消隙方法是调整两啮合齿轮的中心距,偏心机构可用于中心距的调整。图 2-29 所示为偏心轴套消隙机构,电机输出轴穿过偏心轴套的内孔与小齿轮相连,见图 2-29(a),电机输出轴与偏心轴套的内孔同轴,而偏心轴套的内孔与外圆

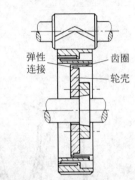

图 2-28 利用径向柔性齿轮的弹性消隙

的轴线并不重合。初次装配时,让偏心轴套比较厚的一侧朝向大齿轮的方向,参考图 2-29(b),由于电机输出轴、小齿轮轴均与偏心轴套的内孔轴线重合,此时两齿轮的中心距相对比较远。使用一段时间后,齿轮发生磨损传动间隙增大,此时则卸下电机,转动偏心轴套使其朝向大齿轮方向的壁厚变薄一些,此时偏心轴套外圆轴线位置不变,而内孔轴线位置会接近大齿轮轴一些,这样就略微缩小了两齿轮的中心距,达到消隙的目的。偏心轴套处于如图 2-29(c)所示的方位时,中心距达到最小,此时如果继续磨损,这个方法就无效了。所以应该根据需要消除的间隙大小合理设计偏心轴套的偏心距。

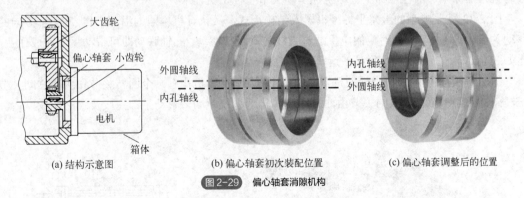

(a) 结构示意图   (b) 偏心轴套初次装配位置   (c) 偏心轴套调整后的位置

图 2-29 偏心轴套消隙机构

④ 齿廓弹性覆层消隙 如果齿廓表面附有薄薄一层弹性很好的橡胶层或层压材料(图 2-30),只要对相啮合的一对齿轮加以预载则可完全消除啮合侧隙。

齿轮在啮合过程中两齿面间会发生相对滑动,该滑动会在橡胶层内部发生剪切弹性流动时被吸收。铝合金和石墨纤维增强塑料非常轻,用它们制作齿轮能大大减小传动件的质量和转动惯量。然而这类材料不具备良好接触和滑动品质,在润滑不良或高速重载的条件下容易产生胶

合现象。采用齿廓弹性覆层不但能消隙，还能显著降低齿面接触应力，避免胶合损伤。

⑤ 对称传动消隙　如图 2-31 所示为双谐波传动消隙原理示意图，其中电动机处于机器人关节中间，电动机双向输出轴经过两个完全相同的谐波减速器，共同驱动同一个机器人手臂运动。

双谐波传动系统中的两个谐波减速器是交替工作的，通常会采用控制器或切换装置来控制两个谐波减速器的切换。当电动机输出轴向一个方向旋转时，两个减速器交替工作；当电动机输出轴准备向另一个方向旋转时，处于休息状态、具有回弹能力的减速器则会反转进行消隙，确保再轮到它工作时做到无侧隙反向传动。此外，这种交替工作的方式还可以保证每个分支传动都得到充分润滑和冷却，减少磨损，从而避免侧隙快速加大。

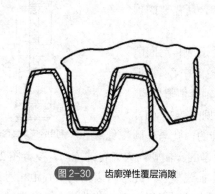

图 2-30　齿廓弹性覆层消隙

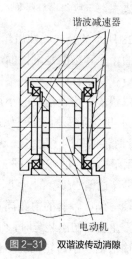

图 2-31　双谐波传动消隙

2.1.4　执行机构

机器人执行机构的作用是实现机器人的运动并直接完成规定的各种作业。机器人类型不同，其执行机构也有所不同。在第 1 章机器人的分类中介绍过，按运动坐标不同，串联机器人可以分为直角坐标型、圆柱坐标型、球坐标型和关节坐标型机器人。

图 2-32 就是典型的直角坐标型机器人结构形式，其执行机构即为沿 X、Y、Z 三个方向的移动关节，每个关节都由对应的电机通过直线传动机构驱动，三轴联动即可带动手部完成作业，比如 3D 打印、工件加工、物品搬运等。

图 2-33 是典型的圆柱坐标型机器人结构形式，其执行机构有一个回转关节和两个移动关节（升降和伸缩），该机器人的关节由油缸通过其传动系统驱动，带动手部完成要求的作业。

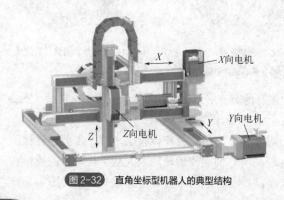

图 2-32　直角坐标型机器人的典型结构

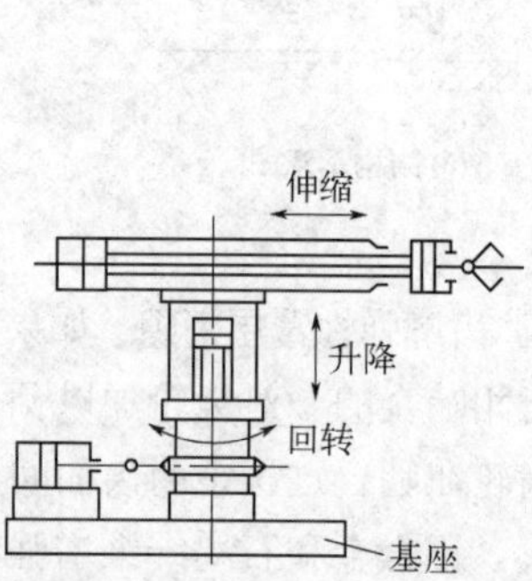

图 2-33　圆柱坐标型机器人的典型结构

图 2-34 是典型的球坐标型机器人结构形式，其执行机构有回转、俯仰两个旋转关节和一个用于伸缩的移动关节，这三个关节决定了其球形的工作空间。它的腕部还有两个转动关节，使其手部更加灵活。该机器人的关节由油缸通过其传动系统驱动，带动手部完成要求的作业。

关节坐标型机器人又可分为水平多关节和垂直多关节机器人两种。图 2-35 所示的水平多关节机器人共有四个关节，其中三个为转动关节，其转轴相互平行均为垂直方向，所以三个回转运动都是在水平面内进行的。此外还有一个移动关节，方便手部在垂直方向完成装配等作业。

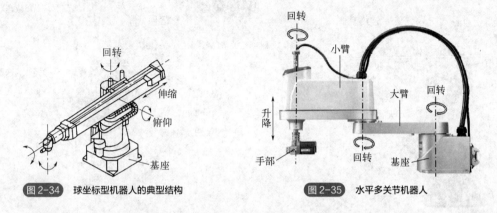

图 2-34 球坐标型机器人的典型结构   图 2-35 水平多关节机器人

大多数工业机器人为垂直多关节型机器人，其各关节的回转轴互相垂直或平行。图 2-36 和图 2-37 中的机器人均为这种类型。图 2-36 所示的 Puma-262 机器人是美国 Unimation 公司于 1978 年制造的直流伺服电动机驱动的六自由度关节型机器人，主要由基座、臂部（包括大臂和小臂）、腕部以及末端执行器（手部）四大部分构成。该机器人立柱绕垂直轴回转，称为腰关节，立柱内部安装腰关节的回转轴及轴承、轴承座等；大臂的回转轴称为肩关节，由肩关节电机通过其传动系统驱动；小臂的回转轴称为肘关节，由肘关节电机通过其传动系统驱动。腕部还有实现偏转、俯仰、翻转运动的三个关节，对应的三个电机均安装在小臂里面，通过传动系统将运动和动力传递给手腕，增加手部姿态的灵活性。

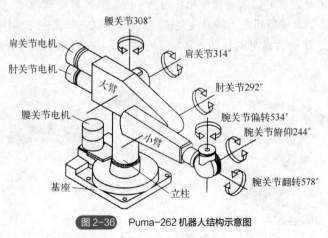

图 2-36 Puma-262 机器人结构示意图

目前最常见的工业机器人如图 2-37 所示，它与 Puma-262 机器人类似，有 6 个自由度，也由基座、臂部、腕部及手部四大部分组成，不同之处在于，现在大多机器人采用模块化的关节模组（集成电机和减速器）作为驱动和传动装置，关节模组通常直接安装在对应的关节处，如图 2-37（b）所示，除了关节 5 的电机与关节 5 稍有一段距离，电机与减速器之间采用了同步带传动外，其他 5 个电机及其减速器均直接布置在相应的关节上,这样机器人的传动链更短,结构更为紧凑。

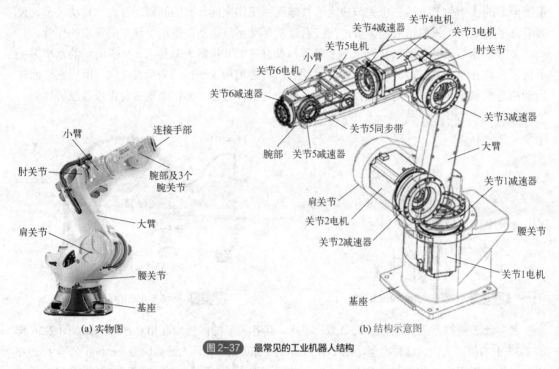

(a) 实物图   (b) 结构示意图

图 2-37 最常见的工业机器人结构

通过观察上面几种串联机器人的结构可以发现,除直角坐标机器人比较特殊以外,机器人的执行机构基本都是由基座、臂部(包括大臂和小臂)、腕部及末端执行器(手部)四大部分构成。下面分别介绍这四大部分的特点及其设计注意事项。

(1)基座

基座是机器人的基础部分,起支撑作用,可分为固定式和移动式两种。固定式机器人的基座直接固定在地面上,大多数机器人的基座是固定式的,图 2-36、图 2-37 中的机器人均属于这种类型。图 2-38 展示了两种常见的移动式基座,机器人基座安装在滑轨上,扩大了其运动和操作范围。

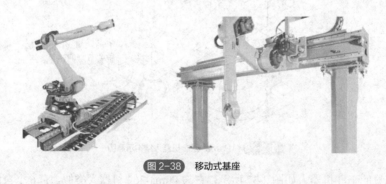

图 2-38 移动式基座

基座是机器人的安装和固定部分,也是电线电缆、油管、气管的输入连接部分,有时机器人第一个关节的驱动系统也会安装在基座上,比如 Puma-262 机器人的基座,如图 2-39 所示,其上装有关节 1 的电机,电机驱动两级直齿圆柱齿轮,传动路线为直齿轮-中间齿轮的大齿轮-

同轴小齿轮-主齿轮，主齿轮通过管形连接轴驱动立柱实现腰部回转运动。

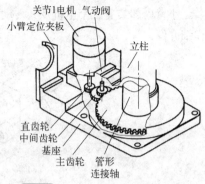

图 2-39　Puma-262 机器人的基座结构

（2）臂部

机器人的臂部又称机器人手臂，是机器人执行机构的重要部件。在 6 自由度关节机器人中，多由大臂和小臂一起构成机器人的臂部，它的作用是支撑腕部和手部，并将抓取的工件运送到指定位置。机器人的臂部主要包括臂杆，以及与其运动有关的构件，包括驱动装置、传动机构、导向定位装置、支撑连接和位置检测元件等。手臂的结构、工作范围、臂力和定位精度都直接影响机器人的工作性能。

从图 2-33～图 2-39 可以看出，根据运动坐标系的不同，臂部可能会有伸缩、回转、俯仰、升降等不同的运动形式。臂部的结构必须根据机器人的运动形式、动作自由度、运动精度等因素来确定。此外，机器人手臂设计时还要考虑手臂的受力情况、油气缸及导向装置的布置、内部管路与手腕的连接形式等因素。

1）臂部的设计要求

① 刚度高：为防止臂部在运动过程中产生过大的变形，应合理选择手臂的截面形状。工字形截面的弯曲刚度一般比圆截面大，空心管的弯曲刚度和扭转刚度都比实心轴大得多，所以常用钢管制作臂杆及导向杆，用工字钢和槽钢制作支撑板。

② 导向性能好：为防止手臂在直线运动过程中沿运动轴线发生相对转动，应设置导向装置或设计方形花键等形式的臂杆。

③ 重量轻：为提高机器人的运动速度，要尽量减小臂部运动部分的质量，并减小整个手臂对回转轴的转动惯量。机器人手臂在携带工具或抓取工件进行作业的过程中，所受动静载荷以及被夹持物体及手部、腕部等机构的质量均作用在手臂上，所以臂部应尽可能结构紧凑、重量轻，所以一般选择高强度轻质材料。

④ 精度高：由于臂部运动速度越高，惯性力引起的冲击越大，运动不平稳则定位精度不高。因此臂部设计还要采用一定形式的缓冲措施和定位装置来提高定位精度。

2）臂部的典型结构

目前有很多工业机器人的臂部采用图 2-37 所示的结构，肩关节和肘关节的电机、减速器均集成在关节模组中，驱动大臂和小臂完成俯仰运动。但减速器价格比较贵，所以有时也会选择自己设计传动系统。下面仍以 Puma-262 为例介绍臂部的典型结构。

如图 2-40 所示，肩关节的传动分为三级。肩关节伺服电机输出轴通过柔性联轴器与一圆锥小齿轮相连接，小齿轮驱动圆锥大齿轮旋转，这是第一级传动；与圆锥大齿轮同轴的圆柱小齿轮驱动圆柱大齿轮，这是第二级传动；与圆柱大齿轮同轴的圆柱小齿轮驱动第二个圆柱大齿轮，这是第三级传动。该圆柱大齿轮最终带动肩关节转动。

肘关节的传动也分为三级。肘关节伺服电机输出轴通过柔性联轴器远距离传动到与另一柔性联轴器相连的圆锥小齿轮，该小齿轮驱动圆锥大齿轮旋转，这是第一级传动；与圆锥大齿轮同轴的圆柱小齿轮驱动圆柱大齿轮，这是第二级传动；与圆柱大齿轮同轴的圆柱小齿轮驱动第二个圆柱大齿轮，这是第三级传动。该圆柱大齿轮最终带动肘关节转动。

小臂内部装有三个电机及其传动系统，从而驱动手腕的三个轴转动，具体结构下一小节会详细介绍。

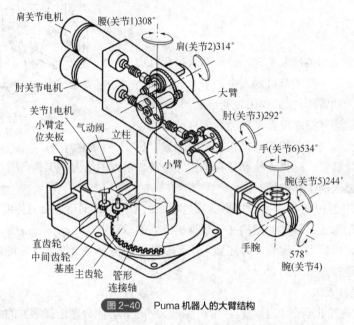

图 2-40　Puma 机器人的大臂结构

在一些大型重载机器人中，臂部常采用液压驱动。如图 2-33 中的圆柱坐标型机器人的臂部回转运动采用液压马达驱动蜗轮蜗杆来完成，升降运动采用油缸活塞驱动。

（3）腕部

腕部是手臂和手部的连接部件，起支撑手部和改变手部姿态的作用。机器人腕部的自由度主要用于实现期望的手部姿态。

1）腕部的设计要求

① 结构应尽量紧凑、质量小、强度刚度高。腕部的自由度数目较多，且要求的驱动力较大，故其结构设计要求较高。因为腕部的每一个自由度都配有一套驱动件和执行件，所以腕部必须在较小的空间内同时容纳几套元件，难度较大。由于手腕处在开式连杆系末端的特殊位置，它的尺寸和质量对机器人的动态性能和使用性能影响很大，为了提高作业速度和精度，必须要求腕部结构紧凑、质量小，并具有比较高的强度和刚度。

② 适应工作环境要求。如果用于高温作业或腐蚀性介质中，设计必须充分考虑环境对手腕的不良影响，并预先采取相应的措施，以保证其具有良好的工作性能和较长的使用寿命。

③ 要综合考虑各方面要求，合理布局手腕。如考虑腕部与手部、臂部的连接结构，管线布置，以及润滑、维修、调整等问题。

2）腕部的结构形式

为了使手部能处于空间任意方向，要求腕部能绕 X、Y、Z 三个坐标轴转动，即具有翻转、俯仰和偏转 3 个自由度。这与人类手腕的运动十分相似。人类手腕可以绕小臂轴线旋转，机器人的腕部可以绕 Z 轴回转（roll），用 R 表示，如图 2-41（a）所示；人类手腕可以上下转动，机器人腕部也可以绕 Y 轴做俯仰（pitch）运动，用 P 表示，如图 2-41（b）所示；人类手腕还可以左右摆动，机器人腕部也可绕 X 轴偏转（yaw），用 Y 表示，如图 2-41（c）所示。当然，机器人腕部也可能沿直线运动，称为 Translate，用 T 表示。

工业机器人的手腕可以有 1 个自由度、2 个自由度或者 3 个自由度，最常见的是拥有三个旋转运动，即 RPY 3 个自由度，如图 2-41（d）所示。

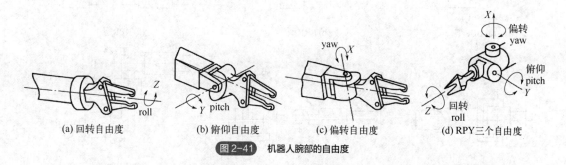

(a) 回转自由度　　　　(b) 俯仰自由度　　　　(c) 偏转自由度　　　　(d) RPY三个自由度

图 2-41　机器人腕部的自由度

手腕可以由不同类型的关节组成，R 关节和 B 关节是常见的两种关节类型。R 关节（roll joint）又称 R 型轴或回转轴，指能够在四个象限内进行 360° 或接近 360° 回转的旋转轴。如图 2-42（a）所示，R 型轴的回转中心与其自身的几何回转中心重合。B 关节（bend joint）又称 B 型轴或摆动轴，如图 2-42（b）所示，因结构的限制，B 型轴只能在三个象限内进行 270° 以下的转动。

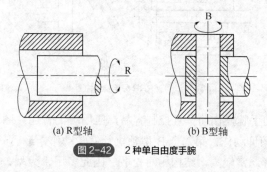

(a) R型轴　　　　(b) B型轴

图 2-42　2 种单自由度手腕

2 自由度手腕可以是由一个 R 关节和一个 B 关节组成的 BR 手腕，如图 2-43（a）所示；也可以是由两个 B 关节组成的 BB 手腕，如图 2-43（b）所示；但是不能由两个 RR 关节组成 RR 手腕，因为两个 R 关节共轴线，实际只构成单自由度手腕，如图 2-43（c）所示。2 自由度手腕中最常用的是 BR 手腕。

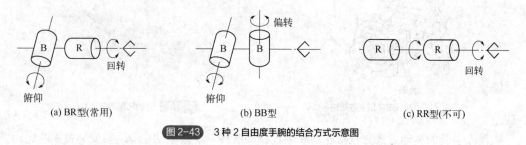

(a) BR型(常用)　　　　(b) BB型　　　　(c) RR型(不可)

图 2-43　3 种 2 自由度手腕的结合方式示意图

图 2-44 为由 R 和 B 两种关节组成的 6 种 3 自由度手腕。

图 2-45 为 RRR 型手腕的典型结构，它使用了 3 组锥齿轮传动，3 个回转轴的转动范围均不受限，且结构紧凑、动作灵活，可以最大限度地改变机器人的姿态。但是从图中可以看出，三个回转轴的中心线互不垂直，增加了控制的难度，因此在通用机器人中较少使用这种类型的手腕结构。

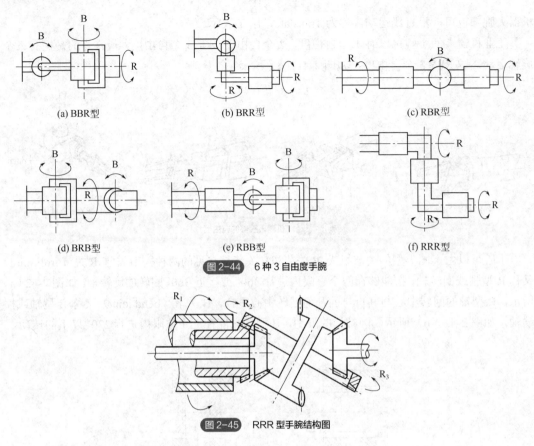

(a) BBR型　　　　　(b) BRR型　　　　　(c) RBR型

(d) BRB型　　　　　(e) RBB型　　　　　(f) RRR型

图 2-44　6 种 3 自由度手腕

图 2-45　RRR 型手腕结构图

BBR 或 BRR 结构的手腕操作简单且控制容易，应用较为普遍。图 2-46 为 BBR 结构，通常其第一个 B 型轴执行俯仰动作，第二个 B 型轴执行偏转动作，最后一个 R 轴执行回转动作。但是这种结构的手腕外形通常较大，结构相对松散，因此多用于大型、重载机器人。在机器人作业要求固定时，BBR 结构的手腕经常被简化为 BR 结构的 2 自由度手腕。图 2-47 所示的 RBR 结构的手腕是工业机器人最为常用的手腕结构。

图 2-46　BBR 型手腕结构　　　　　图 2-47　RBR 型手腕结构

机器人手腕的驱动方式有直接驱动和远程驱动两种。直接驱动指驱动器安装在手腕运动关节的附近，优点是传动路线短、传动刚度好，缺点是腕部尺寸和质量大、转动惯量大。现在比较流行的做法是将电机与减速器集成为结构紧凑且轻便的关节模组来完成腕部的直接驱动，如图 2-37（b）所示。

远程驱动指驱动器安装在机器人的小臂远端，通过连杆、链条或其他传动机构间接驱动腕部。远程驱动的优点是腕部结构紧凑质量小，缺点是传动设计复杂，传动刚度低。Puma 机器人的腕部就属于远程驱动的形式，该机器人的手腕为 RBR 型。在小臂根部装有关节 4 和关节 5 的驱动电机，如图 2-48（a）所示。在小臂中部装有关节 6 的驱动电机，为清晰起见，将其单独绘制在图 2-48（b）中。关节 4 采用两级齿轮传动，第一级为直齿轮传动，运动经驱动轴和联轴器传递到第二级直齿轮，并带动关节 4 旋转。关节 5 也采用两级齿轮传动，电机通过联轴器带动驱动轴将运动传递到第一级直齿轮传动机构，再到第二级锥齿轮传动，减速的同时改变转动轴的方向，从而驱动关节 5 旋转。关节 6 采用三级齿轮传动，电机通过联轴器和驱动轴将运动传递给一级锥齿轮，再通过同轴的小锥齿完成第二级锥齿轮传动，第三级为直齿轮传动，最终驱动关节 6 旋转。

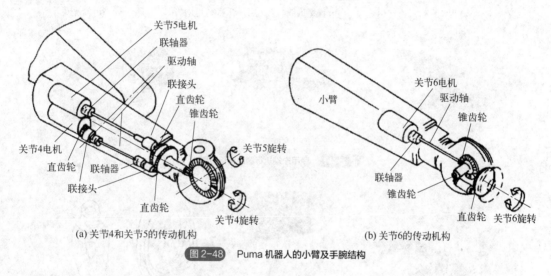

(a) 关节4和关节5的传动机构　　　　　　　(b) 关节6的传动机构

图2-48　Puma 机器人的小臂及手腕结构

（4）末端执行器（手部）

末端执行器是直接执行作业的装置，它对增强机器人的作业功能、扩大应用范围和提高工作效率都有很大作用。机器人的末端执行器是根据机器人的作业要求来设计的，新增一种末端执行器意味着为机器人新增一个应用领域。末端执行器又称为手部、手爪、机械手等。按照用途，末端执行器可以分为两类，即专用末端执行器和类人的手爪。

机器人根据任务要求，配上专用的末端执行器（也称为专业工具）就能胜任不同任务。比如在通用机器人上安装焊枪，就成为焊接机器人；安装拧螺母机，就成为装配机器人；用于进行测量及检验作业时，机器人则需要装上测量专用末端执行器。常用的专业末端执行器有焊枪、拧螺母机、电磨头、抛光头、电钻削头、激光头、喷枪等，见图 2-49。

根据夹持原理的不同，类人的手爪可以分为机械手爪、吸附式手爪、仿人柔性手及多指灵巧手等类型。

1）机械手爪

机械手爪与人手相似，是工业机器人广为应用的一种手部形式。它一般由驱动机构、传动机构、手指及连接与支撑元件组成。机械手爪通过开闭运动，依靠摩擦力或吊钩承重实现对物体的夹持。

① 手指　手指是直接与物件接触的构件，其张开和闭合实现了被夹持物体的松开和夹紧。机器人的手部通常只有两个手指，也有三个或多个手指的情况。手指需要具有适当的开闭范围、

足够的握力和一定的精度，其形状还应顺应被抓取对象的形状。例如被抓取对象为方形，则大多采用平面指；抓取对象为圆柱形，则往往采用 V 形指；抓取对象不规则时，则常采用特形指，如图 2-50 所示。

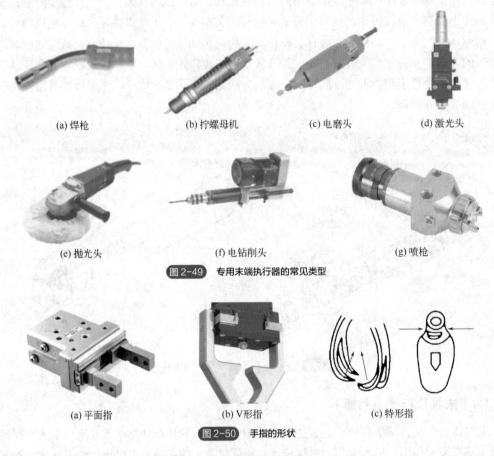

(a) 焊枪　　　(b) 拧螺母机　　　(c) 电磨头　　　(d) 激光头

(e) 抛光头　　　(f) 电钻削头　　　(g) 喷枪

图 2-49　专用末端执行器的常见类型

(a) 平面指　　　(b) V形指　　　(c) 特形指

图 2-50　手指的形状

　　根据工件形状、大小及其被夹持部位材质软硬、表面形状等不同，手指的指面又可分为光滑指面、齿形指面和柔性指面三种形式。光滑指面平整光滑用来夹持已加工表面，避免表面受损。齿形指面刻有齿纹，可增加它与被夹持工件间的摩擦力，确保夹持可靠。齿形指面常用来夹持表面粗糙的毛坯和半成品。柔性指面上镶衬橡胶、泡沫、石棉等材料，具有增加摩擦力、保护工件表面及隔热等作用，一般用来夹持已加工表面、炽热件、薄壁件和脆性件。

　　② 驱动机构　手爪的开合通常采用气动、液动、电动和电磁来驱动。气动手爪应用广泛主要是因为其具有结构简单、成本低、重量轻、容易维修且开合迅速等优点。气动手爪的缺点在于空气介质存在可压缩性，使爪钳位置控制比较复杂。图 2-51 展示了气动手爪的工作原理，气缸中的压缩空气推动活塞及与其连接的齿条做往复运动，齿条带动两个扇形齿轮转动，进而带动两个平行四边形机构，最终使两个爪钳平行地快速开合。

　　液压驱动的手爪可以提供更高的驱动力，但成本要高些。电动手爪

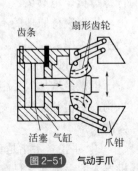

图 2-51　气动手爪

的优点在于手指开合电动机的控制与机器人控制可以共用一个系统，缺点是夹紧力比液压手爪小，而且开合时间稍长。

③ 传动机构　驱动机构的驱动力通过传动机构驱使爪钳开合并产生夹紧力，对传动机构有运动和夹紧力两方面的要求。

图 2-52 展示了几种常见的手部传动机构。图 2-52（a）是齿轮齿条直接传动的手爪，驱动机构带动齿轮旋转并推动齿条做直线往复运动，从而实现手指的松开和闭合。这种手爪可保持爪钳平行运动，且行程范围大。对夹紧力要求是爪钳开合度不同时夹紧力应保持不变。

图 2-52（b）为拨杆杠杆式手爪，滑槽向右运动时带动右侧的拨杆杠杆式转动，与此同时，与右侧杠杆转轴同轴的齿轮随其转动，并带动左侧齿轮转动。因此左右两个手爪均朝夹紧工件的方向运动，完成夹紧。当滑槽带动拨杆反方向运动时，手爪则会松开工件。

图 2-52（c）为滑槽式手爪，杠杆型手指的一端装有 V 形指，另一端则开有长滑槽。驱动杆上的圆柱销套在两指的滑槽内，当驱动杆带动圆柱销做往复运动时，即可拨动两个手指各绕其支点做相对回转运动，从而实现手指的夹紧与松开动作。

图 2-52（d）所示为重力式手爪，它依靠重力使手爪下降，实现对工件的夹持。

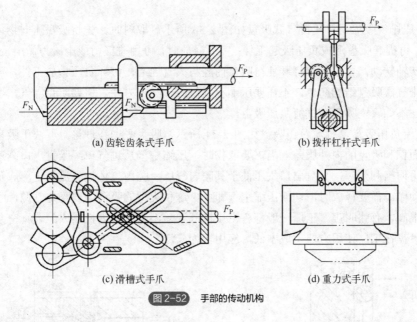

(a) 齿轮齿条式手爪　　　　　　　　(b) 拨杆杠杆式手爪

(c) 滑槽式手爪　　　　　　　　　　(d) 重力式手爪

图 2-52　手部的传动机构

④ 机械手爪设计要求

a. 应具有足够的夹紧力。机器人的手部靠钳爪夹紧工件，并把工件从一个位置移动到另一个位置。考虑到工件本身的重力，以及搬运过程中产生的惯性力和振动等，钳爪必须具有足够大的夹紧力才能防止工件在移动过程中脱落。一般要求夹紧力是工件重量的两到三倍。手爪的结构形式不同，夹紧力的计算方法也不同。

b. 应具有足够大的工作范围。钳爪必须具有足够的张开角或移动范围来适应不同尺寸的工件，而且夹持工件的中心位置变化要小，从而减小定位误差。

c. 应能保证工件的可靠定位。为了使工件保持准确的相对位置，必须根据工件的形状采用相应的手指形状来定位，如圆柱形工件多采用 V 形手指，以便自动定心。

d. 应具有足够的强度和刚度。手爪除受到被夹持工件的反作用力外，还受机器人手部在运动过程中产生的惯性力和振动的影响。因此，对于受力较大的手爪应进行必要的强度、刚度校核。

e. 应尽量做到结构紧凑、质量小。这是因为手部处于腕部的最前端，其质量和惯性负荷会直接影响机器人的任务达成度。

2）吸附式手爪

吸附类末端执行器靠吸附力取料，应用十分广泛。比如，对于大平面的工件，一般机械手爪单面接触无法抓取，而通过多个吸盘吸附搬运则非常适合；抓取玻璃、陶瓷等易碎用品用吸附类手爪也很适合，不会破坏搬运件表面质量；电子元器件或药品等往往尺寸很小，用机械手爪抓取不太方便，这时吸附类末端执行器也能大显身手。

吸附类末端执行器有气吸式和磁吸式两类。气吸式手爪是利用吸盘内的压力与大气压之间的压力差工作的。按照形成压力差的方法不同，可以分为挤压排气式、气流负压式和真空式三种。与机械手爪相比，气吸式手爪具有结构简单、质量小、吸附力均匀等优点，对于薄片状物体的搬运更具优越性。使用气吸式手爪要求工件与吸盘接触部位光滑平整、清洁，要求被吸工件材质致密，没有透气空隙。如果工件表面不够平整或者有孔、隙等结构，则可以考虑磁吸式手爪。

① 挤压排气吸盘　挤压排气式吸盘如图 2-53 所示。取料时，先将吸盘压向物体挤出吸盘内腔空气，再提起吸盘形成负压吸起工件；需要释放时，可用碰撞力或电磁力作用于压盖上部，压盖则绕转轴转动，压盖下部打开使得吸盘内腔与大气连通，破坏负压释放工件。

挤压排气式吸盘结构简单，不需要压缩空气气源，经济方便。但要防止漏气，不宜长期停顿，可靠性不如真空吸盘和气流负压吸盘。

② 气流负压吸盘　气流负压吸盘如图 2-54 所示，吸盘吸力在理论上取决于吸盘与工件表面的接触面积和吸盘的内外压差。当需要取物时，压缩空气从进气口经吸盘出口高速流动到排气口，利用伯努利效应，吸盘出口气压低于其腔内气压，腔内气体被气流带走形成负压，从而完成取物动作。需要释放时，切断压缩空气即可。这种类型的吸盘需要稳定气源，喷嘴出口处气流速度很高，有啸叫声。工厂一般都有空压机气源，不需要专为机器人配置真空泵，因此气流负压式吸盘在工厂使用方便，成本低，应用较为广泛。

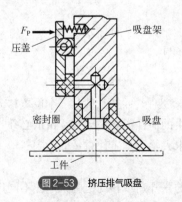

图 2-53　挤压排气吸盘

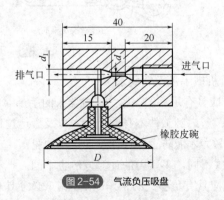

图 2-54　气流负压吸盘

③ 真空吸盘　图 2-55（a）展示了真空吸盘的工作原理，真空负压吸盘采用真空泵保证吸盘内持续产生负压。图 2-55（b）展示了真空吸盘的结构，碟形橡胶吸盘通过固定盘安装在支撑杆上，支撑杆由螺母固定在基板上。

取料时，橡胶吸盘与物体表面接触，橡胶吸盘边缘既起到密封作用，又起到缓冲作用。电动机带动真空泵抽气，吸盘内腔形成真空，吸取物料。放料时，在电磁阀的控制下，吸盘管路接通大气失去负压，物体放下。

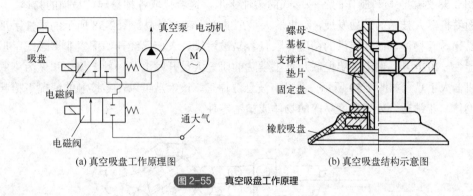

(a) 真空吸盘工作原理图　　　　　　(b) 真空吸盘结构示意图

图 2-55　真空吸盘工作原理

④ 磁吸式手爪　磁吸式手爪有永磁式和电磁式两种，图 2-56 所示为电磁吸盘的实物图和结构示意图。电磁吸盘中线圈通电瞬时产生磁场，磁力线穿过工件、线圈铁芯和空气间隙形成的回路产生磁力吸住工件，一旦断电，磁力消失工件松开。

电磁吸盘的优点是结构简单，单位面积吸力较大，对被吸持工件表面光整度要求不高，对工件表面没有损伤，可以快速吸附工件，使用寿命长。缺点是只能吸住含铁的黑色金属工件，对有色金属及非金属无效。另外，由于钢铁等磁性物质在高温下磁性会消失，所以在高温条件下不宜使用电磁吸盘。

磁吸式手爪的设计，首先要求具有足够的电磁吸力，其吸力大小由工件的质量而定；其次电磁吸盘的形状、大小及吸盘的吸附面应与工件的被吸附面形状相适应。

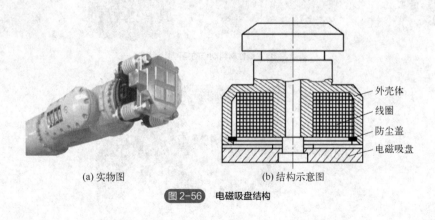

(a) 实物图　　　　　　　(b) 结构示意图

图 2-56　电磁吸盘结构

3）仿人柔性手及多指灵巧手

夹钳式手爪不能适应物体外形变化，不能使物体表面承受比较均匀的夹持力，因此无法对形状复杂、材质不同的物体实施夹持和操作。为了提高机器人手爪和手腕的操作能力、灵活性和快速反应能力，使机器人能像人手那样进行各种复杂的作业，就必须设计运动更加灵活、动作更加多样的灵活手。

① 柔性手　为了能对不同外形的物体实施抓取，并使物体表面受力比较均匀，研制出了柔

性手。图 2-57 所示为多关节柔性手指手爪，每个手指由多个关节串联而成，手指传动部分由牵引钢丝绳及摩擦滚轮组成。每个手指由两根钢丝绳牵引，一侧为握紧，另一侧为放松。驱动源可采用电机驱动或液压气动元件驱动。

图 2-58 为柔性材料制作的各种形式的柔性手爪，适合抓取各种易碎、易损的物体。

随着机器人技术的迅猛发展，对机器人手爪的要求越来越高。图 2-58 所示的柔性手爪虽可抓起易损易碎物体，但其提供的精度有限且容易被污染。人们已经开始探索非接触式手爪应用的可能性。2020 年，瑞士苏黎世联邦理工学院的研究人员开发出了一种无损伤和无污染的非接触式机器人手爪，如图 2-59 所示，通过声波悬浮原理，该手爪可以在零接触的情况下拾起和操纵小物体，非常适合处理高度易碎的物体或精密零件。

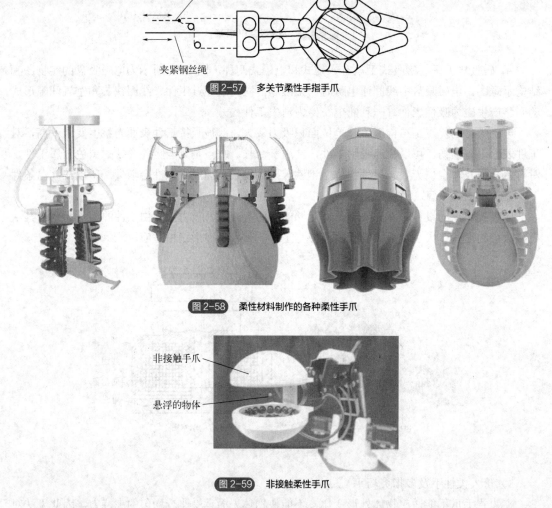

放松钢丝绳

夹紧钢丝绳

图 2-57　多关节柔性手指手爪

图 2-58　柔性材料制作的各种柔性手爪

非接触手爪

悬浮的物体

图 2-59　非接触柔性手爪

② 多指灵巧手　多指灵巧手由多个手指组成，每一个手指有多个关节，每一个关节自由度都可独立控制。如图 2-60 所示的五指灵巧手，其食指、中指、无名指和小指各有三个回转关节，大拇指的回转关节则有 6 个之多，因此，它能模仿人类手指完成各种复杂动作。多指灵巧手的应用十分广泛，可在各种极限环境下完成人类无法实现的操作，如高温、高压、高真空环境下的作业。

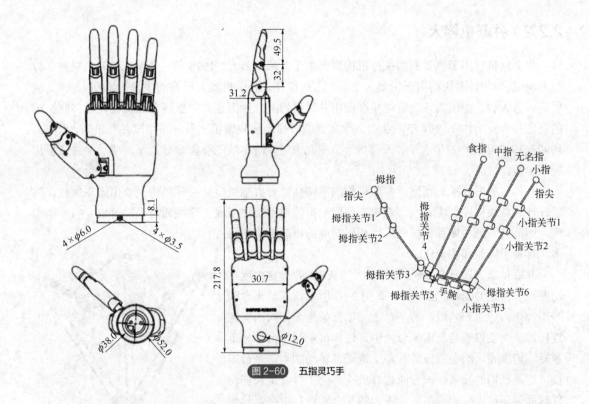

图 2-60　五指灵巧手

2.2　并联机器人的结构

2.2.1　并联机构

动平台和定平台通过至少两个独立的运动链相连接，机构具有 2 个或 2 个以上自由度，且以并联方式驱动的一种闭环机构称为并联机构。

并联机构的出现可以回溯至 20 世纪 30 年代。1931 年，Gwinnett 在其专利中提出了一种基于球面并联机构的娱乐装置；1940 年，Pollard 在其专利中提出了一种空间工业并联机构，用于汽车的喷漆；1962 年，Gough 发明了一种基于并联机构的 6 自由度轮胎检测装置；1965 年，Stewart 对 Gough 发明的这种机构进行了机构学意义上的研究，如图 2-61 所示的机构被命名为 Gough-Stewart 或 Stewart 并联机构，这也是应用最为广泛的并联机构。从结构上看，Stewart 六杆并联机构的动平台通过 6 根支杆与定平台相连接，6 根支杆都可以独立地自由伸缩，每根支杆含有 1 个连接动平台的球铰，1 个移动副和 1 个连接定平台的球铰。这样，动平台就可以进行 6 个独立运动，即有 6 个自由度，动平台在三维空间中可以做任意方向的移动，以及绕任意方向、位置的轴线进行转动。

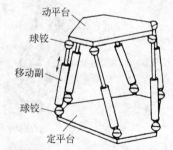

图 2-61　Stewart 并联机构结构示意图

并联机构最早用于飞行模拟器，它能完成 90%的训练任务，而所需费用仅为实际飞行的2.5%～10%，由于效益明显，并联在飞行模拟器中得到广泛应用，此外还应用于六维力与力矩传感器和并联机床等领域。

2.2.2 并联机器人

将并联机构用于机器人的执行机构则产生了并联机器人。1978 年,澳大利亚著名机构学教授 Hunt 提出将并联机构用于机器人手臂,由此拉开了并联机器人研究的序幕。此后,日本、俄罗斯、意大利、德国的各大公司相继推出并联机器人。我国也非常重视并联机器人及并联机床的研究与开发工作,1991 年,燕山大学黄真教授研制出我国第一台 6 自由度并联机器人样机;1997—1999 年间,清华大学、天津大学、东北大学、哈尔滨工业大学等大学均成功将并联机构应用于数控机床。

与传统的串联机构相比,并联机构的零部件数目大幅减少。并联机构主要由滚珠丝杠、伸缩杆件、滑块构件、虎克铰、球铰、伺服电机等通用组件组成,这些通用组件可由专门厂家生产,因而其制造和库存备件成本比相同功能的串联机构低得多,且易于组装和模块化。

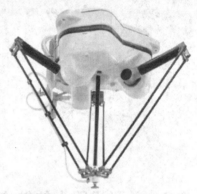

图 2-62 ABB 的 Delta 并联机器人

并联机器人通常有 2~6 个自由度。ABB 的 3 自由度移动并联机器人 Delta 非常著名,如图 2-62 所示,其动平台和静平台均为等边三角形,两平台之间以三条完全相同的支链连接。驱动装置安装在定平台之中,这样可使动平台部分重量轻、速度高、动态响应好。各支链通过转动副与定平台连接,这是机构的输入;平行四边形机构与动平台及定长杆均以球面副连接,从而消除运动平台的 3 个转动自由度,只保持 3 个纯平动自由度,因此 Delta 机器人只能在工作空间内做平移。由于专利保护的限制,Delta 机器人早期并没有得到应有的推广,直到 2010 年专利保护一一终止后,才开始被世界各地的制造商争相生产和开发。

图 2-63 所示管道并联机器人是在 Stewart 并联机构的基础上研发的。机器人通过上、下平台上的支撑脚交替地支撑管壁,使得机器人的上、下平台交替地作为动、静平台,再通过驱动杆驱动机器人在狭窄的管道中向前蠕动前行。

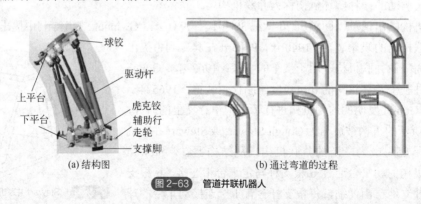

(a) 结构图　　　　　　　　　(b) 通过弯道的过程

图 2-63 管道并联机器人

除了结构上的优点,并联机构在实际应用中还有串联机构不可比拟的其他优势。

① 刚度质量比大。因采用并联闭环杆系,杆系理论上只承受拉、压载荷,是典型的二力杆,并且多杆受力,使得传动机构具有很高的承载强度。

② 动态性能优越。运动部件重量轻、惯性低,可有效改善伺服控制器的动态性能,使动平台获得很高的响应速度。

③ 运动精度高。这是与传统串联机构相比而言的，传统串联机构的加工误差使各个关节的误差积累，而并联机构各个关节的误差可以相互抵消、相互弥补。

④ 多功能灵活性强。可构成形式多样的布局和自由度组合，在动平台上安装刀具进行多坐标铣、磨、钻、特种曲面加工等；也可安装夹具进行复杂的空间装配，适应性强，是柔性化的理想机构。

⑤ 使用寿命长。由于受力结构合理，运动部件磨损小，且没有导轨，不会发生划伤、磨损或锈蚀现象。

根据并联机构的特点，并联机器人在需要高刚度、高精度或者大载荷而无需很大工作空间的领域内得到广泛应用，比如飞机、潜艇、坦克驾驶运动模拟器，空间飞行器的对接装置，并联机床，生物医学工程中的细胞微操作机器人，大型射电天文望远镜的姿态调整装置等。

并联机器人的主要缺点是运动空间较小，而串并混联机器人（参考图 1-17）则弥补了并联机构的不足，它既有重量轻、刚度大、精度高的特点，又增大了机构的工作空间，因此具有很好的应用前景。

2.3　移动机器人的结构

图 2-38 所示的串联机器人可以沿着其轨道运动，图 2-63 所示的管道并联机器人可以在管道内移动，不过前面两节介绍的串联和并联机器人中的大部分属于固定式机器人。然而在仓储物流、农业园艺、医疗保健、建筑地产以及制造业中，往往需要机器人可以自由移动，而且不同的环境对机器人移动机构提出了不同的需求。在平坦的地面上，普通的车轮即可实现移动功能；在崎岖不平的山路上，就需要特殊的移动机构。目前常见的机器人移动机构主要分为车轮式、履带式和步行式。

2.3.1　车轮式移动机器人

车轮式移动机构具有移动平稳、能耗小以及速度和方向容易控制等优点，因此得到了广泛的应用。图 2-64 所示为用于排爆和巡检的车轮式移动机器人。

(a) 6轮排爆机器人　　　　　　　　(b) 4轮巡检机器人

图 2-64　车轮式移动机器人

车轮的形状或结构形式取决于地面的性质和车辆的承载能力。在轨道上运行的车轮大多是实心钢轮，在室外路面行驶的车轮大多是充气轮胎，在室内平坦地面行驶的车轮大多是实心轮胎。车轮式移动机构依据车轮的多少分为 1 轮、2 轮、3 轮、4 轮，以及多轮机构。1 轮、2 轮移动机构在实现上的主要障碍是稳定性问题。3 轮移动机构具有一定的稳定性，要解决的主要问题是移动方向和速度控制，代表性的车轮配置方式是一个前轮、两个后轮。4 轮机构行走的稳定性更高，但是要保证 4 个轮子同时和地面接触，必须使用特殊的轮系悬挂系统。在实际系统中采用何种车轮及车轮的数量，取决于地面的性质、车辆的承载要求及具体的任务。

2.3.2　履带式移动机器人

履带最早出现在坦克和装甲车上，它具有良好的稳定性能、越障性能和较长的使用寿命，适合在崎岖的地面上行驶。

由于履带支撑面积大，接地比压小，适合在松软或泥泞场地进行作业，下陷度小，滚动阻力小。履带机构的越野机动性好，可以在凹凸的地面上行走，可以跨越障碍物，能爬梯度不太高的台阶，其爬坡、越沟等性能均优于轮式行走机构。此外，履带支撑面上有履齿，不易打滑，牵引附着性能好，可发挥较大的牵引力。缺点是履带结构复杂，质量大且减振性能差。

图 2-65 所示移动机器人采用双重履带式可转向行走机构，其主体前后装有转向器，并装有使转向器绕图中的 AA' 轴旋转的提起机构，所以该机构上下台阶非常顺利，还能在斜面上保持主体水平。

图 2-66 为形状可变的履带式机构。随着主臂杆和曲柄的摇摆，整个履带可以变成各种类型的三角形形态，即其履带形状可以根据障碍物的形状、大小主动做出改变，从而使机器人更加自如地上下楼梯或越过障碍物。

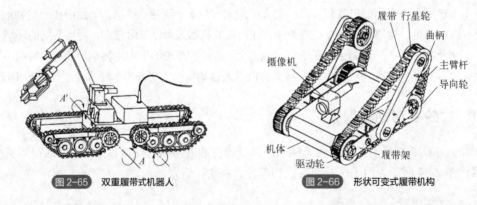

图 2-65　双重履带式机器人　　图 2-66　形状可变式履带机构

图 2-67 是用于处理爆炸可疑物的履带式排爆机器人，它采用了位置可变式履带机构，随着主臂杆和曲柄的摇摆，四个履带可以随意变成朝前和朝后的多种位置组合形态，从而使机器人的机体能够上下楼梯或跨越横沟。

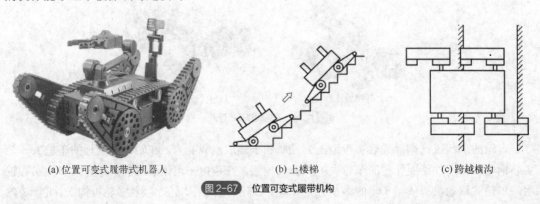

(a) 位置可变式履带式机器人　　(b) 上楼梯　　(c) 跨越横沟

图 2-67　位置可变式履带机构

2.3.3 步行机器人

像动物一样利用脚部关节机构，用步行方式实现移动的机构，称作步行机构。步行机器人采用步行机构，能够在凸凹不平的地上行走、跨越沟壑、上下台阶。足式行走可以选择最优的支撑点，具有主动隔振能力，它运动平稳、运动速度高且能耗较小，因而具有广泛的适应性，但控制上有相当的难度。

足式步行机构有两足、三足、四足、六足、八足等形式，其中两足步行机器人具有最好的适应性，也最接近人类。如图 2-68 所示的两足机器人总体为开式连杆机构，其足尖关节、踝关节和股关节各有前向和侧向 2 个自由度，膝关节只有 1 个前向自由度，单腿共 7 个自由度，腰关节除了能前向和侧向转动外还可以扭转，共 3 个自由度，总计 7×2+3=17 个自由度。在控制方面，两足步行机器人是不稳定系统，因此在实用化方面需要解决的问题还很多。

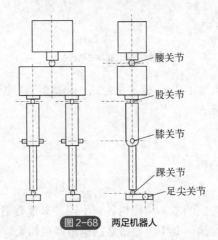

腰关节
股关节
膝关节
踝关节
足尖关节

图 2-68　两足机器人

四足机器人比两足机器人承载能力强，稳定性好，其结构也比六足、八足步行机器人简单。四足机器人在行走时，机体首先要保证静态稳定，因此其在运动的任意时刻至少应有三条腿与地面接触以支撑机体，且机体的重心必须在三足支撑点构成的三角形区域内，四条腿才能按一定的顺序抬起和落地，实现行走。图 2-69 是 MIT 的 Cheetah 系列四足机器人，因为 Cheetah 是开源项目，国内很多四足机器人研发都基于它。该四足机器人对全球的足式机器人发展产生了巨大影响。

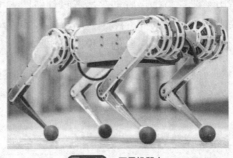

图 2-69　四足机器人

以上关于移动机器人的分类并不绝对，目前已经出现综合了轮式机器人和腿式机器人优点的轮腿式机器人。2023 年 6 月，腾讯旗下 Robotics X 实验室发布了轮腿式机器人 Ollie（图 2-70），它不仅可以在多种地形上平稳滑动、单腿跳，甚至还可以结合自身的配重，轻松完成 360° 空翻动作。轮腿式机器人 Ollie 设计十分巧妙，其单腿采用并联机构，与身体形成五连杆结构，使整体具有结构简单、动态性能好、爆发力强的特点；另外，其"尾巴"的设计也很独特，不仅为 Ollie 提供额外角动量，助其完成空翻等动作，还可以充当第三条腿，增加稳定性，为搭载机械臂完成更多任务提供可能。

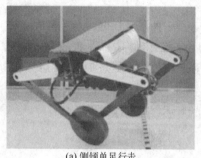

(a) 侧倾单足行走　　　　　　　　(b) 主动改变腿形适应地形　　　　　(c) 搭载机械臂

图 2-70　轮腿式机器人

除了轮腿式机器人，还出现了履带-腿足复合式移动机器人。随着机器人技术的发展，相信还会出现更多形式的移动机器人。

本章小结

机器人有很多种类型，对应的本体结构也各有不同。本章介绍了最典型的三类机器人，即串联、并联和移动机器人的结构，其中着墨最多的是串联机器人，因为它是目前工业机器人的主流形式。

根据动力的传递顺序，本章首先介绍了三种常见的驱动机构，即电动、气动和液压驱动；接着介绍了传动机构，它分为直线传动机构和旋转传动机构两大类，每一种传动都有多种实现方式，其中关键是对谐波减速器和 RV 减速器的结构和工作原理的理解。传动机构的定位与消隙对机器人的性能有显著影响，因此专门用一小节介绍了常用的定位和消隙方法。传动系统只有将动力传递给执行机构机器人才能最终完成规定的任务，因此最后介绍了机器人的执行机构。串联机器人的执行机构通常由基座、臂部、腕部及末端执行器四大部分组成，书中详细阐述了各部分的典型结构及设计要求。最后还简要介绍了并联机器人和移动机器人的结构。通过本章的学习，对机器人本体结构应该有了比较明确的认识。

 习题

【工程基础问题】

1. 机器人常见的驱动方式有哪三种？它们各有什么特点？适合用于什么特点的机器人？

2. 简述谐波减速器和 RV 减速器的工作原理。它们各有什么优缺点？适合用于什么类型的机器人关节？

3. 机器人常用的三种定位方式是什么？

4. 传动机构为什么需要消隙？请举出三种齿轮消隙的方法。

5. 机器人的手臂设计应注意哪些问题？

6. 什么是 BBR 手腕？什么是 RRR 手腕？

7. 机器人末端执行器有哪些种类？各有什么特点？

8. 什么是并联机器人？相比串联机器人它主要有哪些优势？

9. 目前主流的移动机器人主要分为哪三类？它们各有什么优势？适用于何种环境？

【设计问题】

10. 请几位同学建立一个小组，共同完成 Puma 560 机械臂的实体建模和装配。关键尺寸参照题图 2-1，未标注尺寸自行估算，内部结构请参考本章介绍的 Puma-262。

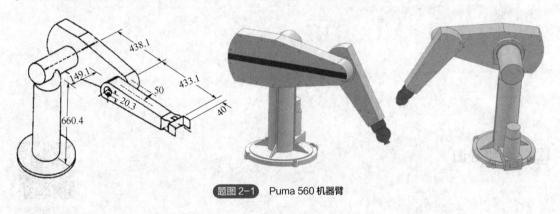

题图 2-1　Puma 560 机器臂

第 3 章

机器人运动学分析

思维导图

扫码获取课件与
源程序资料包

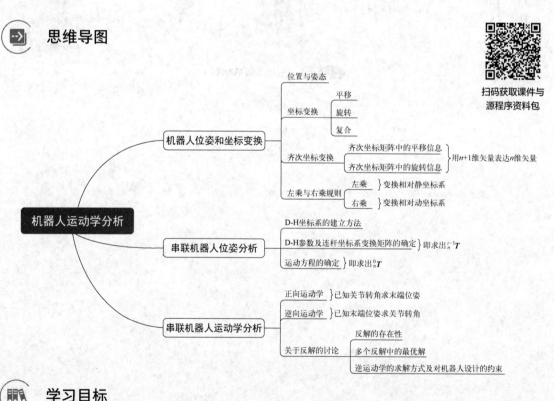

机器人运动学分析

机器人位姿和坐标变换
- 位置与姿态
- 坐标变换
  - 平移
  - 旋转
  - 复合
- 齐次坐标变换
  - 齐次坐标矩阵中的平移信息
  - 齐次坐标矩阵中的旋转信息 } 用 $n+1$ 维矢量表达 n 维矢量
- 左乘与右乘规则
  - 左乘 } 变换相对静坐标系
  - 右乘 } 变换相对动坐标系

串联机器人位姿分析
- D-H坐标系的建立方法
- D-H参数及连杆坐标系变换矩阵的确定 } 即求出 $_i^{i-1}T$
- 运动方程的确定 } 即求出 $_n^0T$

串联机器人运动学分析
- 正向运动学 } 已知关节转角求末端位姿
- 逆向运动学 } 已知末端位姿求关节转角
- 关于反解的讨论
  - 反解的存在性
  - 多个反解中的最优解
  - 逆运动学的求解方式及对机器人设计的约束

学习目标

1. 理解平移变换、旋转变换和复合变换的定义和特点；
2. 理解齐次坐标变换矩阵的构成及其代表的含义；
3. 能够针对不同情况合理选择齐次变换的左乘或右乘；

4. 能够为串联机器人建立 D-H 坐标系并确定其 D-H 参数；

5. 能够根据给定关节变量计算机器人的末端位姿，即会求运动学正解；

6. 理解逆向运动学求解思路；

7. 了解反解的存在性、反解的个数与机械臂结构之间的关系；

8. 熟悉利用 MATLAB 建立仿真机械臂并求运动学正逆解的基本方法。

 问题导入

图 3-1 所示为一个六轴机械臂，末端安装了一个夹爪。工作台上放了一块方形的物料，机械臂拟将该物料抓起，并将其放到左侧的传送带上。

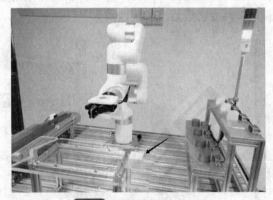

图 3-1 　拟抓取物料的机械臂

第 2 章我们学过，机械臂的每一个关节上都安装有电机，可以通过电机来控制各个关节的转角。如果已知各关节的转角，如何确定机器人末端所处的位置和姿态？或者反过来问，为了保证夹爪水平地抓起该物料，机械臂的 6 个关节分别应该转多少角度？

机器人运动学主要研究的是机器人末端执行器（夹爪）位姿与关节变量之间的关系。在正式进入本章的学习之前，请先思考一下，如果让你来回答上面两个问题，你的大致思路是什么？

3.1　机器人位姿和坐标变换

机器人的基座一般是固定的，而各个关节均可转动或移动。不论哪个关节运动，都可能影响其末端执行器的位置和姿态，从而改变其相对工件的空间关系。为了清晰描述机械臂在空间的运动及其与工件之间的空间关系，必须建立合适的坐标系。固定的机器人基座适合用静坐标系来描述，而各机械臂、各连杆是运动的，就需要建立固连于其上的运动坐标系，该坐标系的位置和方向随运动构件的运动而变化。

3.1.1　位置与姿态

要完全确定一个物体在三维空间中的状态，需要有 3 个位置自由度和 3 个姿态自由度，前者用于描述物体的位置，后者用于描述物体的指向，即姿态。我们将物体 6 个自由度的状态称为物体的位姿。

机械臂形态各异，且由多个运动关节构成，如何才能跳出具体的形态，找到普遍适用且形式统一的位姿的表达方式？这需要引入坐标系和坐标变换概念。

3.1.2 坐标变换

（1）平移变换

图 3-2 所示机械臂可沿竖直轨道上下移动。图 3-2(a)展示了机械臂的初始位置，坐标系{A}固连于基座上，图 3-2(b)中坐标系{B}固连于水平机械臂上与其一起运动，机械臂上移一段距离，夹爪中心点则随之从 P 移动到 P' 的位置。如果已知 P 在{A}坐标系的坐标，那么 P' 点在{A}中的坐标该如何求得？这就是平移变换要解决的问题。

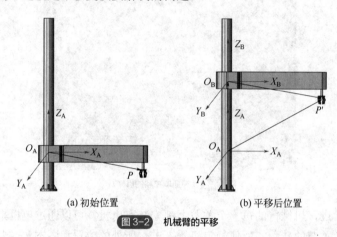

(a) 初始位置　　　　　　(b) 平移后位置

图 3-2　机械臂的平移

平移变换的特点是，坐标系在空间的姿态不变，只是两坐标系原点发生变化。图 3-2 中的平移仅在 Y 轴方向上发生，我们可以将其扩展到 X、Y、Z 三个方向上，如图 3-3 所示，根据向量加法的定义有：

$$^A\boldsymbol{P} = {}^A\boldsymbol{P}_{O_B} + {}^B\boldsymbol{P} \tag{3-1a}$$

上式也可以表达为以下两种形式：

$$\begin{bmatrix} x_A \\ y_A \\ z_A \end{bmatrix} = \begin{bmatrix} x_O \\ y_O \\ z_O \end{bmatrix} + \begin{bmatrix} x_B \\ y_B \\ z_B \end{bmatrix} \tag{3-1b}$$

$$\begin{cases} x_A = x_O + x_B \\ y_A = y_O + y_B \\ z_A = z_O + z_B \end{cases} \tag{3-1c}$$

式中，$^A\boldsymbol{P} = [x_A \quad y_A \quad z_A]^T$ 表示 P' 点在{A}坐标系的位置矢量和坐标；$^B\boldsymbol{P} = [x_B \quad y_B \quad z_B]^T$ 表示 P' 点在{B}坐标系的位置矢量和坐标；$^A\boldsymbol{P}_{O_B} = [x_O \quad y_O \quad z_O]^T$ 表示 O_B 点在{A}坐标系的位置矢量和坐标。

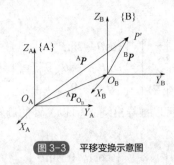

图 3-3　平移变换示意图

（2）旋转变换

如图 3-4 所示，机械臂可以绕 Z 轴旋转。图 3-4(a)展示了机械臂的初始位置，坐标系{A}固连于基座上。图 3-4(b)中坐标系{B}固连于旋转机械臂上与其一起运动，机械臂旋转 θ 角后，机械臂末端一点 P 随之转到了 P' 点。那么 P' 点在{A}中的坐标该如何求得？这就是旋转变换要解决的问题。

已知机械臂末端一点 P 在{B}的位置矢量 ${}^{B}\boldsymbol{P} = [\,x_{B}\quad y_{B}\quad z_{B}\,]^{T}$，机械臂绕 Z 轴旋转 θ 角后，P' 点在{A}中的位置矢量 ${}^{A}\boldsymbol{P} = [\,x_{A}\quad y_{A}\quad z_{A}\,]^{T}$ 该如何求得？

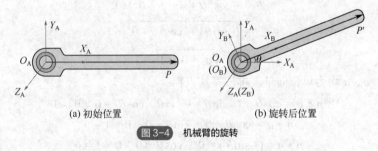

(a) 初始位置　　　　　(b) 旋转后位置

图 3-4　机械臂的旋转

旋转变换的特点是坐标原点的位置不变，但坐标轴的方向发生改变。图 3-5 清晰展示了旋转后的矢量 $\boldsymbol{OP'}$ 相对{A}和{B}两个坐标系的几何关系，通过简单的三角运算可以得到 P' 点相对于{A}的坐标。

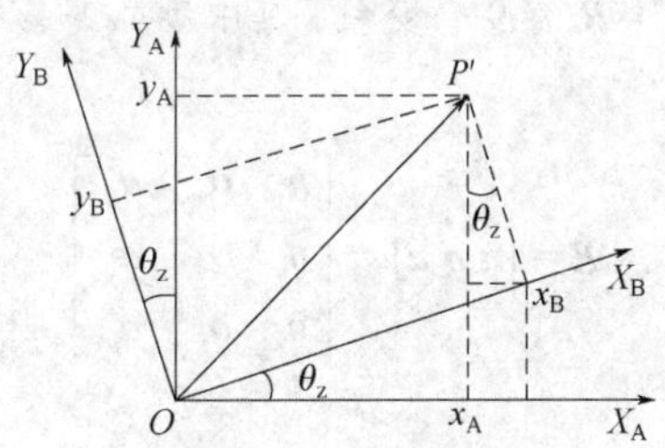

图 3-5　旋转变换示意图

$$\begin{cases} x_{A} = x_{B}\cos\theta - y_{B}\sin\theta \\ y_{A} = x_{B}\sin\theta + y_{B}\cos\theta \\ \quad z_{A} = z_{B} \end{cases} \tag{3-2a}$$

写成紧凑的矩阵形式，则有：

$$ {}^{A}\boldsymbol{P} = \boldsymbol{R}\,{}^{B}\boldsymbol{P} \tag{3-2b}$$

或：

$$\begin{bmatrix} x_A \\ y_A \\ z_A \end{bmatrix} = \begin{bmatrix} \cos\theta & -\sin\theta & 0 \\ \sin\theta & \cos\theta & 0 \\ 0 & 0 & 1 \end{bmatrix} \begin{bmatrix} x_B \\ y_B \\ z_B \end{bmatrix} \tag{3-2c}$$

其中，R 为旋转矩阵。同理可以推导出绕 X 轴和 Y 轴的旋转矩阵。观察绕 X、Y、Z 轴的旋转的异同。

$$R_X = \begin{bmatrix} 1 & 0 & 0 \\ 0 & \cos\theta & -\sin\theta \\ 0 & \sin\theta & \cos\theta \end{bmatrix} \quad R_Y = \begin{bmatrix} \cos\theta & 0 & \sin\theta \\ 0 & 1 & 0 \\ -\sin\theta & 0 & \cos\theta \end{bmatrix} \quad R_Z = \begin{bmatrix} \cos\theta & -\sin\theta & 0 \\ \sin\theta & \cos\theta & 0 \\ 0 & 0 & 1 \end{bmatrix} \tag{3-3}$$

下面我们来分析旋转矩阵 R 特点。以 R_Z 为例，将其三列分别用矢量 n、o、a 来表达，则有：

$$n = \begin{bmatrix} \cos\theta \\ \sin\theta \\ 0 \end{bmatrix} \quad o = \begin{bmatrix} -\sin\theta \\ \cos\theta \\ 0 \end{bmatrix} \quad a = \begin{bmatrix} 0 \\ 0 \\ 1 \end{bmatrix} \tag{3-4}$$

计算这三个向量的模：

$$|n| = \sqrt{\cos^2\theta + \sin^2\theta + 0^2} = 1 \tag{3-5a}$$

$$|o| = \sqrt{(-\sin\theta)^2 + \cos^2\theta + 0^2} = 1 \tag{3-5b}$$

$$|a| = \sqrt{0^2 + 0^2 + 1^2} = 1 \tag{3-5c}$$

可见，n、o、a 均为单位向量。再计算其点积：

$$n \cdot o = \cos\theta \times (-\sin\theta) + \sin\theta \times \cos\theta + 0 \times 0 = 0 \tag{3-6a}$$

$$n \cdot a = \cos\theta \times 0 + \sin\theta \times 0 + 0 \times 1 = 0 \tag{3-6b}$$

$$o \cdot a = (-\sin\theta) \times 0 + \cos\theta \times 0 + 0 \times 1 = 0 \tag{3-6c}$$

n、o、a 中任意两向量点积为 0，说明它们两两正交，其所构成的矩阵 R 则为正交矩阵。正交矩阵有个非常好的性质：$R^{-1} = R^T$，即其逆矩阵即为其转置矩阵，这个特点可以极大地方便旋转矩阵的求逆运算。

思考：式（3-7）中，旋转矩阵 R 有 9 个变量，其中独立变量有几个，为什么？扫描二维码看思考题答案。

扫码获取答案

$$R = [n\,o\,a] = \begin{bmatrix} n_x & o_x & a_x \\ n_y & o_y & a_y \\ n_z & o_z & a_z \end{bmatrix} \tag{3-7}$$

（3）复合变换

如图 3-6 所示，机械臂首先沿竖直轨道上移，然后又绕其转轴旋转了 θ 角，此时机械爪中心点 P 在 {A} 中的位置矢量 $^AP = [\,x_A \quad y_A \quad z_A\,]^T$ 该如何求得？这就是复合变换要解决的问题，复合变换的特点是两坐标原点的位置和坐标轴的方向均发生改变。

复合变换可以分解为平移和旋转变换，首先通过平移公式求出坐标原点 O_B 相对于 {A} 的坐标，再通过旋转变换公式求出 P'' 相对过渡坐标系 X'、Y'、Z' 的坐标，二者相加即可，所以有：

$$^AP = \,^AP_{O_B} + R\,^BP \tag{3-8a}$$

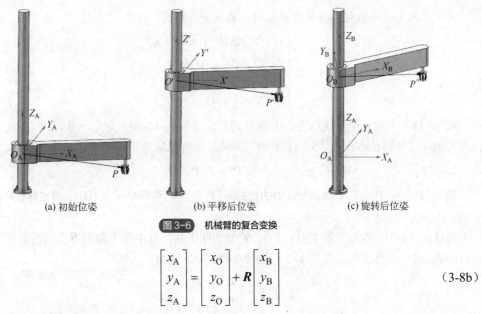

(a) 初始位姿　　　　　(b) 平移后位姿　　　　　(c) 旋转后位姿

图 3-6　机械臂的复合变换

$$
\begin{bmatrix} x_A \\ y_A \\ z_A \end{bmatrix} = \begin{bmatrix} x_O \\ y_O \\ z_O \end{bmatrix} + \boldsymbol{R} \begin{bmatrix} x_B \\ y_B \\ z_B \end{bmatrix}
\tag{3-8b}
$$

绕 Z 轴旋转则可具体写为：

$$
\begin{bmatrix} x_A \\ y_A \\ z_A \end{bmatrix} = \begin{bmatrix} x_O \\ y_O \\ z_O \end{bmatrix} + \begin{bmatrix} \cos\theta & -\sin\theta & 0 \\ \sin\theta & \cos\theta & 0 \\ 0 & 0 & 1 \end{bmatrix} \begin{bmatrix} x_B \\ y_B \\ z_B \end{bmatrix}
\tag{3-8c}
$$

或展开为：

$$
\begin{cases}
x_A = x_B\cos\theta - y_B\sin\theta + x_O \\
y_A = x_B\sin\theta + y_B\cos\theta + y_O \\
\quad\ z_A = z_B + z_O
\end{cases}
\tag{3-8d}
$$

3.1.3　齐次坐标变换

　　上一节通过简单案例展现了空间三维矢量的平移、旋转以及复合变换，其中平移变换用三维矢量加法表达，旋转变换用三维矩阵乘法表达，而复合变换则是两者的和。机器人往往有多个关节，必然包含多个运动坐标系，涉及的坐标变换会十分复杂，如果每一次坐标变换还要讨论用加法还是用乘法就非常麻烦。那么，是否可能为平移、旋转和复合等不同的坐标变换找到统一的数学表达呢？

　　爱因斯坦认为，同一层面的问题，不可能在同一层面解决，只有在高于它的层面才能解决。于是齐次坐标闪亮登场！所谓齐次坐标，就是将原本的 n 维矢量用 $n+1$ 维矢量表示，它可以将代表平移的矢量加法和代表旋转的矩阵乘法巧妙整合为统一的矩阵乘积形式。

　　空间三维矢量的齐次坐标则为四维矢量，相应地，代表其坐标变换的矩阵维数也由 3×3 变成 4×4。观察下面的矩阵运算：

$$
\begin{bmatrix} x_A \\ y_A \\ z_A \\ 1 \end{bmatrix} = \begin{bmatrix} \cos\theta & -\sin\theta & 0 & x_O \\ \sin\theta & \cos\theta & 0 & y_O \\ 0 & 0 & 1 & z_O \\ 0 & 0 & 0 & 1 \end{bmatrix} \begin{bmatrix} x_B \\ y_B \\ z_B \\ 1 \end{bmatrix}
\tag{3-9a}
$$

上式中的 4×4 矩阵称为齐次变换矩阵，将其展开则有：

$$\begin{cases} x_A = x_B\cos\theta - y_B\sin\theta + x_O \\ y_A = x_B\sin\theta + y_B\cos\theta + y_O \\ z_A = z_B + z_O \\ 1 = 1 \end{cases} \tag{3-9b}$$

式（3-9b）中前三个公式与上一节讲到的复合变换式（3-8d）完全一致，式（3-9b）第四个公式为恒等式可以忽略。式（3-9a）和式（3-9b）也可以简单写为：

$$^A\boldsymbol{P} = \boldsymbol{T}\,^B\boldsymbol{P} \tag{3-9c}$$

其中 $^A\boldsymbol{P}$ 表示 P 点在坐标系{A}中的坐标；$^B\boldsymbol{P}$ 表示 P 点在坐标系{B}中的坐标；$\boldsymbol{T}$ 表示齐次变换矩阵。

观察式（3-9a）发现，齐次变换矩阵 $\boldsymbol{T}$ 分为四大块，其中左上角的 $\boldsymbol{R}_{3\times3}$ 代表旋转变换，右上角的 $\boldsymbol{P}_{3\times1}$ 代表平移变换，左下 1×3 恒为[0 0 0]，右下恒为 1。即：

$$\boldsymbol{T} = \begin{bmatrix} \boldsymbol{R}_{3\times3} & \boldsymbol{P}_{3\times1} \\ \boldsymbol{0}_{1\times3} & 1 \end{bmatrix} \tag{3-10}$$

下面我们验证一下平移变换是否可以用齐次变换矩阵变换表达。对于单纯平移变换，三个坐标轴方向均不变，因此其对应的旋转矩阵 $\boldsymbol{R}$ 应该是 3×3 的单位阵，其右上角 3×1 向量仍为平移向量$[x_O\ \ y_O\ \ z_O]^T$，所以式（3-9a）变为：

$$\begin{bmatrix} x_A \\ y_A \\ z_A \\ 1 \end{bmatrix} = \begin{bmatrix} 1 & 0 & 0 & x_O \\ 0 & 1 & 0 & y_O \\ 0 & 0 & 1 & z_O \\ 0 & 0 & 0 & 1 \end{bmatrix} \begin{bmatrix} x_B \\ y_B \\ z_B \\ 1 \end{bmatrix} \tag{3-11a}$$

将其展开则有：

$$\begin{cases} x_A = x_B + x_O \\ y_A = y_B + y_O \\ z_A = z_B + z_O \\ 1 = 1 \end{cases} \tag{3-11b}$$

很明显，式（3-11b）的前三个公式与上一节讲到的平移变换式（3-1c）完全一致。

我们再来验证一下旋转变换是否可以用齐次变换矩阵变换表达。仍假设坐标系{B}绕坐标系{A}的 Z 轴旋转 θ 角，因此其对应的旋转矩阵是 $\boldsymbol{R}_z = \begin{bmatrix} \cos\theta & -\sin\theta & 0 \\ \sin\theta & \cos\theta & 0 \\ 0 & 0 & 1 \end{bmatrix}$；又因该变换只有转动没有平移，所以{B}坐标系原点 O_B 在{A}坐标系下的坐标仍为$[0\ 0\ 0]^T$，于是该变换可以表达为：

$$\begin{bmatrix} x_A \\ y_A \\ z_A \\ 1 \end{bmatrix} = \begin{bmatrix} \cos\theta & -\sin\theta & 0 & 0 \\ \sin\theta & \cos\theta & 0 & 0 \\ 0 & 0 & 1 & 0 \\ 0 & 0 & 0 & 1 \end{bmatrix} \begin{bmatrix} x_B \\ y_B \\ z_B \\ 1 \end{bmatrix} \tag{3-12a}$$

将其展开则有：

$$\begin{cases} x_A = x_B\cos\theta - y_B\sin\theta \\ y_A = x_B\sin\theta + y_B\cos\theta \\ z_A = z_B \\ 1 = 1 \end{cases} \tag{3-12b}$$

很明显，式（3-12b）前三个公式与前面讲到的旋转变换公式（3-2a）完全一致。

从上面的分析可以看到，一个齐次变换矩阵中同时包含了所有平移、旋转和复合变换的信息，因此它可以完全定义两个坐标系之间的空间关系。

思考：式（3-13）所示的 4×4 齐次变换矩阵 T 共有 16 个元素，其中独立的元素有几个？

扫描二维码看思考题答案。

扫码获取答案

$$T = \begin{bmatrix} n & o & a & p \end{bmatrix} = \begin{bmatrix} n_x & o_x & a_x & p_x \\ n_y & o_y & a_y & p_y \\ n_z & o_z & a_z & p_z \\ 0 & 0 & 0 & 1 \end{bmatrix} \tag{3-13}$$

在机器人运动学分析中，齐次变换矩阵是一个非常重要而有效的数学工具，因此我们必须熟练掌握。为了帮助大家从不同角度理解变换矩阵 T，我们先来讲一个看似无关的有趣话题。

一位中国留学生遍历意大利之后大为震撼，对他的意大利教授感叹道："意大利随处可见几百年前的古典建筑，而在中国这是非常少见的，这说明意大利的传统文化得到了更好的保护和传承。"教授想了想说："我并不同意你的观点，中国古代建筑通常是木制的，相比意大利的石制建筑确实不易保存。但中国的文化是通过独特的汉字来传承的，绝大部分今天的中国人仍能欣赏千年前的诗词歌赋，而如今能读懂拉丁语的意大利人却是凤毛麟角。"

确实，中华文字博大精深且精妙绝伦，我们从文字的多义性中简单感受一下。

食，作名词指食物，民以食为天；作动词指吃，何不食肉糜。

树，作名词指木，树欲静而风不止；作动词指栽培，十年树木百年树人。

其实，数学也有类似的美妙之处，比如齐次变换矩阵 T，我们也可以认为它有不同的词性。

T 作"名词"，代表一个坐标系，其中包含三个坐标轴的方向信息（R）和原点坐标信息（P）。

T 作"动词"，代表一个坐标系到另一个坐标系所经历的变换，其中包含旋转变换信息（R）和平移变换信息（P）。

下面几道关于齐次变换矩阵例题帮助我们理解 T 的内涵，注意体会将 T 看作"名词"或"动词"带来的不同感悟。

例 3.1　已知 {A} 坐标系经过某种几何变换后成为 {B} 坐标系，对应的齐次变换矩阵 T 如下，请说明从 {A} 到 {B} 经过了何种变换，并将 {B} 坐标系绘制出来。

$$T = \begin{bmatrix} 1 & 0 & 0 & 0 \\ 0 & \cos30° & -\sin30° & 2 \\ 0 & \sin30° & \cos30° & 1 \\ 0 & 0 & 0 & 1 \end{bmatrix}$$

解：由于 T 的左上角的 $R_{3\times3}$ 代表旋转变换，第一列为 $[1\ 0\ 0]^T$，说明 {B} 坐标系的 n 向量与 {A} 的 x 轴重合，加上 2，3 列的特点，可以判断出是绕 X_A 轴逆时针旋转 30°，又因为 T 右上角的 $P_{3\times1}$ 代表平移变换，所以 {B} 的原点从点 [0,0,0] 移动到了点 [0,2,1]，如图 3-7 所示。

扫码获取视频

67

拓展练习： 借助装有 Robotics Toolbox 工具箱的 MATLAB 软件，可以非常方便地绘制齐次变换矩阵对应的坐标系。读者可以尝试自己编写代码，或者扫描二维码获得该程序及其讲解。

例3.2 已知 {A} 坐标系沿 X_A 轴平移 5 个单位再绕 Y_A 轴旋转 30° 再后成为 {B} 坐标系，请写出相应的齐次坐标变换矩阵。已知 {B} 坐标系中一点坐标为 $[1\ 2\ 3]^T$，求该点在 {A} 坐标系中的坐标。

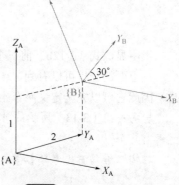

解：

代表平移变换的向量 $\boldsymbol{P} = \begin{bmatrix} 5 \\ 0 \\ 0 \end{bmatrix}$

图 3-7 例 3.1 的两个坐标系

绕 Y_A 轴旋转 30° 对应的旋转矩阵为：

$$\boldsymbol{R}_Y = \begin{bmatrix} \cos\theta & 0 & \sin\theta \\ 0 & 1 & 0 \\ -\sin\theta & 0 & \cos\theta \end{bmatrix} = \begin{bmatrix} \cos30° & 0 & \sin30° \\ 0 & 1 & 0 \\ -\sin30° & 0 & \cos30° \end{bmatrix} = \begin{bmatrix} 0.866 & 0 & 0.5 \\ 0 & 1 & 0 \\ -0.5 & 0 & 0.866 \end{bmatrix}$$

所以齐次变换矩阵为：

$$\boldsymbol{T} = \begin{bmatrix} \boldsymbol{R}_{3\times3} & \boldsymbol{P}_{3\times1} \\ 0_{1\times3} & 1 \end{bmatrix} = \begin{bmatrix} 0.866 & 0 & 0.5 & 5 \\ 0 & 1 & 0 & 0 \\ -0.5 & 0 & 0.866 & 0 \\ 0 & 0 & 0 & 1 \end{bmatrix}$$

已知 {B} 坐标系中一点的坐标为 $[1\ 2\ 3]^T$，则其在 {A} 坐标系中的坐标为：

$$\begin{bmatrix} x_A \\ y_A \\ z_A \\ 1 \end{bmatrix} = \boldsymbol{T} \begin{bmatrix} x_B \\ y_B \\ z_B \\ 1 \end{bmatrix} = \begin{bmatrix} 0.866 & 0 & 0.5 & 5 \\ 0 & 1 & 0 & 0 \\ -0.5 & 0 & 0.866 & 0 \\ 0 & 0 & 0 & 1 \end{bmatrix} \begin{bmatrix} 1 \\ 2 \\ 3 \\ 1 \end{bmatrix} = \begin{bmatrix} 7.366 \\ 2 \\ 2.098 \\ 1 \end{bmatrix}$$

拓展练习： 借助装有 Robotics Toolbox 工具箱的 MATLAB 软件，完成该题非常简单，读者可以尝试自己编写代码，或者扫描二维码获得该程序及其讲解。

扫码获取视频

例3.3 坐标系 {A} 和 {B} 的关系如例 3.2 所述，已知 {A} 坐标系下一点的坐标为 $[1\ 2\ 3]^T$，求其在 {B} 坐标系下的坐标。

解： 在例 3.2 中我们已经求得 $\boldsymbol{T}$，且有下列公式：

$$\begin{bmatrix} x_A \\ y_A \\ z_A \\ 1 \end{bmatrix} = \boldsymbol{T} \begin{bmatrix} x_B \\ y_B \\ z_B \\ 1 \end{bmatrix}$$

现在是已知左侧求右侧。很容易求得 $\boldsymbol{T}$ 的行列式为 1，不为零，所以 $\boldsymbol{T}^{-1}$ 存在。等式两边同时左乘 $\boldsymbol{T}^{-1}$ 则有：

$$\begin{bmatrix} x_B \\ y_B \\ z_B \\ 1 \end{bmatrix} = \boldsymbol{T}^{-1} \begin{bmatrix} x_A \\ y_A \\ z_A \\ 1 \end{bmatrix}$$

可以利用初等变换、伴随矩阵等方法计算出 T^{-1}：

$$T^{-1} = \begin{bmatrix} 0.866 & 0 & -0.5 & -4.330 \\ 0 & 1 & 0 & 0 \\ 0.5 & 0 & 0.866 & -2.50 \\ 0 & 0 & 0 & 1 \end{bmatrix}$$

所以：

$$\begin{bmatrix} x_B \\ y_B \\ z_B \\ 1 \end{bmatrix} = T^{-1} \begin{bmatrix} x_A \\ y_A \\ z_A \\ 1 \end{bmatrix} = \begin{bmatrix} 0.866 & 0 & -0.5 & -4.330 \\ 0 & 1 & 0 & 0 \\ 0.5 & 0 & 0.866 & -2.50 \\ 0 & 0 & 0 & 1 \end{bmatrix} \begin{bmatrix} 1 \\ 2 \\ 3 \\ 1 \end{bmatrix} = \begin{bmatrix} -4.964 \\ 2 \\ 0.598 \\ 1 \end{bmatrix}$$

即该点在{B}坐标系下的坐标为（−4.964, 2, 0.598）。

思考：本题的关键在于求出 T^{-1}，而逆矩阵的求解比较复杂。请仔细观察 T 和 T^{-1} 这两个矩阵，考虑是否有简单巧妙的办法求出 T^{-1}？扫描二维码看思考题答案。

扫码获取答案

拓展练习：借助装有 Robotics Toolbox 工具箱的 MATLAB 软件，完成该题非常简单，读者可以尝试自己编写代码，或者扫描二维码获得该程序及其讲解。

扫码获取视频

例3.4 已知{A}坐标系经过旋转变换后成为{B}坐标系（无平移），{A}坐标系的基向量为 **i**、**j**、**k**，{B}坐标系的基向量为 **n**、**o**、**a**。如图3-8所示，**n** 与 **i**、**j**、**k** 的夹角分别为 α_n、β_n、γ_n，**o** 与 **i**、**j**、**k** 的夹角分别为 α_o，β_o，γ_o，**a** 与 **i**、**j**、**k** 的夹角分别为 α_a，β_a，γ_a。

（1）请写出坐标系{A}到{B}的齐次变换矩阵 T。

（2）已知点 P 在{B}坐标系的坐标为[1,2,3]，求该点在{A}坐标系的坐标（写出公式即可）。

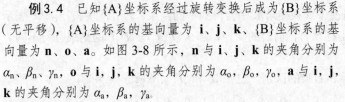

图3-8 例3.4 基向量a与i、j、k的夹角

解：（1）旋转矩阵 R 三列代表{B}坐标系的基向量 **n**，**o**，**a** 在 X_A，Y_A，Z_A 轴上的分量，所以只要把这些分量计算出来即可得到旋转矩阵 R。已知 **n**，**o**，**a** 与 **i**，**j**，**k** 的夹角，所以容易得：

向量 **n** 在 X_A 轴上的分量：$n_x = \cos\alpha_n$

向量 **n** 在 Y_A 轴上的分量：$n_y = \cos\beta_n$

向量 **n** 在 Z_A 轴上的分量：$n_z = \cos\gamma_n$

因此旋转矩阵 R 的第一列为：$\begin{bmatrix} \cos\alpha_n \\ \cos\beta_n \\ \cos\gamma_n \end{bmatrix}$，同理，

向量 **o** 在 X_A、Y_A、Z_A 轴上的分量构成旋转矩阵 R 的第二列：$\begin{bmatrix} \cos\alpha_o \\ \cos\beta_o \\ \cos\gamma_o \end{bmatrix}$

向量 **a** 在 X_A、Y_A、Z_A 轴上的分量构成旋转矩阵 R 的第三列：$\begin{bmatrix} \cos\alpha_a \\ \cos\beta_a \\ \cos\gamma_a \end{bmatrix}$

又因{A}到{B}没有平移，所以代表平移变换的$\boldsymbol{P}_{3\times1}=\begin{bmatrix}0\\0\\0\end{bmatrix}$

综上，齐次变换矩阵 $\boldsymbol{T}=\begin{bmatrix}\cos\alpha_n & \cos\alpha_o & \cos\alpha_a & 0\\\cos\beta_n & \cos\beta_o & \cos\beta_a & 0\\\cos\gamma_n & \cos\gamma_o & \cos\gamma_a & 0\\0 & 0 & 0 & 1\end{bmatrix}$

（2）点 P 在{A}坐标系下的坐标为：

$$\begin{bmatrix}x_A\\y_A\\z_A\\1\end{bmatrix}=\boldsymbol{T}\begin{bmatrix}x_B\\y_B\\z_B\\1\end{bmatrix}=\begin{bmatrix}\cos\alpha_n & \cos\alpha_o & \cos\alpha_a & 0\\\cos\beta_n & \cos\beta_o & \cos\beta_a & 0\\\cos\gamma_n & \cos\gamma_o & \cos\gamma_a & 0\\0 & 0 & 0 & 1\end{bmatrix}\begin{bmatrix}1\\2\\3\\1\end{bmatrix}$$

思考：一个向量的三个方向余弦指该向量与三个坐标轴之间的角度的余弦，请问这三个方向余弦有几个是独立的？扫描二维码看思考题答案。

扫码获取答案

3.1.4 左乘与右乘规则

根据矩阵乘法的定义，一般情况下交换矩阵顺序会得到不同结果。若齐次变换矩阵 ${}_1^0\boldsymbol{T}$ 表示坐标系{0}到{1}的变换，${}_2^1\boldsymbol{T}$ 表示坐标系{1}到{2}的变换，那么 ${}_1^0\boldsymbol{T}{}_2^1\boldsymbol{T}$ 与 ${}_2^1\boldsymbol{T}{}_1^0\boldsymbol{T}$ 的结果有何不同？它们又代表什么几何意义？

下面用具体的例子来探索左乘和右乘的区别。已知 ${}_1^0\boldsymbol{T}$ 和 ${}_1^2\boldsymbol{T}$ 如下：

$${}_1^0\boldsymbol{T}=\begin{bmatrix}1 & 0 & 0 & 20\\0 & \cos90° & -\sin90° & 0\\0 & \sin90° & \cos90° & 0\\0 & 0 & 0 & 1\end{bmatrix}=\begin{bmatrix}1 & 0 & 0 & 20\\0 & 0 & -1 & 0\\0 & 1 & 0 & 0\\0 & 0 & 0 & 1\end{bmatrix}$$

$${}_2^1\boldsymbol{T}=\begin{bmatrix}\cos90° & -\sin90° & 0 & 10\\\sin90° & \cos90° & 0 & 0\\0 & 0 & 1 & 0\\0 & 0 & 0 & 1\end{bmatrix}=\begin{bmatrix}0 & -1 & 0 & 10\\1 & 0 & 0 & 0\\0 & 0 & 1 & 0\\0 & 0 & 0 & 1\end{bmatrix}$$

将 ${}_1^0\boldsymbol{T}$ 理解为坐标系，可将其绘制出来，如图 3-9 所示的坐标系{1}；将 ${}_2^1\boldsymbol{T}$ 理解为变换，包括绕 Z 轴旋转 90°，沿 X 轴平移 10 个单位。那么问题来了，该变换是相对哪个坐标系进行的？

我们首先尝试让坐标系{1}相对当前坐标系（即其自身）做 ${}_2^1\boldsymbol{T}$ 变换，变换后效果如图 3-10；再尝试让坐标系{1}相对固定坐标系{0}做 ${}_2^1\boldsymbol{T}$ 变换，即将{1}绕 Z_0 做整体旋转 90° 到达{1'}，再沿 X_0 平移 10 个单位，变换后效果如图 3-11 所示。

下面分别计算两矩阵左乘和右乘结果：

$$T_R={}_1^0\boldsymbol{T}{}_2^1\boldsymbol{T}=\begin{bmatrix}0 & -1 & 0 & 30\\0 & 0 & -1 & 0\\1 & 0 & 0 & 0\\0 & 0 & 0 & 1\end{bmatrix}\qquad T_L={}_2^1\boldsymbol{T}{}_1^0\boldsymbol{T}=\begin{bmatrix}0 & 0 & 1 & 10\\1 & 0 & 0 & 20\\0 & 1 & 0 & 0\\0 & 0 & 0 & 1\end{bmatrix}$$

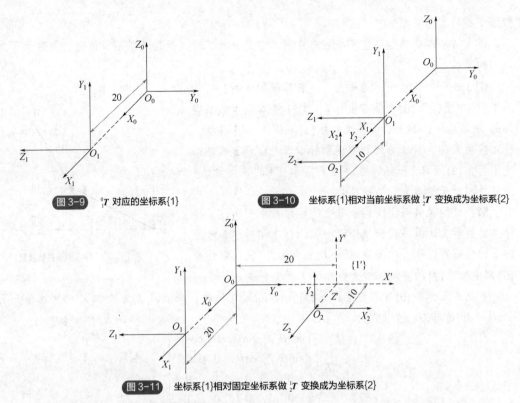

图 3-9 ^0_1T 对应的坐标系{1}　　　　　图 3-10 坐标系{1}相对当前坐标系做 ^1_2T 变换成为坐标系{2}

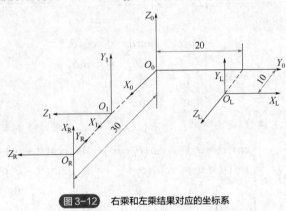

图 3-11 坐标系{1}相对固定坐标系做 ^1_2T 变换成为坐标系{2}

根据计算结果很容易绘制出右乘结果 T_R 和左乘结果 T_L 对应的坐标系，如图 3-12 所示。

图 3-12 右乘和左乘结果对应的坐标系

图 3-12 与图 3-10、图 3-11 对比可知，右乘结果 T_R 与图 3-10 的变换一致，左乘结果 T_L 与图 3-11 的变换一致。总结以上分析我们可以得到下面非常重要的结论：

① 若左乘，即 $^1_2T\,^0_1T$，则 ^1_2T 所描述的变换是相对静坐标系（固定坐标系）进行的；

② 若右乘，即 $^0_1T\,^1_2T$，则 ^1_2T 所描述的变换是相对动坐标系（当前坐标系）进行的。

扫码获取视频

拓展练习：借助装有 Robotics Toolbox 工具箱的 MATLAB 软件，可以非常方便地绘制出以上坐标系，并通过图形窗口提供的旋转功能从不同角度观察坐标系之间的关系。读者可以尝试自己编写代码，或者扫描二维码获得该程序及其讲解。

扫码获取答案

思考：如果 T_1 和 T_2 均只包含平移没有旋转，T_1、T_2 左乘和右乘的结果是否一致？

扫描二维码看思考题答案。

以上结论即变换矩阵左乘与右乘规则，它是分析机器人运动的基础，请通过例题加深对该规则的理解。

例3.5 图3-13所示为平面两连杆机械臂，两杆长均为1。图中坐标系{0}为参考坐标系，杆1绕垂直于纸面向外的Z_0轴旋转，其末端固连坐标系{1}随杆1一起转动，杆1转角为θ_1，杆2的转轴固连于杆1末端，杆2末端固连坐标系{2}随杆2一起转动，杆2相对于杆1的转角为θ_2。求杆2相对于参考坐标系的位姿。

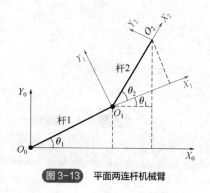

图 3-13　平面两连杆机械臂

解：杆的位姿可由固连于其上的坐标系来表达，而坐标系的数学表达是齐次变换矩阵。因此杆2相对于参考坐标系的位姿可以用齐次变换矩阵^0_2T来表达，它代表坐标系{0}到坐标系{2}的变换，该变换经历了两步完成。

首先，坐标系{0}变化到坐标系{1}：绕Z_0轴旋转θ_1，原点沿X_0、Y_0和Z_0的平移量分别为$\cos\theta_1$、$\sin\theta_1$和0，所以有：

$$^0_1T = \begin{bmatrix} \cos\theta_1 & -\sin\theta_1 & 0 & \cos\theta_1 \\ \sin\theta_1 & \cos\theta_1 & 0 & \sin\theta_1 \\ 0 & 0 & 1 & 0 \\ 0 & 0 & 0 & 1 \end{bmatrix}$$

其次，坐标系{1}变化到坐标系{2}：绕Z_1轴旋转θ_2，原点沿X_1、Y_1和Z_1的平移量分别为$\cos\theta_2$、$\sin\theta_2$和0，所以有：

$$^1_2T = \begin{bmatrix} \cos\theta_2 & -\sin\theta_2 & 0 & \cos\theta_2 \\ \sin\theta_2 & \cos\theta_2 & 0 & \sin\theta_2 \\ 0 & 0 & 1 & 0 \\ 0 & 0 & 0 & 1 \end{bmatrix}$$

坐标系{1}到{2}的变换^1_2T是相对动坐标系{1}进行的，因此应该采用右乘规则，所以有：

$$^0_2T = {}^0_1T\,{}^1_2T = \begin{bmatrix} \cos(\theta_1+\theta_2) & -\sin(\theta_1+\theta_2) & 0 & \cos(\theta_1+\theta_2)+\cos\theta_1 \\ \sin(\theta_1+\theta_2) & \cos(\theta_1+\theta_2) & 0 & \sin(\theta_1+\theta_2)+\sin\theta_1 \\ 0 & 0 & 1 & 0 \\ 0 & 0 & 0 & 1 \end{bmatrix}$$

观察^0_2T可知，坐标系{2}的原点O_2在参考坐标系中的坐标为$[\cos(\theta_1+\theta_2)+\cos\theta_1$，$\sin(\theta_1+\theta_2)+\sin\theta_1$，0]，这代表了杆2的位置；坐标系{2}的方向相对Z_0轴旋转了$(\theta_1+\theta_2)$，这代表杆2的姿态。这两项共同定义了杆2的位姿。

拓展练习：借助装有符号工具箱的 MATLAB 软件，可以帮助我们完成以上推导过程。读者可以尝试自己编写代码，或者扫描二维码获得该程序及其讲解。

扫码获取视频

3.2　串联机器人位姿分析

串联机器人由多根连杆通过关节首尾相连而成，各关节或能转动或能移动。要研究每根连杆的位姿，首先要建立固连于各杆并随其运动的坐标系，然后借助齐次变换矩阵这个强大的数学工具，就能计算出各杆相对于参考坐标系的位姿。

每根连杆都有 6 个自由度，其中 3 个确定位置，3 个确定姿态。因此我们自然可以想到，连杆坐标系的参数也应该有 6 个。然而，Denavit 和 Hartenberg 两位美国教授于 1956 年提出，仅用 4 个参数就可以清晰而明确地表达连杆的位姿，这种坐标系构建方法就以其姓氏首字母命名，称为 D-H 坐标系或 D-H 参数法。

那么问题来了：明明有 6 个自由度，怎么可能只用 4 个参数来表达？

众所周知，两点决定一条直线，而空间一点有(X,Y,Z) 3 个参数，因此确定一条直线共需 6 个参数。然而，如果要求该直线与另一条直线垂直，那么只需要确定另外一点的 3 个参数即可唯一地确定这条直线。虽然感觉上只用到了 3 个参数，但另外 3 个自由度其实是被垂直这个几何约束完全确定了。

D-H 坐标系用 4 个参数确定 6 个自由度的道理与此类似，采用该法确定各连杆坐标系时，相邻坐标系的坐标轴之间有严格的几何约束关系，而绝非任意。由于 D-H 参数法将坐标系参数由 6 个减少到 4 个，简化了机器人坐标系的表达，大大减少了机器人位姿分析的计算量，因此在全世界得到广泛使用，该方法称为标准 D-H（standard D-H）参数法，后来在此基础上还发展出修正 D-H 参数（modified D-H）法，二者大同小异。本书以标准 D-H 坐标系及其参数为基础进行机器人的位姿分析和运动学分析。

3.2.1　坐标系的建立

（1）连杆坐标系的确定

串联机器人可以看作一系列连杆通过关节串联而成的运动链。绝大部分工业机器人的关节均为转动关节，也有部分机器人具有移动关节。下面以转动关节为例介绍 D-H 坐标系的建立过程。

① 连杆和关节的编号　为了便于分析和研究，首先按照从基座到末端执行器的顺序，由低到高依次为各关节和连杆编号。如图 3-14 所示，固定基座记为连杆 0，与基座相连的为杆 1，与杆 1 相连的为杆 2，依次类推，直到最后一根连杆 N。基座与杆 1 的关节编号为关节 1，杆 1 与杆 2 的关节编号为关节 2，依次类推，直到最后一个关节 N。然后画出各关节的轴线延长线。

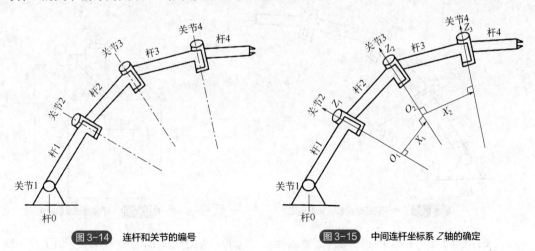

图 3-14　连杆和关节的编号　　　　图 3-15　中间连杆坐标系 Z 轴的确定

② 中间各连杆坐标系 Z 轴的确定　规定中间各连杆 i 的 Z 轴（Z_i）沿着下一关节（$i+1$）的

轴线方向。如图 3-15 所示，杆 1 的 Z 轴沿着关节 2 轴线的方向，杆 2 的 Z 轴在沿着关节 3 轴线的方向，依次类推。Z 轴正负方向可以任意选择，通常取向上为正。

③ 中间连杆坐标系 X 轴的确定　找到当前杆 i 的 Z 轴（Z_i）与下一杆件的 Z 轴（Z_{i+1}）的公垂线，当前杆的 X 轴（X_i）即沿着该公垂线方向。如图 3-16 所示，X_1 沿着 Z_1 和 Z_2 的公垂线，X_2 沿着 Z_2 和 Z_3 的公垂线，通常取 X 轴的正向指向下一杆件。Z 轴和 X 轴确定后，坐标原点即为其交点，如图 3-16 所示，坐标系{1}的原点为 O_1，{2}的原点为 O_2。

需要注意的是，图中各 Z 轴在空间是交叉关系，因此其公垂线是唯一的。如果相邻坐标系 Z 轴互相平行，则其有无数条相互平行的公垂线，此时 X 轴的选择并不唯一，但应遵循一个原则，即尽量让连杆 D-H 参数为 0，后面还会详细介绍。

④ 中间连杆坐标系 Y 轴的确定　按照右手定则即可确定 Y 轴方向。由于在 D-H 参数确定中用不到 Y 轴，图中可以不画出。

⑤ 首尾连杆坐标系的确定　基座记为连杆 0，理论上其坐标系可以任意确定，但为了便于计算，尽量使连杆 D-H 参数为 0，通常设定坐标系{0}与坐标系{1}同向或重合。最后一根连杆 N 的坐标系也可以任意选取，同理，通常会选择与{N-1}坐标系同向或重合。这点在后面的例 3.6 和例 3.7 中会进一步介绍。

移动关节连杆 D-H 坐标系的确定与转动关节的十分类似，唯一不同的是，规定移动关节的 Z 轴沿着其移动的方向，例 3.7 中也会讲到。

（2）手部坐标系的确定

机器人最后一根连杆的末端（腕部）通常会安装机械手完成各种作业，为了了解机械手相对参考坐标系或者工件坐标系的位置，必须为其确定手部（hand）坐标系{H}。手部坐标系也称为工具坐标系，通常将其原点定义在手指的中间，如图 3-17 所示。理论上 X_H、Y_H、Z_H 三坐标轴的方向可任取，但通常取接近工件的方向为 Z_H 轴方向，所以称 Z_H 轴的单位向量 a 为接近（approach）向量；两手指的连线为 Y_H 轴，指向可任意确定，称 Y 轴的单位向量 o 为姿态或方向（orientation）向量；X_H 轴应与 Y_H、Z_H 轴垂直（normal），所以有 $n=o×a$，指向符合右手定则。

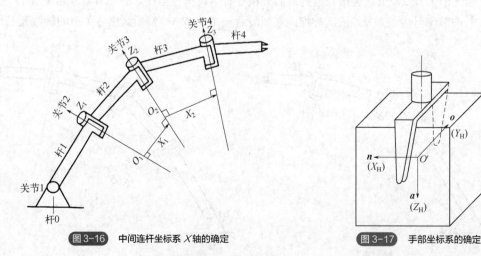

图 3-16　中间连杆坐标系 X 轴的确定　　　图 3-17　手部坐标系的确定

需要注意的是，手部坐标系与腕部是固连在一起的，即通过手部位姿可以唯一地推算出腕部位姿。机器人的手部形式各异，因此讨论运动学时只考虑 N 个连杆坐标系即可，并不将手部坐标系包含在内。

3.2.2　D-H 参数及连杆坐标系变换矩阵的确定

坐标系建立好之后，就可以确定 D-H 参数了。用 $^{i-1}_iT$ 表示从连杆坐标系$\{i-1\}$到坐标系$\{i\}$的齐次变换矩阵，我们的目的就是通过 4 个 D-H 参数唯一地确定 $^{i-1}_iT$。

为了直观表示，我们以图 3-18 中杆 2 为例说明如何确定 D-H 参数。只要搞清楚坐标系$\{1\}$依次经过何种变换能与坐标系$\{2\}$重合，即可求出 ^1_2T。如果要求每一步变换都很单纯，要么绕某一坐标轴转动，要么沿某一坐标轴移动，那么从坐标系$\{1\}$到$\{2\}$需要经过四个基本子变换，其变换过程与对应的 D-H 参数如表 3-1 所示。

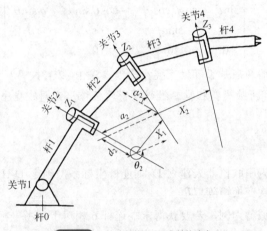

图 3-18　转动关节 D-H 参数的确定

表 3-1　连杆 2 的 D-H 参数确定方法

步骤	子变换	子变换目的	对应 D-H 参数
1	绕 Z_1 轴旋转 θ_2 角　$Rot(z,\theta_2)$	确保 X_1 与 X_2 平行	关节角 θ_2
2	沿 Z_1 移动距离 d_2　$Trans(0,0,d_2)$	确保 X_1 与 X_2 重合	连杆距离 d_2
3	沿 X_2 移动距离 a_2　$Trans(a_2,0,0)$	确保 O_1 与 O_2 重合	连杆长度 a_2
4	绕 X_2 轴旋转 α_2 角　$Rot(x,\alpha_2)$	确保 Z_1 与 Z_2 重合	关节扭角 α_2

以上子变换都是相对动坐标系进行的，应该采用右乘，所以有：

$$
\begin{aligned}
^1_2\boldsymbol{T} &= Rot(z,\theta_2)Trans(0,0,d_2)Trans(a_2,0,0)Rot(x,\alpha_2) \\
&= \begin{bmatrix} \cos\theta_2 & -\sin\theta_2 & 0 & 0 \\ \sin\theta_2 & \cos\theta_2 & 0 & 0 \\ 0 & 0 & 1 & 0 \\ 0 & 0 & 0 & 1 \end{bmatrix}
\begin{bmatrix} 1 & 0 & 0 & 0 \\ 0 & 1 & 0 & 0 \\ 0 & 0 & 1 & d_2 \\ 0 & 0 & 0 & 1 \end{bmatrix}
\begin{bmatrix} 1 & 0 & 0 & a_2 \\ 0 & 1 & 0 & 0 \\ 0 & 0 & 1 & 0 \\ 0 & 0 & 0 & 1 \end{bmatrix}
\begin{bmatrix} 1 & 0 & 0 & 0 \\ 0 & \cos\alpha_2 & -\sin\alpha_2 & 0 \\ 0 & \sin\alpha_2 & \cos\alpha_2 & 0 \\ 0 & 0 & 0 & 1 \end{bmatrix} \\
&= \begin{bmatrix} \cos\theta_2 & -\sin\theta_2\cos\alpha_2 & \sin\theta_2\sin\alpha_2 & a_2\cos\theta_2 \\ \sin\theta_2 & \cos\theta_2\cos\alpha_2 & -\cos\theta_2\sin\alpha_2 & a_2\sin\theta_2 \\ 0 & \sin\alpha_2 & \cos\alpha_2 & d_2 \\ 0 & 0 & 0 & 1 \end{bmatrix}
\end{aligned}
\tag{3-14}
$$

式中，a_2 代表连杆 2 的长度；α_2 代表关节扭角。这两个参数用于描述连杆本身的物理特征，一旦机器人制造好，这两个参数就完全确定了。而关节角 θ_2 和连杆距离 d_2 这两个参数用于描述相邻连杆之间的关系，二者中必有一个是变量。如果用 q 代表这个变量，那么对于转动关节 $q=\theta$，对于移动关节 $q=d$，因此 ${}_{2}^{1}\boldsymbol{T}$ 就是变量 q 的函数。换言之，给定一个 q，则必有一个确定的 ${}_{2}^{1}\boldsymbol{T}$ 与之对应。

如果将上述讨论中的脚标 1 和 2 替换成 $i-1$ 和 i，那么该方法也完全适用于任意连杆 i 的 D-H 参数及其齐次变换矩阵 ${}_{i}^{i-1}\boldsymbol{T}$ 的确定，即：

$$
\begin{aligned}
{}_{i}^{i-1}\boldsymbol{T} &= Rot(z,\theta_i)Trans(0,0,d_i)Trans(a_i,0,0)Rot(x,\alpha_i) \\
&= \begin{bmatrix}
\cos\theta_i & -\sin\theta_i\cos\alpha_i & \sin\theta_i\sin\alpha_i & a_i\cos\theta_i \\
\sin\theta_i & \cos\theta_i\cos\alpha_i & -\cos\theta_i\sin\alpha_i & a_i\sin\theta_i \\
0 & \sin\alpha_i & \cos\alpha_i & d_i \\
0 & 0 & 0 & 1
\end{bmatrix}
\end{aligned} \tag{3-15}
$$

思考： 上述子变换的顺序是否可以互换？比如步骤 1、2 可换吗？步骤 2、3 可换吗？步骤 3、4 可换吗？步骤 1、4 可换吗？扫描二维码获得验证该思考题的程序及讲解。

扫码获取视频

3.2.3 运动方程

前两节学习了如何为串联机器人建立 D-H 连杆坐标系，确定 D-H 参数，并求出各连杆坐标系的齐次变换矩阵 ${}_{i}^{i-1}\boldsymbol{T}$。

以最常见的六轴机械臂为例，若要获得末端连杆 6 相对于参考坐标系的位姿，就必须求得齐次变换矩阵 ${}_{6}^{0}\boldsymbol{T}$。根据上节内容，可以求出坐标系 $\{i\}$ 相对坐标系 $\{i-1\}$ 的变换矩阵 ${}_{i}^{i-1}\boldsymbol{T}$，由于该变换都是相对于动坐标系进行的，应采用右乘，则有

$$
{}_{6}^{0}\boldsymbol{T} = {}_{1}^{0}\boldsymbol{T}\,{}_{2}^{1}\boldsymbol{T}\,{}_{3}^{2}\boldsymbol{T}\,{}_{4}^{3}\boldsymbol{T}\,{}_{5}^{4}\boldsymbol{T}\,{}_{6}^{5}\boldsymbol{T} \tag{3-16}
$$

由于 ${}_{i}^{i-1}\boldsymbol{T}$ 是关节变量 q_i 的函数，所以 ${}_{6}^{0}\boldsymbol{T}$ 是 6 个关节变量 q_1、q_2、q_3、q_4、q_5 和 q_6 的函数。只要给定一组 q_i $(i=1\sim 6)$，则可求出唯一的齐次变换矩阵 ${}_{6}^{0}\boldsymbol{T}$。

推广到 n 轴串联机器人则有

$$
{}_{n}^{0}\boldsymbol{T} = \begin{bmatrix} {}_{n}^{0}\boldsymbol{n} & {}_{n}^{0}\boldsymbol{o} & {}_{n}^{0}\boldsymbol{a} & {}_{n}^{0}\boldsymbol{P} \\ 0 & 0 & 0 & 1 \end{bmatrix} = \begin{bmatrix} {}_{n}^{0}\boldsymbol{R} & {}_{n}^{0}\boldsymbol{P} \\ 0 & 0 & 0 & 1 \end{bmatrix} = {}_{1}^{0}\boldsymbol{T}(q_1)\,{}_{2}^{1}\boldsymbol{T}(q_2)\cdots{}_{n}^{n-1}\boldsymbol{T}(q_n) \tag{3-17}
$$

该公式称为运动方程，它表示末端连杆位姿与各关节变量 q_1、q_2、$\cdots$、q_n 之间的关系。

3.3 串联机器人运动学分析

串联机器人是由若干杆件和关节组成首尾不相连的开式运动链。机器人运动学不考虑力、质量、时间等因素的影响，仅在几何学范畴来研究机器人的运动。机器人运动学问题分为两类：

① 正向运动学：已知机器人各连杆几何参数和关节变量，求解其末端执行器位姿的过程。

② 逆向运动学：已知机器人各连杆几何参数和末端位姿，求解各关节变量的过程。

运动学分析的目的是建立各运动参数与机器人末端位姿的关系，为机器人运动学、动力学、轨迹规划以及控制研究提供基础。

3.3.1 正向运动学

本节通过两个例子讨论正向运动学求解问题，即从关节变量到手部位姿。例 3.6 的 GLUON 桌面级机械臂有 6 个转动关节，在工业机器人中具有典型性和代表性；例 3.7 的斯坦福机械手有 5 个转动关节和 1 个移动关节，帮助我们拓展认知宽度。

例 3.6　GLUON 桌面级机械臂结构如图 3-19 所示，求在图示位置机械臂末端相对于基座的齐次变换矩阵 ${}^0_6T$，并验证答案的正确性。

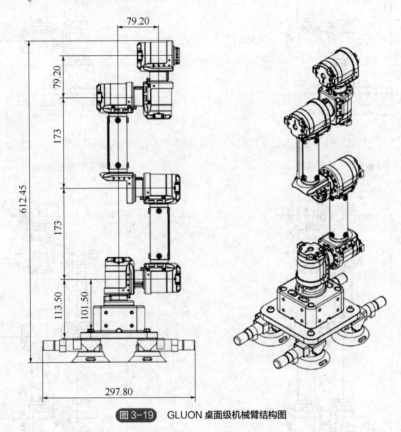

图 3-19　GLUON 桌面级机械臂结构图

求解步骤如下：

（1）D-H 坐标系的建立

根据 3.2.1 节中介绍的步骤确立各连杆坐标系，标注连杆和关节的编号，并绘制各关节轴线的延长线，如图 3-20（a）所示。确定中间各连杆坐标系 Z 轴，如图 3-20（b）所示，注意 Z_i 轴是沿着 $i+1$ 关节的轴线的。

1）确定中间连杆坐标系 X 轴

如图 3-20（c）所示。

① 确定 X_1：它是 Z_0 与 Z_1 的公垂线，Z_0 与 Z_1 相交，所以有唯一公垂线，正向可以任意确定，不妨确定为如图 3-20（c）所示方向；

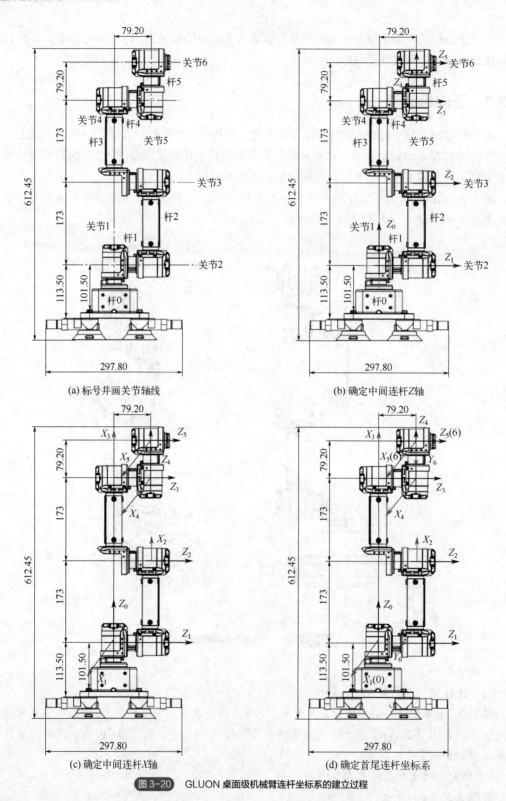

(a) 标号并画关节轴线

(b) 确定中间连杆 Z 轴

(c) 确定中间连杆 X 轴

(d) 确定首尾连杆坐标系

图 3-20 GLUON 桌面级机械臂连杆坐标系的建立过程

② 确定 X_2：它是 Z_1 与 Z_2 的公垂线，Z_1 与 Z_2 平行，所以有无数公垂线，为了使尽量多参数为 0，取沿着杆 3 中心的方向为 X_2，正向指向下一杆；

③ 确定 X_3：它是 Z_2 与 Z_3 的公垂线，Z_2 与 Z_3 平行，所以有无数公垂线，为了使尽量多参数为 0，取沿着杆 4 中心的方向为 X_3，正向指与 X_2 一致；

④ 确定 X_4：它是 Z_3 与 Z_4 的公垂线，Z_3 与 Z_4 相交，所以有唯一公垂线，为了使尽量多参数为 0，取 X_4 与 X_1 同向；

⑤ 确定 X_5：它是 Z_4 与 Z_5 的公垂线，Z_4 与 Z_5 相交，所以有唯一公垂线，为了使尽量多参数为 0，取 X_5 与 X_4 同向。

2）中间连杆坐标系 Y 轴的确定

按照右手定则即可唯一确定各坐标系 Y 轴。因为在后面的参数确定中用不到 Y 轴，图中仅标出 Y_0 和 Y_6。

3）首尾连杆坐标系的确定

如图 3-20（d）所示，坐标系 {0} 的 Z_0 轴的方向已经确定，为了使尽量多参数为 0，我们取 X_0 与 X_1 重合且同向。坐标系 {6} 理论上可以任意确定，为了使尽量多参数为 0，我们选择与坐标系 {5} 完全重合。也可以选择让坐标系 {6} 的原点位于腕部中心的位置。

（2）确定各连杆的 D-H 参数和关节变量

1）确定关节 1 参数

即确定坐标系 {0} 到 {1} 四个子变换的参数。X_0 与 X_1 同向，所以变量 θ_1 初始值 $\theta_1=0°$；由于 {0} 和 {1} 的原点重合，所以连杆距离 d 和连杆长度 a 均为 0；最后考察 Z_0 和 Z_1，Z_0 需要绕 X_1 旋转 $-90°$ 才会与 Z_1 重合，所以关节扭角 $\alpha=-90°$；该关节为转动关节，机器人生产商会给出关节变量 θ_1 的转动范围 $-140°\sim140°$。以上即为表 3-2 的第一行中的信息。

2）确定关节 2 参数

即坐标系 {1} 到 {2} 四个子变换的参数。X_1 需要绕 Z_1 轴转 $-90°$ 才能与 X_2 同向，所以变量 θ_2 初始值 $\theta_2=-90°$；为了让两坐标系原点重合，{1} 首先要沿着 Z_1 移动 79.2，接着再沿 X_2 移动 173，所以连杆距离 $d_2=79.2$，连杆长度 $a_2=173$；Z_1 和 Z_2 平行，所以关节扭角 $\alpha=0°$；该关节为转动关节，关节角 θ_2 的转动范围为 $-90°\sim90°$。以上即为表 3-2 的第二行中的信息。

3）确定关节 3 参数

即坐标系 {2} 到 {3} 四个子变换的参数。X_2 与 X_3 平行，所以变量 θ_3 初始值 $\theta_3=0°$；为了让两坐标系原点重合，{2} 首先要沿着 Z_2 移动 -79.2，接着再沿 X_3 移动 173，所以连杆距离 $d_3=-79.2$，连杆长度 $a_3=173$；Z_2 和 Z_3 平行，所以关节扭角 $\alpha=0°$；该关节为转动关节，关节角 θ_3 的转动范围为 $-140°\sim140°$。以上即为表 3-2 的第三行中的信息。

用类似的方法可以确定关节 4、5、6 的参数，如表 3-2 所示。

表 3-2　GLUON 桌面级机械臂 D-H 参数和关节变量范围

关节	关节角 θ（绕 Z_{i-1} 旋转）	连杆距离 d（沿 Z_{i-1} 移动）	连杆长度 a（沿 X 移动）	关节扭角 α（绕 X 旋转）/（°）	关节变量范围/（°）
1	变量 θ_1（初始 $\theta_1=0°$）	0	0	-90	$-140\sim140$
2	变量 θ_2（初始 $\theta_2=-90°$）	79.2	173	0	$-90\sim90$
3	变量 θ_3（初始 $\theta_3=0°$）	-79.2	173	0	$-140\sim140$
4	变量 θ_4（初始 $\theta_4=90°$）	79.2	0	90	$-140\sim140$
5	变量 θ_5（初始 $\theta_5=0°$）	79.2	0	-90	$-140\sim140$
6	变量 θ_6（初始 $\theta_6=0°$）	0	0	0	$-360\sim360$

（3）求两连杆之间的变换矩阵 $^{i-1}_iT$（$i=1 \sim 6$）

将表中的各参数代入式（3-15）有：

$$^0_1T = \begin{bmatrix} \cos\theta_1 & 0 & -\sin\theta_1 & 0 \\ \sin\theta_1 & 0 & \cos\theta_1 & 0 \\ 0 & -1 & 0 & 0 \\ 0 & 0 & 0 & 1 \end{bmatrix} \tag{3-18}$$

$$^1_2T = \begin{bmatrix} \cos\theta_2 & -\sin\theta_2 & 0 & 173\cos\theta_2 \\ \sin\theta_2 & \cos\theta_2 & 0 & 173\sin\theta_2 \\ 0 & 0 & 1 & 79.2 \\ 0 & 0 & 0 & 1 \end{bmatrix} \tag{3-19}$$

$$^2_3T = \begin{bmatrix} \cos\theta_3 & -\sin\theta_3 & 0 & 173\cos\theta_3 \\ \sin\theta_3 & \cos\theta_3 & 0 & 173\sin\theta_3 \\ 0 & 0 & 1 & -79.2 \\ 0 & 0 & 0 & 1 \end{bmatrix} \tag{3-20}$$

$$^3_4T = \begin{bmatrix} \cos\theta_4 & 0 & \sin\theta_4 & 0 \\ \sin\theta_4 & 0 & -\cos\theta_4 & 0 \\ 0 & 1 & 0 & 79.2 \\ 0 & 0 & 0 & 1 \end{bmatrix} \tag{3-21}$$

$$^4_5T = \begin{bmatrix} \cos\theta_5 & 0 & -\sin\theta_5 & 0 \\ \sin\theta_5 & 0 & \cos\theta_5 & 0 \\ 0 & -1 & 0 & 79.2 \\ 0 & 0 & 0 & 1 \end{bmatrix} \tag{3-22}$$

$$^5_6T = \begin{bmatrix} \cos\theta_6 & -\sin\theta_6 & 0 & 0 \\ \sin\theta_6 & \cos\theta_6 & 0 & 0 \\ 0 & 0 & 1 & 0 \\ 0 & 0 & 0 & 1 \end{bmatrix} \tag{3-23}$$

（4）求机械臂末端相对于基座的齐次变换矩阵 ^0_6T

机械臂在图示位置，关节变量为表 3-2 所示的初始位置，即 $\theta_1=0°$，$\theta_2=-90°$，$\theta_3=0°$，$\theta_4=90°$，$\theta_5=0°$，$\theta_6=0°$，将它们代入 $^{i-1}_iT$，再根据式（3-16）即可求得该位置时的 ^0_6T。

$$^0_6T = {}^0_1T{}^1_2T{}^2_3T{}^3_4T{}^4_5T{}^5_6T = \begin{bmatrix} 1 & 0 & 0 & 0 \\ 0 & 0 & 1 & 79.2 \\ 0 & -1 & 0 & 425.2 \\ 0 & 0 & 0 & 1 \end{bmatrix} \tag{3-24}$$

（5）验证答案的正确性

坐标系{6}相对于基座坐标系{0}的位姿 $^0_6T = [\boldsymbol{n}\ \boldsymbol{o}\ \boldsymbol{a}\ \boldsymbol{P}]$。根据计算结果，$\boldsymbol{n}=[1\ 0\ 0]^T$，即 X_6 与 X_0 平行且同向；$\boldsymbol{o}=[0\ 0\ -1]^T$，即 Y_6 与 Z_0 平行但反向；$\boldsymbol{a}=[0\ 1\ 0]^T$，即 Z_6 与 Y_0 平行且同向；又因

$P=[0\ 79.2\ 425.2]^T$，所以$\{6\}$的原点沿X_0无平移，沿Y_0移动 79.2，沿Z_0移动 425.2。对比图 3-20（d）中的坐标系$\{6\}$和$\{0\}$，其关系确实如此，因此${}_6^0T$的计算结果是正确的。

拓展练习：

① 用 MATLAB 求解${}_6^0T$，绘制坐标系$\{0\}$和$\{6\}$，观察两坐标系的关系；

② 借助 Robotics Toolbox，根据 D-H 参数建立 GLUON 仿真机械臂；

③ 调节 6 个转角，观察仿真机械臂的位姿，哪些关节角决定了末端位置，哪些关节角会影响末端姿态？

④ 随机给定一组关节变量θ_i，通过${}_6^0T$即可求出对应的机械臂末端位姿；如果随机给定足够多组关节变量，则可绘制出该机械臂的工作空间。

读者可以尝试自己编写代码，或者扫描二维码获得以上程序及其讲解。

扫码获取视频

例 3.7　斯坦福机械手结构如图 3-21 所示，求齐次变换矩阵${}_6^0T$。

求解步骤如下：

（1）D-H 坐标系的建立

过程如图 3-21（a）~（d）所示。与例 3.6 唯一不同的是，斯坦福机械手关节 3 为移动关节，Z_3轴沿着其移动方向。

（2）确定各连杆的 D-H 参数和关节变量

与例 3.6 用类似的方法可以确定斯坦福机械手 D-H 参数，如表 3-3 所示。关节变量范围一列是制造商给定的，可认为是已知的。

这里特别需要注意区分d_3和d_2，参照图 3-22，关节 3 是移动轴，因此d_3就是关节变量q_3，而d_2是一个常量，机械臂一旦做好d_2就不能改变了。

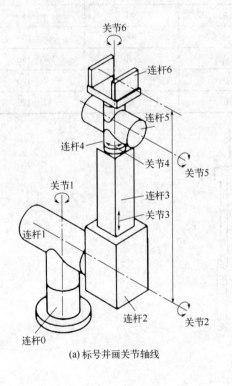

(a) 标号并画关节轴线

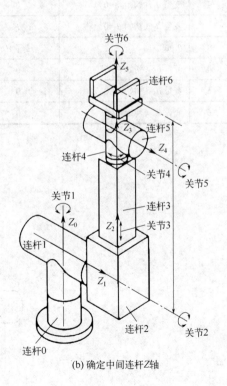

(b) 确定中间连杆Z轴

图 3-21

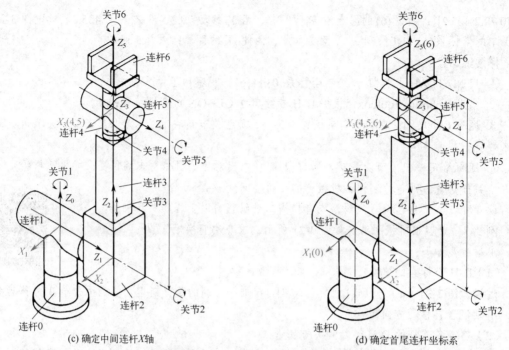

(c) 确定中间连杆 X 轴   (d) 确定首尾连杆坐标系

图 3-21   斯坦福机械手 D-H 坐标系的建立过程

表 3-3   斯坦福机械手 D-H 参数和关节变量范围

关节	关节角 θ （绕 Z_{i-1} 旋转）	连杆距离 d （沿 Z_{i-1} 移动）	连杆长度 a （沿 X 移动）	关节扭角 α （绕 X 旋转）/（°）	关节变量范围/（°）
1	变量 θ_1（初始 $\theta_1=0°$）	0	0	−90	−120～120
2	变量 θ_2（初始 $\theta_2=0°$）	d_2	0	90	−180～180
3	$\theta_3=0°$	变量 d_3	0	0	30～100
4	变量 θ_4（初始 $\theta_4=0°$）	0	0	−90	−180～180
5	变量 θ_5（初始 $\theta_5=0°$）	0	0	90	−180～180
6	变量 θ_6（初始 $\theta_6=0°$）	0	0	0	−180～180

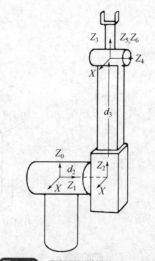

图 3-22   斯坦福机械手的 D-H 坐标系

（3）求两连杆之间的变换矩阵 ${}_i^{i-1}T$（ $i=1\sim 6$ ）

将上表中的各参数代入式（3-15）有：

$$
{}_1^0T = \begin{bmatrix} \cos\theta_1 & 0 & -\sin\theta_1 & 0 \\ \sin\theta_1 & 0 & \cos\theta_1 & 0 \\ 0 & -1 & 0 & 0 \\ 0 & 0 & 0 & 1 \end{bmatrix} \tag{3-25}
$$

$$
{}_2^1T = \begin{bmatrix} \cos\theta_2 & 0 & \sin\theta_2 & 0 \\ \sin\theta_2 & 0 & -\cos\theta_2 & 0 \\ 0 & 1 & 0 & d_2 \\ 0 & 0 & 0 & 1 \end{bmatrix} \tag{3-26}
$$

$$
{}_3^2T = \begin{bmatrix} 1 & 0 & 0 & 0 \\ 0 & 1 & 0 & 0 \\ 0 & 0 & 1 & d_3 \\ 0 & 0 & 0 & 1 \end{bmatrix} \tag{3-27}
$$

$$
{}_4^3T = \begin{bmatrix} \cos\theta_4 & 0 & -\sin\theta_4 & 0 \\ \sin\theta_4 & 0 & \cos\theta_4 & 0 \\ 0 & -1 & 0 & 0 \\ 0 & 0 & 0 & 1 \end{bmatrix} \tag{3-28}
$$

$$
{}_5^4T = \begin{bmatrix} \cos\theta_5 & 0 & \sin\theta_5 & 0 \\ \sin\theta_5 & 0 & -\cos\theta_5 & 0 \\ 0 & 1 & 0 & 0 \\ 0 & 0 & 0 & 1 \end{bmatrix} \tag{3-29}
$$

$$
{}_6^5T = \begin{bmatrix} \cos\theta_6 & -\sin\theta_6 & 0 & 0 \\ \sin\theta_6 & \cos\theta_6 & 0 & 0 \\ 0 & 0 & 1 & 0 \\ 0 & 0 & 0 & 1 \end{bmatrix} \tag{3-30}
$$

（4）求机械臂末端相对于基座的齐次变换矩阵 ${}_6^0T$

$$
{}_6^0T = {}_1^0T\,{}_2^1T\,{}_3^2T\,{}_4^3T\,{}_5^4T\,{}_6^5T = \begin{bmatrix} n_x & o_x & a_x & p_x \\ n_y & o_y & a_y & p_y \\ n_z & o_z & a_z & p_z \\ 0 & 0 & 0 & 1 \end{bmatrix} \tag{3-31}
$$

将上面求得的 ${}_i^{i-1}T$ 代入上式，根据矩阵乘法即可求得 ${}_6^0T$ 各元素，由于公式冗长复杂，此处不一一罗列，请读者运行拓展练习中的程序观察 ${}_6^0T$ 的构成。

拓展练习：

① 借助 MATLAB 符号工具箱，协助完成上面的推导和计算过程；

② 借助 Robotics Toolbox 工具箱，根据 D-H 参数建立斯坦福机械手仿真；

③ 调节 6 个关节变量，观察仿真机械臂的位姿，哪些关节变量决定了末端位置，哪些关节变量会影响末端姿态？

④ 随机给定一组关节变量 q_i，通过 ${}_6^0T$ 即可求出对应的机械臂末端位姿；如果随机给定足

够多组关节变量，则可绘制出该机械臂的工作空间。

读者可以尝试自己编写代码，或者扫描二维码获得以上程序及其讲解。

3.3.2　逆向运动学

对于具有 n 个自由度的机械臂有：

$$
{}_n^0\boldsymbol{T} = {}_1^0\boldsymbol{T}(q_1)\,{}_2^1\boldsymbol{T}(q_2)\cdots{}_n^{n-1}\boldsymbol{T}(q_n) = \begin{bmatrix} n_x & o_x & a_x & p_x \\ n_y & o_y & a_y & p_y \\ n_z & o_z & a_z & p_z \\ 0 & 0 & 0 & 1 \end{bmatrix}
\tag{3-32}
$$

其中 ${}_n^0\boldsymbol{T}$ 是 $q_1,q_2,\cdots,q_n$ 的函数。若给定末端位姿，即已知 ${}_n^0\boldsymbol{T}=[\boldsymbol{n,o,a,P}]$，求解各关节变量 $q_1,q_2,\cdots,q_n$ 的过程即为逆向运动学求解，或称为运动学反解。逆向运动学常用于机器人的路径规划。

逆向运动学有几何法和代数法等求解方式，其主流是代数法。以典型的六轴机器人为例，有如下公式：

$$
{}_6^0\boldsymbol{T} = {}_1^0\boldsymbol{T}\,{}_2^1\boldsymbol{T}\,{}_3^2\boldsymbol{T}\,{}_4^3\boldsymbol{T}\,{}_5^4\boldsymbol{T}\,{}_6^5\boldsymbol{T}
\tag{3-33}
$$

式（3-33）左侧 ${}_6^0\boldsymbol{T}$ 为已知，右侧相乘的结果是一个 4×4 矩阵，该矩阵包含 $q_1,q_2,\cdots,q_6$ 6 个未知数。因为左右两矩阵相等，所以其对应元素均相等。齐次变换矩阵虽有 16 个元素，但只有 6 个是独立的，所以实际上可以得到 6 个独立的方程，其中包含 6 个未知数，但这些方程都是非线性超越方程，存在是否有解、解是否唯一以及如何求解的问题。如果机器人设计合理，则可以确保逆解存在并可解。

即便在式（3-33）可解的情况下，观察右侧矩阵包含 $q_1,q_2,\cdots,q_6$ 6 个变量，且多个变量以 sin、cos 的形式交织在一起，求解过程会十分复杂。求运动学反解时，常用的技巧是给公式两侧均左乘 ${}_1^0\boldsymbol{T}^{-1}$，即：

$$
{}_1^0\boldsymbol{T}^{-1}\,{}_6^0\boldsymbol{T} = {}_2^1\boldsymbol{T}\,{}_3^2\boldsymbol{T}\,{}_4^3\boldsymbol{T}\,{}_5^4\boldsymbol{T}\,{}_6^5\boldsymbol{T} = {}_6^1\boldsymbol{T}
\tag{3-34}
$$

由于 ${}_1^0\boldsymbol{T}^{-1}$ 仅包含变量 q_1，而 ${}_2^1\boldsymbol{T}\,{}_3^2\boldsymbol{T}\,{}_4^3\boldsymbol{T}\,{}_5^4\boldsymbol{T}\,{}_6^5\boldsymbol{T}$ 均不含 q_1，这样 q_1 就出现在方程左侧，而右侧矩阵只包含 $q_2 \sim q_6$ 五个未知数，其中某些元素甚至会变成常数，那么根据左右矩阵对应元素相等就可以求出 q_1。如果右侧矩阵有的元素包含的变量少，还完全可能求出更多变量。如果各元素的表达都非常复杂，难以求解，则可继续尝试公式两侧再左乘 ${}_2^1\boldsymbol{T}^{-1}$（只含 q_2 一个未知数），即：

$$
{}_2^1\boldsymbol{T}^{-1}\,{}_1^0\boldsymbol{T}^{-1}\,{}_6^0\boldsymbol{T} = {}_3^2\boldsymbol{T}\,{}_4^3\boldsymbol{T}\,{}_5^4\boldsymbol{T}\,{}_6^5\boldsymbol{T} = {}_6^2\boldsymbol{T}
\tag{3-35}
$$

由于前面已经求出了 q_1，这时左侧只有 q_2 一个未知数，而右侧矩阵包含 $q_3 \sim q_6$ 四个未知数，但其中某些元素可能会变成常数，或者两个元素包含相同的未知数可以想办法消掉，那么根据对应元素相等则可以求出 q_2，以此类推，则可求出所有变量。

上面介绍了代数法求反解的大致思路，接着通过两个例子讨论逆向运动学具体求解过程和技巧。由于具有移动关节的机械臂反解的变化相对较少，所以我们先讨论斯坦福机械手，再研究各关节均为转动变量的 GLUON 机械臂。

例 3.8　已知例 3.7 中斯坦福机械手末端位姿 ${}_6^0\boldsymbol{T}$ 如下，求其运动学反解，即求各关节变量

$q_1, q_2, \cdots, q_6$。

$$
{}^0_6\boldsymbol{T} = \begin{bmatrix} n_{\mathrm{x}} & o_{\mathrm{x}} & a_{\mathrm{x}} & p_{\mathrm{x}} \\ n_{\mathrm{y}} & o_{\mathrm{y}} & a_{\mathrm{y}} & p_{\mathrm{y}} \\ n_{\mathrm{z}} & o_{\mathrm{z}} & a_{\mathrm{z}} & p_{\mathrm{z}} \\ 0 & 0 & 0 & 1 \end{bmatrix}
$$

为了书写简洁方便，下面用 $s1$ 代表 $\sin\theta_1$，用 $c2$ 代表 $\cos\theta_2$，以此类推，求解过程如下。

（1）求 q_1（θ_1）

由式（3-25）可算出 ${}^0_1\boldsymbol{T}$ 的行列式为 1，不为 0，其逆矩阵 ${}^0_1\boldsymbol{T}^{-1}$ 存在，所以式（3-34）成立。

计算式（3-34）右侧有：

$$
\boldsymbol{T}\_\mathrm{right} = {}^1_2\boldsymbol{T}\,{}^2_3\boldsymbol{T}\,{}^3_4\boldsymbol{T}\,{}^4_5\boldsymbol{T}\,{}^5_6\boldsymbol{T} = \begin{bmatrix} - & - & c5s2 + c2c4s5 & s2d_3 \\ - & - & c4s2s5 - c2c5 & -c2d_3 \\ - & - & s4s5 & d_2 \\ 0 & 0 & 0 & 1 \end{bmatrix} \tag{3-36}
$$

其中前 2 列各项为 θ_i（$i=2\sim6$）的函数，形式比较复杂，不具体列出。观察发现第 4 列最为简洁，尤其是元素(3,4)为常数 d_2，这就为求解带来了曙光。

计算式（3-34）左侧有：

$$
\boldsymbol{T}\_\mathrm{left} = {}^0_1\boldsymbol{T}^{-1}\,{}^0_6\boldsymbol{T} = \begin{bmatrix} n_{\mathrm{x}}c1 + n_{\mathrm{y}}s1 & o_{\mathrm{x}}c1 + o_{\mathrm{y}}s1 & a_{\mathrm{x}}c1 + a_{\mathrm{y}}s1 & p_{\mathrm{x}}c1 + p_{\mathrm{y}}s1 \\ -n_{\mathrm{z}} & -o_{\mathrm{z}} & -a_{\mathrm{z}} & -p_{\mathrm{z}} \\ n_{\mathrm{y}}c1 - n_{\mathrm{x}}s1 & o_{\mathrm{y}}c1 - o_{\mathrm{x}}s1 & a_{\mathrm{y}}c1 - a_{\mathrm{x}}s1 & p_{\mathrm{y}}c1 - p_{\mathrm{x}}s1 \\ 0 & 0 & 0 & 1 \end{bmatrix} \tag{3-37}
$$

因为矩阵 $\boldsymbol{T}\_\mathrm{right} = \boldsymbol{T}\_\mathrm{left}$，则各对应元素相等，令两侧（3,4）元素相等则有：

$$
p_{\mathrm{y}}c1 - p_{\mathrm{x}}s1 = d_2 \tag{3-38}
$$

采用三角代换：$p_{\mathrm{x}} = \rho\cos\varphi$，$p_{\mathrm{y}} = \rho\sin\varphi$ 其中：$\rho = \sqrt{p_{\mathrm{x}}^2 + p_{\mathrm{y}}^2}$，$\tan\varphi = p_{\mathrm{y}}/p_{\mathrm{x}}$，则有：

$$
\varphi = \arctan2\left(p_{\mathrm{y}}, p_{\mathrm{x}}\right) \tag{3-39}
$$

其中 $\arctan2(y,x)$ 指四象限反正切，即根据 p_{y}、p_{x} 的正负决定 φ 所在象限，进而确定其取值。$\arctan2(y,x)$ 的值域为 $[-\pi,\pi]$，不像 $\arctan(y/x)$ 将值域限制在 $[-\pi/2,\pi/2]$ 之内。对于关节运动往往覆盖四个象限的机器人来说，使用 $\arctan2(y,x)$ 是非常必要的。

于是式（3-38）可化为：

$$
\sin\left(\varphi - \theta_1\right) = d_2/\rho \tag{3-40}
$$

所以：

$$
\cos\left(\varphi - \theta_1\right) = \pm\sqrt{1 - \left(d_2/\rho\right)^2} \tag{3-41}
$$

$$
\varphi - \theta_1 = \arctan2\left(d_2/\rho, \pm\sqrt{1 - \left(d_2/\rho\right)^2}\right) \tag{3-42}
$$

因此 θ_1 有两个解：

$$
\theta_1 = \varphi - \arctan2\left(d_2/\rho, \sqrt{1 - \left(d_2/\rho\right)^2}\right) \tag{3-43a}
$$

和

$$\theta_1 = \varphi - \arctan2\left(d_2 / \rho, -\sqrt{1 - \left(d_2 / \rho\right)^2}\right) \tag{3-43b}$$

（2）求 q_2（θ_2）

令左右两矩阵的(1,4)与(2,4)两个元素对应相等，则有：

$$p_x c1 + p_y s1 = s2 d_3 \tag{3-44}$$

$$-p_z = -c2 d_3 \tag{3-45}$$

因为 $d_3 > 0$，不会影响 arctan2 判定象限，因此：

$$\theta_2 = \arctan2(s2, c2) = \arctan2\left(p_x c1 + p_y s1, p_z\right) \tag{3-46}$$

（3）求 q_3（d_3）

观察式（3-45），θ_2 求出后，则只剩下 d_3 一个未知数，所以当 $c2 \neq 0$，有：

$$d_3 = p_z / c2 \tag{3-47a}$$

当 $c2 = 0$，则 $s2 \neq 0$，根据式（3-44）有：

$$d_3 = \left(p_x c1 + p_y s1\right) / s2 \tag{3-47b}$$

（4）求 q_4（θ_4）

由式（3-26）可算出 ${}_2^1\boldsymbol{T}$ 的行列式为1，不为0，其逆矩阵 ${}_2^1\boldsymbol{T}^{-1}$ 存在，所以式（3-35）成立。

计算式（3-35）右侧有：

$$\boldsymbol{T}\_\text{right} = {}_3^2\boldsymbol{T}{}_4^3\boldsymbol{T}{}_5^4\boldsymbol{T}{}_6^5\boldsymbol{T} = \begin{bmatrix} c4c5c6 - s4s6 & -c6s4 - c4c5s6 & c4s5 & 0 \\ c4s6 + c5c6s4 & c4c6 - c5s4s6 & s4s5 & 0 \\ -c6s5 & s5s6 & c5 & d_3 \\ 0 & 0 & 0 & 1 \end{bmatrix} \tag{3-48}$$

计算式（3-35）左侧有：

$\boldsymbol{T}\_\text{left} = {}_2^1\boldsymbol{T}^{-1}{}_1^0\boldsymbol{T}^{-1}{}_6^0\boldsymbol{T} =$

$$\begin{bmatrix} n_x c1 c2 - n_z s2 + n_y c2 s1 & o_x c1 c2 - o_z s2 + o_y c2 s1 & a_x c1 c2 - a_z s2 + a_y c2 s1 & p_x c1 c2 - p_z s2 + p_y c2 s1 \\ n_y c1 - n_x s1 & o_y c1 - o_x s1 & a_y c1 - a_x s1 & p_y c1 - p_x s1 - d_2 \\ n_z c2 + n_x c1 s2 + n_y s1 s2 & o_z c2 + o_x c1 s2 + o_y s1 s2 & a_z c2 + a_x c1 s2 + a_y s1 s2 & p_z c2 + p_x c1 s2 + p_y s1 s2 \\ 0 & 0 & 0 & 1 \end{bmatrix}$$

$$\tag{3-49}$$

观察 $\boldsymbol{T}$_right 第3列，形式简单且只包含 q_4、q_5 两个未知数。

令 $\boldsymbol{T}$_right 和 $\boldsymbol{T}$_left 两矩阵(1,3)，(2,3)，(3,3)几个元素对应相等，则有：

$$a_x c1 c2 - a_z s2 + a_y c2 s1 = c4 s5 \tag{3-50}$$

$$a_y c1 - a_x s1 = s4 s5 \tag{3-51}$$

$$a_z c2 + a_x c1 s2 + a_y s1 s2 = c5 \tag{3-52}$$

根据式（3-52）可以计算出 $c5$，从而判断出 $s5$ 是否为0。

当 $s5 \neq 0$，根据式（3-50）、式（3-51）有：

$$\theta_4 = \arctan2((a_y c1 - a_x s1) / s5, (a_x c1 c2 - a_z s2 + a_y c2 s1) / s5) \tag{3-53}$$

当 $s5=0$，则 θ_4 取任意值，式（3-50），（3-51）均成立。

（5）求 q_5（θ_5）

当 $c4 \neq 0$，根据式（3-50），式（3-52）有：

$$\theta_5 = \arctan2\left(\left(a_x c1c2 - a_z s2 + a_y c2s1\right)/c4, a_z c2 + a_x c1s2 + a_y s1s2\right) \tag{3-54a}$$

当 $c4=0$ 必有 $s4 \neq 0$，根据式（3-51），式（3-52）有：

$$\theta_5 = \arctan2\left(\left(a_y c1 - a_x s1\right)/s4, a_z c2 + a_x c1s2 + a_y s1s2\right) \tag{3-54b}$$

思考： 为什么不直接通过式（3-48）用 arccos$x$ 的形式求出 q_5? 扫描二维码看参考答案。

扫码获取答案

（6）求 $q6$（θ_6）

令 $\boldsymbol{T}\_right$ 和 $\boldsymbol{T}\_left$ 的(3,1)和(3,2)两元素相等，则有：

$$n_z c2 + n_x c1s2 + n_y s1s2 = -c6s5 \tag{3-55}$$

$$o_z c2 + o_x c1s2 + o_y s1s2 = s5s6 \tag{3-56}$$

当 $s5 \neq 0$，根据式（3-55），式（3-56）有：

$$\theta_6 = \arctan2\left(\left(o_z c2 + o_x c1s2 + o_y s1s2\right)/s5, -\left(n_z c2 + n_x c1s2 + n_y s1s2\right)/s5\right) \tag{3-57}$$

当 $s5=0$ 时，$\theta_5=0$ 或 $\theta_5=\pi$。

当 $\theta_5=0$ 将 $s5=0$，$c5=1$ 代入式（3-48）有：

$$\boldsymbol{T}\_right = \begin{bmatrix} \cos\left(q_4 + q_6\right) & -\sin\left(q_4 + q_6\right) & 0 & 0 \\ \sin\left(q_4 + q_6\right) & \cos\left(q_4 + q_6\right) & 0 & 0 \\ 0 & 0 & 1 & d_3 \\ 0 & 0 & 0 & 1 \end{bmatrix} \tag{3-58}$$

令 $\boldsymbol{T}\_right$ 和 $\boldsymbol{T}\_left$ 的(1,1)和(2,1)两元素相等，则有：

$$n_x c1c2 - n_z s2 + n_y c2s1 = \cos\left(q_4 + q_6\right) \tag{3-59}$$

$$n_y c1 - n_x s1 = \sin\left(q_4 + q_6\right) \tag{3-60}$$

所以：

$$\theta_4 + \theta_6 = \arctan2\left(n_y c1 - n_x s1, \; n_x c1c2 - n_z s2 + n_y c2s1\right) \tag{3-61a}$$

同理，当 $\theta_5=\pi$ 时有：

$$\theta_6 - \theta_4 = \arctan2\left(n_y c1 - n_x s1, -(n_x c1c2 - n_z s2 + n_y c2s1)\right) \tag{3-61b}$$

也就是说，当 $s5=0$ 时，关节4和关节6退化为绕同一个轴旋转，虽然 θ_4，θ_6 可以任意取值，但其和（差）是有约束的，当任意确定其中一个，另一个的值就是唯一确定的。

至此，6个关节变量全部求出，最后还应与各关节变量的运动范围做比较，如果求出的值超出了范围，则应该舍弃。

拓展练习：

① 借助 MATLAB 符号工具箱，协助完成上面的推导和计算过程。

② 根据以上推导结果，编写子程序求运动学反解：ikine_stf(T06)。

③ 验证反解正确性：任意给定一组关节变量 $\boldsymbol{q}$，比如 $\boldsymbol{q}=[30\ 50\ 60\ 10\ 50\ 40]$，调用正解子程序求运动学正解 $\boldsymbol{T}06=f$kine_stf(q)，以上面求出的 $\boldsymbol{T}06$ 为输入，调用反解子程序求运动学反解

$q\_inv=ikine\_stf(T06)$。可以发现求出了两组反解，其中第一组与原来给定的 q 一致，另一组不一致。为了观察两组解的关系，将两组解均绘制出来，如图 3-23 所示。对比两图可以发现，虽然各关节变量取值不同（注意图左侧 $q_1,q_2,\cdots,q_6$ 的取值），但两组解得到的机械臂末端的位姿完全一致（注意两图中 X、Y、Z 和 R、P、Y 的取值）。以上说明对于一个末端位姿 $T06$，可能有多组关节变量 q 与之对应。扫描二维码获得例 3.8 相关程序及视频讲解。

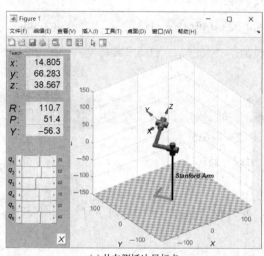

(a) 从左侧抵达目标点

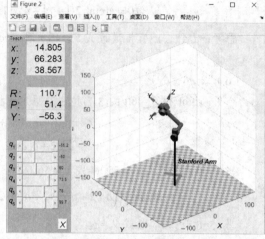

(b) 从右侧抵达目标点

图 3-23　斯坦福机械手某位姿对应的两组解

例 3.9　已知例 3.6 中 GLUON 桌面级机械臂末端位姿 ${}_6^0T$，求其运动学反解。

解：为了书写简洁方便，下面用 $s23$ 代表 $\sin(\theta_2+\theta_3)$，用 $c23$ 代表 $\cos(\theta_2+\theta_3)$，$c234(-6)$ 表示 $\cos(\theta_2+\theta_3+\theta_4-\theta_6)$，以此类推。

由式（3-18）可算出 ${}_1^0T$ 的行列式为 1，不为 0，其逆矩阵 ${}_1^0T^{-1}$ 存在，所以式 ${}_1^0T^{-1}{}_6^0T={}_2^1T{}_3^2T{}_4^3T{}_5^4T{}_6^5T$ 成立。

计算 ${}_1^0T^{-1}{}_6^0T={}_2^1T{}_3^2T{}_4^3T{}_5^4T{}_6^5T$ 左侧有：

$$T\_left={}_1^0T^{-1}{}_6^0T=\begin{bmatrix} n_xc1+n_ys1 & o_xc1+o_ys1 & a_xc1+a_ys1 & p_xc1+p_ys1 \\ -n_z & -o_z & -a_z & -p_z \\ n_yc1-n_xs1 & o_yc1-o_xs1 & a_yc1-a_xs1 & p_yc1-p_xs1 \\ 0 & 0 & 0 & 1 \end{bmatrix} \tag{3-62}$$

计算 ${}_1^0T^{-1}{}_6^0T={}_2^1T{}_3^2T{}_4^3T{}_5^4T{}_6^5T$ 右侧有：

$$T\_right={}_2^1T{}_3^2T{}_4^3T{}_5^4T{}_6^5T=$$

$$\begin{bmatrix} -s234s6+c234c5c6 & -s234c6-c234c5s6 & -c234s5 & a_3s23+a_2s2+d_5s234 \\ c234s6+s234c5c6 & c234c6-s234c5s6 & -s234s5 & -a_3c23-a_2c2-d_5c234 \\ c6s5 & -s6s5 & c5 & d_2+d_3+d_4 \\ 0 & 0 & 0 & 1 \end{bmatrix} \tag{3-63}$$

（1）求 θ_1

令左右两矩阵的元素（3,4）相等，则有：

$$p_yc1-p_xs1=d_2+d_3+d_4 \tag{3-64}$$

该方程与式（3-38）类似，用同样的三角代换法可求得 θ_1 的两个解：

$$\theta_1 = \varphi - \arctan2\left(d/\rho, \sqrt{1-(d/\rho)^2}\right) \tag{3-65a}$$

和

$$\theta_1 = \varphi - \arctan2\left(d/\rho, -\sqrt{1-(d/\rho)^2}\right) \tag{3-65b}$$

其中：

$$\varphi = \arctan2(p_y, p_x)$$

$$\rho = \sqrt{p_x^2 + p_y^2}$$

$$d = d_2 + d_3 + d_4$$

（2）求 θ_5

令左右两矩阵的（3,3）相等，则有：

$$a_y c1 - a_x s1 = c5 \tag{3-66}$$

所以

$$s5 = \pm\sqrt{1-(a_y c1 - a_x s1)^2} \tag{3-67}$$

因此 θ_5 有两个解：

$$\theta_5 = \arctan2\left(\sqrt{1-(a_y c1 - a_x s1)^2}, a_y c1 - a_x s\right) \tag{3-68a}$$

和

$$\theta_5 = \arctan2\left(-\sqrt{1-(a_y c1 - a_x s1)^2}, a_y c1 - a_x s\right) \tag{3-68b}$$

（3）求 θ_6

令左右两矩阵的（3,1）（3,2）两元素对应相等，则有：

$$n_y c1 - n_x s1 = c6 s5 \tag{3-69}$$

$$o_y c1 - o_x s1 = -s6 s5 \tag{3-70}$$

式（3-69）和式（3-70）联立可得：

当 $s5 \neq 0$

$$\theta_6 = \arctan2(-(o_y c1 - o_x s1)/s5, n_y c1 - n_x s1/s5) \tag{3-71}$$

当 $s5 = 0$ 时，θ_6 可以取任意值。

（4）求 $\theta_2 + \theta_3 + \theta_4$

令左右两矩阵的（1,3）（2,3）两元素对应相等，则有：

$$a_x c1 + a_y s1 = -c234 s5 \tag{3-72}$$

$$-a_z = -s234 s5 \tag{3-73}$$

联立可求得：

当 $s5 \neq 0$

$$\theta_2 + \theta_3 + \theta_4 = \arctan2\left(a_z/s5, -(a_x c1 + a_y s1)/s5\right) \tag{3-74}$$

当 $s5=0$，$c5=\pm1$，则 $\boldsymbol{T}\_right$ 简化为：

$$\boldsymbol{T}\_right = \begin{bmatrix} c234(\pm6) & -s234(\pm6) & 0 & a_3s23+a_2s2+d_5s234 \\ s234(\pm6) & c234(\pm6) & 0 & -a_3c23-a_2c2-d_5c234 \\ 0 & 0 & \pm1 & d_2+d_3+d_4 \\ 0 & 0 & 0 & 1 \end{bmatrix} \tag{3-75}$$

令式（3-75）矩阵的（1,1）（2,1）与式（3-63）$\boldsymbol{T}\_left$ 对应元素相等，有

$$n_x c1 + n_y s1 = c234(\pm6) \tag{3-76}$$

$$-n_z = s234(\pm6) \tag{3-77}$$

所以：

$$\theta_2 + \theta_3 + \theta_4 \pm \theta_6 = \arctan2\left(-n_z, n_x c1 + n_y s1\right) \tag{3-78}$$

此时 θ_6 和 $\theta_2+\theta_3+\theta_4$ 有无穷多种组合方式。给定一个 $\theta_2+\theta_3+\theta_4$，则有唯一的 θ_6 与之对应。

（5）求 $\theta_2+\theta_3$

令式（3-62）和式（3-63）中两矩阵的（1,4）（2,4）两元素对应相等，则有：

$$p_x c1 + p_y s1 = a_3 s23 + a_2 s2 + d_5 s234 \tag{3-79}$$

$$-p_z = -a_3 c23 - a_2 c2 - d_5 c234 \tag{3-80}$$

联立可求得两个解

$$\theta_2 + \theta_3 = \varphi - \arctan2\left(\sqrt{1-(d/\rho)^2}, d/\rho\right) \tag{3-81a}$$

和

$$\theta_2 + \theta_3 = \varphi - \arctan2\left(-\sqrt{1-(d/\rho)^2}, d/\rho\right) \tag{3-81b}$$

其中：

$$\varphi = \arctan2(A, B), A = p_x c1 + p_y s1 - d_5 s234, B = p_z - d_5 c234$$

$$\rho = \sqrt{A^2 + B^2}$$

$$d = A^2 + B^2 + a3^2 - a2^2$$

（6）求 θ_4

步骤（4）与（5）所得结果相减可得：

$$\theta_4 = (\theta_2 + \theta_3 + \theta_4) - (\theta_2 + \theta_3) \tag{3-82}$$

（7）求 θ_2

求出 $\theta_2+\theta_3+\theta_4$ 和 $\theta_2+\theta_3$ 后，代入式（3-79）、式（3-80）则有：

$$p_x c_1 + p_y s_1 - d_5 s234 - a_3 s23 = a_2 s2 \tag{3-83}$$

$$p_z - d_5 c234 - a_3 c23 = a_2 c2 \tag{3-84}$$

联立可求得：

$$\theta_2 = \arctan2\left(p_x c1 + p_y s1 - d_5 s234 - a_3 s23, p_z - d_5 c234 - a_3 c23\right) \tag{3-85}$$

（8）求 θ_3

步骤（5）与（7）所得结果相减可得：

$$\theta_3 = (\theta_2 + \theta_3) - \theta_2 \tag{3-86}$$

至此，6 个关节变量全部求出，最后还应与各关节变量的运动范围做比较，如果求出的值超出了范围，则应舍弃。

拓展练习：根据以上推导结果，可以编程求 GLUON 桌面级机械臂的反解，并验证其正确性，大致过程与例 3.8 拓展练习类似。图 3-24 为某位姿对应的四组解，分别从右下、右上、左下、左上四个方位到达要求的末端位姿。扫描二维码可得相关程序及视频讲解。

扫码获取视频

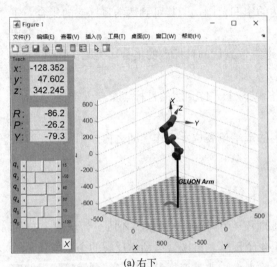

(a) 右下

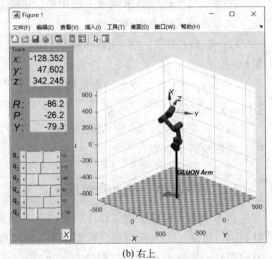

(b) 右上

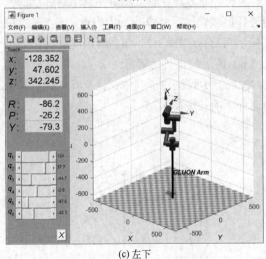

(c) 左下

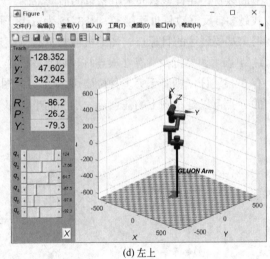

(d) 左上

图 3-24　GLUON 机械臂某位姿对应的四组解

3.3.3　关于反解的讨论

想象一下你摘葡萄的场景。假设你伸展手臂可以达到的最大高度是 2.2m，那么对于高度位于 2.3m 的葡萄，不借助其他工具你根本够不着，更不必说将其摘下；对于高度位于 2.2m 的葡萄，你的指尖可以触碰到它，但仍无法将其摘下；对于高度位于 2.18m 的葡萄，你可以通过中指和食指配合，勉强将其夹住硬拉下来；而对于高度位于 2.1m 以下的葡萄，你的手就能从任意方向到达它，这时就可以十分轻松灵活地将其摘下了。

求机械臂的运动学反解时，与摘葡萄遇到的问题类似。当我们给定一个末端位姿，有可能机械臂无论如何都是无法达到，即反解不存在；也可能有多种抵达方式，即有多个反解。下面我们从以下三个方面进行讨论。

（1）工作空间和解的存在性

工作空间是机械臂末端或手腕中心能够到达的空间范围，即其可到达的目标点的集合。工作空间可以分为以下两种。

① 灵活（工作）空间指机械臂末端能以任意方位到达的目标点的集合（类比 2.1m 以下的葡萄）。

② 可达（工作）空间：指机械臂末端至少能以一个方位到达的目标点集合（类比 2.2m、2.18m 处的葡萄）。

显然，灵活空间是可达空间的子集。若给定的末端位姿位于工作空间之内，则反解是存在的，否则反解不存在。

（2）反解的唯一性和最优解

当末端处于机械臂的工作空间之内时，遇到的另一个问题是，反解并不唯一。从图 3-24 可以看出，给定一个末端位姿，能够求出 2 个甚至 4 个反解。机械臂运动学反解的个数取决于关节的数目、连杆参数和关节变量的活动范围。一般来说，非零连杆参数越多，到达目标点的方式越多，反解数目也就越多。图 3-25 为三组平面连杆机械臂，其中 O 点为固定点，A 点是机械臂末端要到达的目标点。如果机械臂只有一根连杆，则只有如图 3-25（a）所示的一种位姿可达 A 点；如果机械臂有 2 根连杆，则有如图 3-25（b）所示的 2 种位姿可达 A 点；如果机械臂有 3 根连杆，则有无穷多种位姿可达 A 点，图 3-25（c）中仅画出了其中一种位姿，注意其中的 B 点可以是小圆上的任意点，小圆的半径即为连杆 3 的长度。

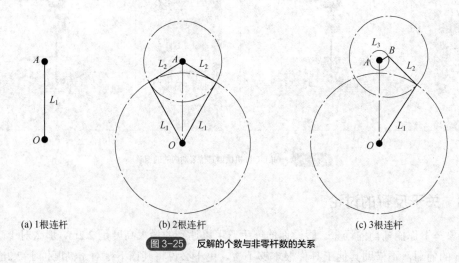

(a) 1根连杆　　　　　(b) 2根连杆　　　　　(c) 3根连杆

图 3-25　反解的个数与非零杆数的关系

前面讨论的斯坦福机械手的 D-H 参数中所有连杆长度（a_i）均为零，最多反解数为 2 个；

GLUON 机械臂有两个连杆长度（a_2, a_3）不为零，最多反解数为 4 个；如果 6 轴机械臂各连杆长度均不为零，最多会有 16 组反解。

如何从多重解中选择一组呢？一般视具体情况而定，在避免碰撞的前提下，选取原则是"最短行程"，即让每个关节的移动量最小。由于工业机械臂决定末端空间位置的前 3 个连杆尺寸较大，决定末端姿态的后 3 个连杆尺寸较小，所以应对不同关节加权处理，遵循"多移动小关节，少移动大关节"的原则。

（3）逆运动学的求解方式及对机器人设计的约束

逆向运动学要比正向运动学复杂得多，而且随着自由度的增加，反解愈加复杂。反解可以分为解析解和数值解。

解析解是根据严格的公式进行推导，给出任意的自变量代入解析函数便可求出因变量，解析解是一个封闭的函数，所以又称为封闭解。解析解法计算速度高、效率高，便于实施控制，例 3.8、例 3.9 介绍的求解方式均为解析解法。但并非所有机械臂均可用此法求逆解，这主要取决于机械臂的结构。只有当机械臂满足封闭解的两个充分条件之一时，才可求得其封闭解，这称为 Pieper 准则：

3 个相邻关节轴相交于一点或 3 个相邻关节轴相互平行。

观察例 3.8、例 3.9 所示机械臂是否满足以上条件。事实上，大多数工业机械臂都是满足该条件的。

解析解法不但求解速度快，而且可以求出所有反解。然而由于机械臂结构所限，有时无法求得解析解，只能退而求其次，寻找其数值解。数值解的基本思想是试错，先猜测一个解，然后检验其误差，再通过迭代、插值等方法不断减小误差，从而逼近精确解。非线性方程组的数值解法是一个有待研究的领域，到目前为止，这种方法不但计算速度慢，而且不能求得所有反解。因此，我们在设计机械臂的结构时，仍然要遵守 Pieper 准则。此外，为了使机械臂有更大的灵巧工作空间，通常将机械臂末端连杆设计得短一些。

本章小结

回顾本章开始问题导入提出的两个问题，其实就是运动学的正逆解问题。

为了解决这两个问题，在 3.1 节我们首先学习了平移、旋转和复合坐标变换；为了将这几种变换用统一的形式表达，又引入了齐次坐标变换的概念；根据坐标变换相对的是静坐标系还是动坐标系，又提出了左乘和右乘规则。这些概念和规则是正向和逆向运动学求解的数学基础。3.2 节主要学习了 D-H 坐标系的建立方法以及 D-H 参数的确定方法，在此基础上进一步确定每根杆相对前一根杆的齐次变换矩阵，依次右乘即可得到机械臂的运动方程。3.3 节以斯坦福机械手和 GLUON 机械臂为例，详细介绍了运动学正逆解的求解过程，并讨论了反解的存在性、反解的个数与机械臂结构之间的关系，从而为机械臂的设计提供参考。

此外，本章还为例题、相关正文提供了 MATLAB 程序，循序渐进地帮助读者熟悉利用 MATLAB 建立仿真机械臂并求运动学正逆解的基本方法，同时加深对理论部分的理解。

习题

【工程基础问题】

1. 矩阵 $\boldsymbol{T}=\begin{bmatrix} ? & 0 & -1 & 0 \\ ? & 0 & 0 & 1 \\ ? & -1 & 0 & 2 \\ 0 & 0 & 0 & 1 \end{bmatrix}$ 代表齐次坐标变换，请求出其中的未知元素。

2. 写出齐次变换矩阵 ${}_B^A\boldsymbol{T}$，它表示相对静坐标系{A}做以下变换：

① 绕 Z_A 轴转 90°；② 再绕 X_A 轴转-90°；③ 最后移动$[3\ 7\ 9]^T$。

3. 写出齐次变换矩阵 ${}_B^A\boldsymbol{T}$，它表示相对动坐标系{B}做以下变换：

① 移动$[3\ 7\ 9]^T$；② 再绕 X_B 轴转-90°；③ 最后绕 Z_B 轴转 90°。

4. 求 $\boldsymbol{T}=\begin{bmatrix} 0 & 1 & 0 & -1 \\ 0 & 0 & -1 & 2 \\ -1 & 0 & 0 & 0 \\ 0 & 0 & 0 & 1 \end{bmatrix}$ 的逆变换 $\boldsymbol{T}^{-1}$。

5. 题图 3-1 所示为一个 2 自由度机械手，两杆长度均为 1m，请完成以下几项任务：

① 为其建立 D-H 坐标系并确定 D-H 参数；

② 求解运动学正解 ${}_2^0\boldsymbol{T}$；

③ 推导其运动学逆解的解析解。

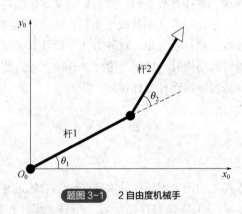

题图 3-1 2 自由度机械手

6. 题图 3-2 所示为一个 3 自由度机械手，请为其建立 D-H 坐标系，确定 D-H 参数，并求解运动学正解 ${}_3^0\boldsymbol{T}$。

【设计问题】

7. 在第 2 章的设计问题中，我们已经完成了 Puma-560 机械臂的实体建模，本章要继续对其做运动学分析，需要完成的任务有以下几项：

① 建立 Puma-560 的 D-H 坐标系；

② 确定各连杆 D-H 参数；

③ 确定其运动方程；

④ 利用 MATLAB 和 Robotics Toolbox 建立 Puma-560 仿真机械臂；

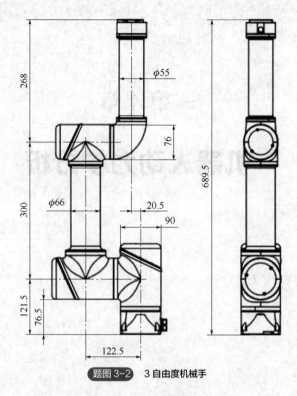

题图 3-2　3自由度机械手

⑤ 用解析法推导其运动学反解；

⑥ 编写程序求解运动学反解。(选做)

第 4 章

机器人动力学分析

 思维导图

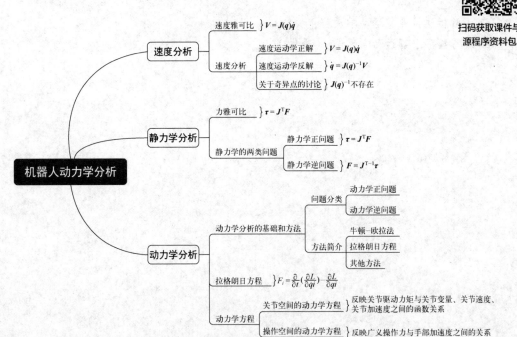

扫码获取课件与
源程序资料包

学习目标

1. 理解速度雅可比矩阵的构成及其推导过程；
2. 能够利用速度雅可比矩阵求解速度运动学正逆问题；

3. 理解奇异点产生的原因及带来的问题；

4. 理解建立机械臂手部广义力 F 与关节力矩 τ 的映射关系的过程；

5. 能够利用力雅可比矩阵求解静力学的两类问题；

6. 能够用拉格朗日方程建立简单多刚体系统的动力学方程；

7. 理解 2 自由度机械臂动力学方程各项的物理意义；

8. 掌握利用 MATLAB 及其符号工具箱辅助公式推导与计算的方法。

 问题导入

第 3 章讨论的运动学只关心机械臂的位姿，并没有考虑其到达各位姿的快慢，而工业机器人在实际工作中速度是一个无法回避的问题。因此，本章的第一节就讨论各关节的运动速度与机器人手部运动速度之间的映射关系，这里引入了速度雅可比矩阵。

仍以图 3-1 中的六轴机械臂为例，如果夹爪夹起了物料以很慢的速度运动，或者静止在某个位姿，为了保持机械臂的静平衡状态，各关节电机应该输出多大的力矩？本章的第二节静力学分析讨论的就是各关节的驱动力矩与机器人手部输出的静力之间的映射关系，这里引入了力雅可比矩阵，而它正好是速度雅可比矩阵的转置。这也是将速度分析与力学分析归入同一章的原因。

工业机器人完成搬运作业时，为了兼顾工作效率和工作质量，我们希望它在拿起和放下物料时做到慢而准，而运送过程要稳而快，这就要求机器人在不同位姿提供不同的速度和加速度。那么机器人的位置、速度和加速度与各关节的驱动力矩之间又有怎样的关系？这就是本章第三节动力学分析的研究主题。

4.1 速度分析

当我们要求机器人抓起一个物体时，不仅要求其手部以合适的姿态到达给定的位置，而且还要求它在运动过程中具有我们期望的速度。n 自由度机械臂的手部位姿 X 由 n 个关节变量决定，这 n 个关节变量就构成了关节空间。而手部作业是在直角坐标空间中进行的，这个空间称为操作空间。本节主要研究的就是操作空间中手部的速度与关节空间中各关节速度之间的关系。

4.1.1 速度雅可比

首先回顾瞬时速度的计算方法。如果用 ds 代表在某点发生的一个微小位移（位移的微分），用 dt 代表产生这段微小位移所需的时间，那么 ds / dt 则代表该点的瞬时速度。机械臂手部的瞬时速度可以用同样的方法求得，关键在于手部在某点的微小位移 ds 应如何求得，以及 ds 和关节变量的微小增量 dq 又有什么关系。下面通过两个例子来探索这个问题。

例 4.1 例 3.5 分析了 2 自由度串联机械臂的位置运动学，这里继续分析其速度运动学。设两杆的长度分别为 L_1 和 L_2。请探索机械臂手部微小线位移 dX 与关节空间微小角位移 dθ 之间的关系，以及手部移动速度与各关节转速之间的关系。

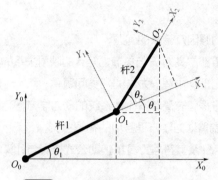

图 4-1　2 自由度串联机械臂的速度分析

解： 根据例 3.5 的分析，可以得到机械臂手部位姿齐次变换矩阵，如下所示。

$$
{}^0_2\boldsymbol{T} = \begin{bmatrix}
\cos(\theta_1 + \theta_2) & -\sin(\theta_1 + \theta_2) & 0 & L_2\cos(\theta_1 + \theta_2) + L_1\cos\theta_1 \\
\sin(\theta_1 + \theta_2) & \cos(\theta_1 + \theta_2) & 0 & L_2\sin(\theta_1 + \theta_2) + L_1\sin\theta_1 \\
0 & 0 & 1 & 0 \\
0 & 0 & 0 & 1
\end{bmatrix} \tag{4-1}
$$

其中第 4 列代表机械臂手部的 x、y、z 坐标，平面连杆不需要考虑 z 向运动，因此有：

$$
x = L_2\cos(\theta_1 + \theta_2) + L_1\cos\theta_1 \tag{4-2}
$$

$$
y = L_2\sin(\theta_1 + \theta_2) + L_1\sin\theta_1 \tag{4-3}
$$

x、y 均为 θ_1 和 θ_2 的函数，求其微分有：

$$
\mathrm{d}x = \frac{\partial x}{\partial \theta_1}\mathrm{d}\theta_1 + \frac{\partial x}{\partial \theta_2}\mathrm{d}\theta_2 \tag{4-4}
$$

$$
\mathrm{d}y = \frac{\partial y}{\partial \theta_1}\mathrm{d}\theta_1 + \frac{\partial y}{\partial \theta_2}\mathrm{d}\theta_2 \tag{4-5}
$$

将其写为矩阵形式：

$$
\begin{bmatrix} \mathrm{d}x \\ \mathrm{d}y \end{bmatrix} = \begin{bmatrix} \dfrac{\partial x}{\partial \theta_1} & \dfrac{\partial x}{\partial \theta_2} \\ \dfrac{\partial y}{\partial \theta_1} & \dfrac{\partial y}{\partial \theta_2} \end{bmatrix} \begin{bmatrix} \mathrm{d}\theta_1 \\ \mathrm{d}\theta_2 \end{bmatrix} =
$$

$$
\begin{bmatrix} -L_1\sin\theta_1 - L_2\sin(\theta_1 + \theta_2) & -L_2\sin(\theta_1 + \theta_2) \\ L_1\cos\theta_1 + L_2\cos(\theta_1 + \theta_2) & L_2\cos(\theta_1 + \theta_2) \end{bmatrix} \begin{bmatrix} \mathrm{d}\theta_1 \\ \mathrm{d}\theta_2 \end{bmatrix} \tag{4-6}
$$

令

$$
\boldsymbol{J}(\boldsymbol{\theta}) = \begin{bmatrix} \dfrac{\partial x}{\partial \theta_1} & \dfrac{\partial x}{\partial \theta_2} \\ \dfrac{\partial y}{\partial \theta_1} & \dfrac{\partial y}{\partial \theta_2} \end{bmatrix} \tag{4-7}
$$

则有：

$$
\mathrm{d}\boldsymbol{X} = \boldsymbol{J}(\boldsymbol{\theta})\mathrm{d}\boldsymbol{\theta} \tag{4-8}
$$

其中 $\mathrm{d}\boldsymbol{X} = \begin{bmatrix} \mathrm{d}x \\ \mathrm{d}y \end{bmatrix}$，$\mathrm{d}\boldsymbol{\theta} = \begin{bmatrix} \mathrm{d}\theta_1 \\ \mathrm{d}\theta_2 \end{bmatrix}$，$\boldsymbol{\theta} = \begin{bmatrix} \theta_1 \\ \theta_2 \end{bmatrix}$。

我们将 $\boldsymbol{J}(\boldsymbol{\theta})$ 称为图 4-1 所示的 2 自由度串联机械臂的速度雅可比矩阵，它是 $\boldsymbol{\theta}$ 的函数。由式（4-8）可以看出，速度雅可比矩阵 $\boldsymbol{J}(\boldsymbol{\theta})$ 反映了关节空间微小角位移 $\mathrm{d}\boldsymbol{\theta}$ 与机械臂手部微小线位移 $\mathrm{d}\boldsymbol{X}$ 之间的关系。

对式（4-8）两边同除以 $\mathrm{d}t$，则有：

$$\frac{\mathrm{d}\boldsymbol{X}}{\mathrm{d}t} = \boldsymbol{J}(\boldsymbol{\theta})\frac{\mathrm{d}\boldsymbol{\theta}}{\mathrm{d}t} \tag{4-9a}$$

即：

$$\boldsymbol{V} = \boldsymbol{J}(\boldsymbol{\theta})\dot{\boldsymbol{\theta}} \tag{4-9b}$$

式中，$\boldsymbol{V}$ 是机械臂手部在操作空间的移动速度；$\dot{\boldsymbol{\theta}}$ 是各关节在关节空间的运动速度；$\boldsymbol{J}(\boldsymbol{\theta})$ 定义了这两者之间的关系。如果将式（4-7）第一列记为 $\boldsymbol{J}_1$，第二列记为 $\boldsymbol{J}_2$，那么式（4-9b）可写为：

$$\boldsymbol{V} = \begin{bmatrix} \boldsymbol{J}_1 & \boldsymbol{J}_2 \end{bmatrix}\begin{bmatrix} \dot{\theta}_1 \\ \dot{\theta}_2 \end{bmatrix} = \boldsymbol{J}_1\dot{\theta}_1 + \boldsymbol{J}_2\dot{\theta}_2 \tag{4-10}$$

式中，$\boldsymbol{J}_1\dot{\theta}_1$ 表示仅由关节 1 运动引起的机械臂手部的速度；$\boldsymbol{J}_2\dot{\theta}_2$ 表示仅由关节 2 运动引起的机械臂手部的速度，而手部的速度 $\boldsymbol{V}$ 是这两个速度矢量的合成。

拓展练习：借助 MATLAB 软件和符号工具箱可以完成以上推导过程，此外还可建立二自由度仿真机械臂，方便观察。读者可以尝试自己编写代码，或者扫描二维码获得该程序及其讲解。

扫码获取视频

例 4.2 例 3.6 中已经计算出 GLUON 桌面级机械臂手部位姿齐次变换矩阵 ${}_6^0\boldsymbol{T}$，请在此基础上探索该机械臂手部微小线位移 $\mathrm{d}\boldsymbol{X}$ 与关节空间微小角位移 $\mathrm{d}\boldsymbol{\theta}$ 之间的关系，以及手部移动速度与各关节转速之间的关系。

解：根据例 3.6 的分析，可以得到机械臂手部位姿齐次变换矩阵 ${}_6^0\boldsymbol{T}$，其中第 4 列代表机械臂手部的 x、y、z 坐标，因此有：

$$\begin{aligned} x = {}& a_2c1s2 - d_3s1 - d_4s1 - d_2s1 + a_3c1c_2s3 + a_3c1c3s2 + d_5c1c2c3s4 + \\ & d_5c1c2c4s3 + d_5c1c3c4s2 - d_5c1s2s3s4 \end{aligned} \tag{4-11}$$

$$\begin{aligned} y = {}& d_2c1 + d_3c1 + d_4c1 + a_2s1s2 + a_3c2s1s3 + a_3c3s1s2 + d_5c2c3s1s4 + \\ & d_5c2c4s1s3 + d_5c3c4s1s2 - d_5s1s2s3s4 \end{aligned} \tag{4-12}$$

$$z = a_3c23 + a_2c2 + d_5c234 \tag{4-13}$$

x、y、z 为 θ_i 的函数，求其微分有：

$$\mathrm{d}x = \frac{\partial x}{\partial\theta_1}\mathrm{d}\theta_1 + \frac{\partial x}{\partial\theta_2}\mathrm{d}\theta_2 + \frac{\partial x}{\partial\theta_3}\mathrm{d}\theta_3 + \frac{\partial x}{\partial\theta_4}\mathrm{d}\theta_4 + \frac{\partial x}{\partial\theta_5}\mathrm{d}\theta_5 + \frac{\partial x}{\partial\theta_6}\mathrm{d}\theta_6 \tag{4-14}$$

$$\mathrm{d}y = \frac{\partial y}{\partial\theta_1}\mathrm{d}\theta_1 + \frac{\partial y}{\partial\theta_2}\mathrm{d}\theta_2 + \frac{\partial y}{\partial\theta_3}\mathrm{d}\theta_3 + \frac{\partial y}{\partial\theta_4}\mathrm{d}\theta_4 + \frac{\partial y}{\partial\theta_5}\mathrm{d}\theta_5 + \frac{\partial y}{\partial\theta_6}\mathrm{d}\theta_6 \tag{4-15}$$

$$\mathrm{d}z = \frac{\partial z}{\partial\theta_1}\mathrm{d}\theta_1 + \frac{\partial z}{\partial\theta_2}\mathrm{d}\theta_2 + \frac{\partial z}{\partial\theta_3}\mathrm{d}\theta_3 + \frac{\partial z}{\partial\theta_4}\mathrm{d}\theta_4 + \frac{\partial z}{\partial\theta_5}\mathrm{d}\theta_5 + \frac{\partial z}{\partial\theta_6}\mathrm{d}\theta_6 \tag{4-16}$$

将其写为矩阵形式：

$$
\begin{bmatrix} \mathrm{d}x \\ \mathrm{d}y \\ \mathrm{d}z \end{bmatrix} = \begin{bmatrix} \dfrac{\partial x}{\partial \theta_1} & \dfrac{\partial x}{\partial \theta_2} & \dfrac{\partial x}{\partial \theta_3} & \dfrac{\partial x}{\partial \theta_4} & \dfrac{\partial x}{\partial \theta_5} & \dfrac{\partial x}{\partial \theta_6} \\ \dfrac{\partial y}{\partial \theta_1} & \dfrac{\partial y}{\partial \theta_2} & \dfrac{\partial y}{\partial \theta_3} & \dfrac{\partial y}{\partial \theta_4} & \dfrac{\partial y}{\partial \theta_5} & \dfrac{\partial y}{\partial \theta_6} \\ \dfrac{\partial z}{\partial \theta_1} & \dfrac{\partial z}{\partial \theta_2} & \dfrac{\partial z}{\partial \theta_3} & \dfrac{\partial z}{\partial \theta_4} & \dfrac{\partial z}{\partial \theta_5} & \dfrac{\partial z}{\partial \theta_6} \end{bmatrix} \begin{bmatrix} \mathrm{d}\theta_1 \\ \mathrm{d}\theta_2 \\ \mathrm{d}\theta_3 \\ \mathrm{d}\theta_4 \\ \mathrm{d}\theta_5 \\ \mathrm{d}\theta_6 \end{bmatrix}
$$ (4-17a)

即：

$$\mathrm{d}\boldsymbol{X} = \boldsymbol{J}(\boldsymbol{\theta})\mathrm{d}\boldsymbol{\theta}$$ (4-17b)

式中，$\mathrm{d}\boldsymbol{X} = \begin{bmatrix} \mathrm{d}x \\ \mathrm{d}y \\ \mathrm{d}z \end{bmatrix}$，$\mathrm{d}\boldsymbol{\theta} = \begin{bmatrix} \mathrm{d}\theta_1 \\ \mathrm{d}\theta_2 \\ \mathrm{d}\theta_3 \\ \mathrm{d}\theta_4 \\ \mathrm{d}\theta_5 \\ \mathrm{d}\theta_6 \end{bmatrix}$，$\boldsymbol{J}(\boldsymbol{\theta}) = \begin{bmatrix} \dfrac{\partial x}{\partial \theta_1} & \dfrac{\partial x}{\partial \theta_2} & \dfrac{\partial x}{\partial \theta_3} & \dfrac{\partial x}{\partial \theta_4} & \dfrac{\partial x}{\partial \theta_5} & \dfrac{\partial x}{\partial \theta_6} \\ \dfrac{\partial y}{\partial \theta_1} & \dfrac{\partial y}{\partial \theta_2} & \dfrac{\partial y}{\partial \theta_3} & \dfrac{\partial y}{\partial \theta_4} & \dfrac{\partial y}{\partial \theta_5} & \dfrac{\partial y}{\partial \theta_6} \\ \dfrac{\partial z}{\partial \theta_1} & \dfrac{\partial z}{\partial \theta_2} & \dfrac{\partial z}{\partial \theta_3} & \dfrac{\partial z}{\partial \theta_4} & \dfrac{\partial z}{\partial \theta_5} & \dfrac{\partial z}{\partial \theta_6} \end{bmatrix}$。

对式（4-17b）两边同除以 $\mathrm{d}t$，则有：

$$\frac{\mathrm{d}\boldsymbol{X}}{\mathrm{d}t} = \boldsymbol{J}(\boldsymbol{\theta})\frac{\mathrm{d}\boldsymbol{\theta}}{\mathrm{d}t}$$ (4-18a)

即：

$$\boldsymbol{V} = \boldsymbol{J}(\boldsymbol{\theta})\dot{\boldsymbol{\theta}}$$ (4-18b)

式中，$\boldsymbol{V}$ 是机械臂手部在操作空间的移动速度；$\dot{\boldsymbol{\theta}}$ 是各关节在其关节空间的转速。而 $\boldsymbol{J}(\boldsymbol{\theta})$ 定义了这两者之间的关系。如果将 $\boldsymbol{J}(\boldsymbol{\theta})$ 各列分别记为 $\boldsymbol{J}_1, \boldsymbol{J}_2, \cdots, \boldsymbol{J}_6$，那么式（4-18b）可写为：

$$\boldsymbol{V} = \begin{bmatrix} \boldsymbol{J}_1 & \boldsymbol{J}_2 & \boldsymbol{J}_3 & \boldsymbol{J}_4 & \boldsymbol{J}_5 & \boldsymbol{J}_6 \end{bmatrix} \begin{bmatrix} \dot{\theta}_1 \\ \dot{\theta}_2 \\ \dot{\theta}_3 \\ \dot{\theta}_4 \\ \dot{\theta}_5 \\ \dot{\theta}_6 \end{bmatrix} = \boldsymbol{J}_1\dot{\theta}_1 + \boldsymbol{J}_2\dot{\theta}_2 + \boldsymbol{J}_3\dot{\theta}_3 + \boldsymbol{J}_4\dot{\theta}_4 + \boldsymbol{J}_5\dot{\theta}_5 + \boldsymbol{J}_6\dot{\theta}_6$$ (4-19)

式中，$\boldsymbol{J}_1\dot{\theta}_1$ 表示仅由关节 1 运动引起的机械臂手部的移动速度；$\boldsymbol{J}_2\dot{\theta}_2$ 表示仅由关节 2 运动引起的机械臂手部的移动速度；以此类推，$\boldsymbol{J}_6\dot{\theta}_6$ 表示仅由关节 6 运动引起的机械臂手部的移动速度，而手部的移动速度 $\boldsymbol{V}$ 是这 6 个速度矢量的合成。

拓展练习：人工完成六轴机械臂的相关推导和运算非常困难，这也是我们必须学会使用计算软件的原因。借助 MATLAB 软件和符号工具箱可以比较容易地完成以上推导过程。读者可以尝试自己编写代码，或者扫描二维码获得该程序及其讲解。

思考：通过运行上面的程序可以发现，式（4-18b）中雅可比矩阵 $\boldsymbol{J}(\boldsymbol{\theta})$ 的第 5 列和第 6 列均为 0，请问该如何解读？扫描二维码看思考题答案。

机械臂手部的运动除了移动还有转动，那么除了上面讨论的移动速度，还应该有转动速度。我们知道 ${}^0_6\boldsymbol{T}$ 的前三列用来代表坐标系{6}相对于基座坐标系的方

扫码获取视频

扫码获取答案

向，除了齐次坐标矩阵，还有欧拉角、RPY 角、四元数法等多种表达方向的方式。其中，RPY 是 roll（翻转）、pitch（俯仰）、yaw（偏转）三个词的缩写，最初来源于船的航向控制。坐标系 {6} 相对于基座坐标系的指向，可以通过连续绕固定轴 X_0、Y_0、Z_0 旋转 φ_x、φ_y、φ_z 角度获得。RPY 与齐次变换矩阵两种表达方式本质是相同的，它们之间可以互相转换，因此 φ_x、φ_y、φ_z 也是 θ_i 的函数。用与例 4.2 同样的方法，也可以研究机械臂手部的转动速度。我们将机械臂角度的微小增量 $\mathrm{d}\varphi_x$、$\mathrm{d}\varphi_y$、$\mathrm{d}\varphi_z$ 加入到 $\mathrm{d}X$ 中，则式（4-17a）化为：

$$
\begin{bmatrix} \mathrm{d}x \\ \mathrm{d}y \\ \mathrm{d}z \\ \mathrm{d}\varphi_x \\ \mathrm{d}\varphi_y \\ \mathrm{d}\varphi_z \end{bmatrix} = \begin{bmatrix} \dfrac{\partial x}{\partial \theta_1} & \dfrac{\partial x}{\partial \theta_2} & \dfrac{\partial x}{\partial \theta_3} & \dfrac{\partial x}{\partial \theta_4} & \dfrac{\partial x}{\partial \theta_5} & \dfrac{\partial x}{\partial \theta_6} \\[2mm] \dfrac{\partial y}{\partial \theta_1} & \dfrac{\partial y}{\partial \theta_2} & \dfrac{\partial y}{\partial \theta_3} & \dfrac{\partial y}{\partial \theta_4} & \dfrac{\partial y}{\partial \theta_5} & \dfrac{\partial y}{\partial \theta_6} \\[2mm] \dfrac{\partial z}{\partial \theta_1} & \dfrac{\partial z}{\partial \theta_2} & \dfrac{\partial z}{\partial \theta_3} & \dfrac{\partial z}{\partial \theta_4} & \dfrac{\partial z}{\partial \theta_5} & \dfrac{\partial z}{\partial \theta_6} \\[2mm] \dfrac{\partial \varphi_x}{\partial \theta_1} & \dfrac{\partial \varphi_x}{\partial \theta_2} & \dfrac{\partial \varphi_x}{\partial \theta_3} & \dfrac{\partial \varphi_x}{\partial \theta_4} & \dfrac{\partial \varphi_x}{\partial \theta_5} & \dfrac{\partial \varphi_x}{\partial \theta_6} \\[2mm] \dfrac{\partial \varphi_y}{\partial \theta_1} & \dfrac{\partial \varphi_y}{\partial \theta_2} & \dfrac{\partial \varphi_y}{\partial \theta_3} & \dfrac{\partial \varphi_y}{\partial \theta_4} & \dfrac{\partial \varphi_y}{\partial \theta_5} & \dfrac{\partial \varphi_y}{\partial \theta_6} \\[2mm] \dfrac{\partial \varphi_z}{\partial \theta_1} & \dfrac{\partial \varphi_z}{\partial \theta_2} & \dfrac{\partial \varphi_z}{\partial \theta_3} & \dfrac{\partial \varphi_z}{\partial \theta_4} & \dfrac{\partial \varphi_z}{\partial \theta_5} & \dfrac{\partial \varphi_z}{\partial \theta_6} \end{bmatrix} \begin{bmatrix} \mathrm{d}\theta_1 \\ \mathrm{d}\theta_2 \\ \mathrm{d}\theta_3 \\ \mathrm{d}\theta_4 \\ \mathrm{d}\theta_5 \\ \mathrm{d}\theta_6 \end{bmatrix} \tag{4-20}
$$

即：

$$
\mathrm{d}X = J(\theta)\mathrm{d}\theta \tag{4-21}
$$

将式（4-21）进一步扩展到 n 个自由度的机械臂，则有：

$$
\mathrm{d}X = J(q)\mathrm{d}q \tag{4-22}
$$

其中：

$q = [q_1, q_2, \cdots, q_n]^{\mathrm{T}}$，称为广义关节变量，对于转动关节 $q_i = \theta_i$，对于移动关节 $q_i = d_i$。

$\mathrm{d}q = [\mathrm{d}q_1, \mathrm{d}q_2, \cdots, \mathrm{d}q_n]^{\mathrm{T}}$ 反映了关节的微小运动，可以是移动或转动。

X 代表机械臂在操作空间的运动参数，它是一个 6 维列向量，包含沿 X、Y、Z 轴的线位移，以及绕 X、Y、Z 轴的角位移，因此 $\mathrm{d}X = [\mathrm{d}x, \mathrm{d}y, \mathrm{d}z, \mathrm{d}\varphi_x, \mathrm{d}\varphi_y, \mathrm{d}\varphi_z]^{\mathrm{T}}$，反映了操作空间的微小运动，包括移动和转动。

$J(q)$ 是 n 自由度机器人的雅可比矩阵，它是一个 6 行 n 列的偏导矩阵，它反映了关节空间的微小运动 $\mathrm{d}q$ 与作业空间的微小运动 $\mathrm{d}X$ 之间的关系。它的第 i 行第 j 列元素为：

$$
J_{ij}(q) = \frac{\partial x_i(q)}{\partial y_j(q)} \ (i = 1, 2, \cdots, 6; j = 1, 2, \cdots, n) \tag{4-23}
$$

对式（4-22）两边同除以 $\mathrm{d}t$，则有：

$$
V = J(q)\dot{q} \tag{4-24}
$$

此处的 V 为机械臂手部在操作空间的广义速度，$V = \dot{X}$，包含沿 X、Y、Z 轴的线速度，以及绕 X、Y、Z 轴的角速度。

思考：式（4-20）中雅可比矩阵比较复杂，不经过计算，请判断该矩阵的第 5 列和第 6 列是否全为 0？扫描二维码看思考题答案。

4.1.2　速度分析具体案例

第 3 章讨论了位置运动学的正逆解，其核心是齐次变换矩阵，$^{i-1}_iT$ 定义了各连杆的相对位置，^0_nT 定义了机械臂手部相对参考坐标系的位置和姿态。

在 4.1.1 节中我们讨论了机械臂手部在操作空间的广义速度与关节空间中各关节速度之间的关系，其核心是雅可比矩阵，如式（4-24）所示。与位置运动学类似，速度运动学也有两类问题。

① 已知各关节速度，求机械臂手部在操作空间的广义速度，称为速度运动学的正解。直接通过式（4-24）即可求解。

② 已知机械臂手部在操作空间的广义速度，求关节空间中各关节相应的速度，称为速度运动学的反解。

给式（4-24）两边同乘以逆速度雅可比矩阵，则有：

$$\dot{q} = J(q)^{-1}V \tag{4-25}$$

对于大多数速度运动学反解问题，都可以通过式（4-25）求解。但需要注意的是，一个矩阵只有在其行列式不为零时，其逆矩阵才存在。而逆矩阵 $J(q)^{-1}$ 是 q 的函数，那么完全存在这样的可能性，即对于某些特定的 q，$J(q)^{-1}$ 是不存在的，我们称此时机器人出现奇异解（奇异点/奇异形位）。这时，也就无法通过式（4-25）解算出关节速度。下面通过例子来观察奇异点是如何产生的，以及它会造成什么问题。

例 4.3　如图 4-2 所示 2 自由度串联机械臂杆长 $L_1 = L_2 = 0.5\text{m}$，在瞬间（a）机械臂手部沿参考坐标系 x_0 轴正向以 1.0m/s 速度移动，求该瞬间关节速度。用同样的方法，能否求出瞬间（b）和（c）对应的关节速度？

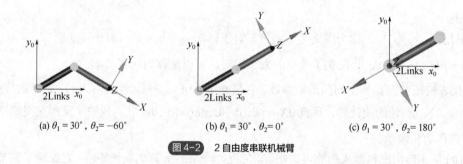

(a) $\theta_1 = 30°$，$\theta_2 = -60°$　　(b) $\theta_1 = 30°$，$\theta_2 = 0°$　　(c) $\theta_1 = 30°$，$\theta_2 = 180°$

图 4-2　2 自由度串联机械臂

解：在例 4.1 中我们已经求出 2 自由度机械臂的速度雅可比矩阵。

$$J = \begin{bmatrix} -L_1\sin\theta_1 - L_2\sin(\theta_1+\theta_2) & -L_2\sin(\theta_1+\theta_2) \\ L_1\cos\theta_1 + L_2\cos(\theta_1+\theta_2) & L_2\cos(\theta_1+\theta_2) \end{bmatrix}$$

可以求出其逆速度雅可比矩阵为：

$$J^{-1} = \frac{1}{L_1 L_2 \sin\theta_2} \begin{bmatrix} L_2\cos(\theta_1+\theta_2) & L_2\sin(\theta_1+\theta_2) \\ -L_1\cos\theta_1 - L_2\cos(\theta_1+\theta_2) & -L_1\sin\theta_1 - L_2\sin(\theta_1+\theta_2) \end{bmatrix}$$

已知手部速度 $V = \begin{bmatrix} V_x \\ V_y \end{bmatrix} = \begin{bmatrix} 1 \\ 0 \end{bmatrix}$

所以：

$$\dot{\boldsymbol{\theta}} = \begin{bmatrix} \dot{\theta}_1 \\ \dot{\theta}_2 \end{bmatrix} = \boldsymbol{J}^{-1} V$$

$$= \frac{1}{L_1 L_2 \sin\theta_2} \begin{bmatrix} L_2\cos(\theta_1+\theta_2) & L_2\sin(\theta_1+\theta_2) \\ -L_1\cos\theta_1 - L_2\cos(\theta_1+\theta_2) & -L_1\sin\theta_1 - L_2\sin(\theta_1+\theta_2) \end{bmatrix} \begin{bmatrix} 1 \\ 0 \end{bmatrix}$$

① 当 $\theta_1 = 30°$，$\theta_2 = -60°$ 时，代入上式即可求得关节转速 $\begin{bmatrix} \dot{\theta}_1 \\ \dot{\theta}_2 \end{bmatrix} = \begin{bmatrix} -2 \\ 4 \end{bmatrix}$ rad / s 。

② 当 $\theta_1 = 30°$，$\theta_2 = 0°$ 时，$\sin\theta_2 = 0$，$\boldsymbol{J}^{-1}$ 奇异，所以无法用该方法求得该瞬时对应的关节转速。此时机械臂完全展开，手部处于工作空间的边界，该形位为奇异形位。

③ 当 $\theta_1 = 30°$，$\theta_2 = 180°$ 时，$\sin\theta_2 = 0$，$\boldsymbol{J}^{-1}$ 奇异，所以无法用该方法求得该瞬时对应的关节转速。此时机械臂完全折回，手部也处于工作空间的边界，该形位也是奇异形位。

扫码获取视频

拓展练习：借助 MATLAB 软件和符号工具箱可以完成以上推导和计算。读者可以尝试自己编写代码，或者扫描二维码获得该程序及其讲解。

扫码获取答案

思考：如果 θ_2 不为 0，但比较接近 0，比如 $\theta_2 = 0.1°$，是否可以用式（4-25）计算关节转速？计算出的关节转速有什么特点？是否会引发什么问题？扫描二维码看思考题答案。

工业机器人通常是 6 自由度的，奇异点比上例中的 2 自由度机械臂更多，会给轨迹规划带来困扰，因此有必要进一步了解。

当机械臂中的两轴共线时，速度雅可比矩阵内各列并非完全线性独立，这会造成矩阵的秩减少，其行列式值为零，则逆速度雅可比矩阵不存在。因此奇异点常发生于两轴或多轴共线时。当机械臂的轴数增加时，发生奇异点的位置也会增加。以六轴机械臂为例，它的奇异点分为三类：腕关节奇异点、肩关节奇异点和肘关节奇异点。当第 5 轴的转角为 0 时，就会导致第 4 轴与第 6 轴共线，此时出现腕关节奇异点，如图 4-3（a）所示；当第 1 轴与腕关节中心 C 点（第 5 轴与第 6 轴的交点）共线时，出现肩关节奇异点，如图 4-3（b）所示；当腕关节中心 C 点与第 2 轴、第 3 轴共面时，出现肘关节奇异点，如图 4-3（c）所示。

(a) 腕关节奇异点

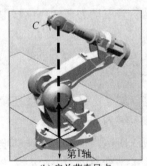
(b) 肩关节奇异点

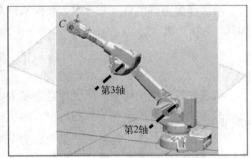
(c) 肘关节奇异点

图 4-3　6 自由度串联机械臂的奇异点

机器人奇异点不仅会导致无法求解速度逆运算，还会造成机械臂自由度减少，无法实现某些运动；或者使得某些关节角速度趋向于无穷大，导致失控。比如喷涂机器人要用喷枪以稳定的速度画一条直线，已知操作空间的速度，根据式（4-25）就可以计算出各关节的速度，并通过控制各电机达到相应的速度完成该直线的绘制。但如果该直线上某点正好在机械臂的奇异点附近，计算出的关节速度就会非常大，电机根本无法达到，就会引发报警，严重的时候电机甚至会失控。

因此，如何规避奇异点，是机器人制造商和机器人用户都必须认真对待的问题。

多年来，机器人制造商一直都致力于改进其奇异点规避技术。比如在软件中限制机器人各关节的最大速度就是一个办法，当关节被命令以"无限大"的速度运动时，软件就会自动降低其速度，等它通过了奇异点，再以正确的速度完成剩余的运动。

同时，机器人使用者也能做出自己的贡献。比如，机器人的工作轨迹通常并非唯一，在轨迹确定之前必须在仿真软件中多做模拟，尽量避免轨迹经过奇异点。如果实在无法避免，也要注意在奇异点附近将控制手部的方式切换为控制关节的方式，等安全通过奇异点后再切换回来。机器人奇异点问题一直是一个研究热点，或许读者也会投身其中并做出自己的贡献。

4.2　静力学分析

机器人静力学研究机器人静止或缓慢运动时，作用在机器人上的力和力矩问题。串联机器人在工作中，手部与环境接触，环境会对手部产生作用力，各关节的驱动装置提供关节力矩，通过连杆传递到手部，克服外界的作用力，使机器人保持平衡状态。本节将讨论机械臂在静平衡状态下，关节驱动力/力矩与机械臂手部的力/力矩之间的关系，这是研究机械臂力控制的基础。

4.2.1　力雅可比

根据上一节的讨论，我们知道机械臂手部在操作空间的速度与关节空间的各关节速度有一个映射关系，即 $V = J(q)\dot{q}$，其核心就是速度雅可比矩阵 $J(q)$。

那么在静平衡状态下，机械臂手部在操作空间所受的静力/力矩，与各关节驱动力/力矩是否也有类似的映射关系？

首先回顾一下静力学的最高原理——虚功原理（也称为虚位移原理）。

对于理想系统而言，其平衡的充要条件是所有主动力在任意位移中所做虚功之和等于零，如式（4-26）所示。

$$\delta W = \sum_{i=1}^{n} F_i \cdot \delta r_i = 0 \tag{4-26}$$

所谓理想约束指约束力所做虚功之和为零，如光滑接触、刚性连接、纯滚动均属于理想约束。若系统中所有约束均为理想约束，则称该系统为理想系统。

式（4-26）中的 n 为系统广义坐标的个数。所谓广义坐标指能够唯一确定系统位形的独立坐标。比如六轴机器人，其广义坐标即为 6 个关节变量 $q_1, q_2, \cdots, q_6$，它们相互独立且唯一确定了机械臂的位姿。

δr_i 代表虚位移，即约束允许的所有可能位移。

F_i 代表主动力，主动力与其对应的虚位移的乘积即为该主动力所做的虚功。

如果忽略各关节之间的摩擦力，那么串联机械臂系统可以看作一个理想系统。机械臂广义

坐标为各关节变量 $q_1, q_2, \cdots, q_n$。作用于机械臂上的主动力包括各杆重力、各关节的驱动力矩以及环境作用于机械臂手部的力和力矩。为了计算简单，这里忽略各杆重力。

如果机械臂手部对环境的作用力为 $\boldsymbol{F} = [\boldsymbol{f}, \boldsymbol{n}]^{\mathrm{T}}$（其中 $\boldsymbol{f}$ 代表力，$\boldsymbol{n}$ 代表力矩），那么环境作用于手部的力和力矩则为 $-\boldsymbol{f}$ 和 $-\boldsymbol{n}$，其对应的线虚位移 $\boldsymbol{d} = \begin{bmatrix} d_x & d_y & d_z \end{bmatrix}^{\mathrm{T}}$，角虚位移为 $\boldsymbol{\delta} = \begin{bmatrix} \delta\varphi_x & \delta\varphi_y & \delta\varphi_z \end{bmatrix}^{\mathrm{T}}$，手部虚位移可表示为 $\delta\boldsymbol{X} = [\boldsymbol{d}, \boldsymbol{\delta}]^{\mathrm{T}}$。

对于关节驱动力矩 $\boldsymbol{\tau} = [\tau_1\ \tau_2 \cdots \tau_n]^{\mathrm{T}}$，其对应的虚位移为 $\delta\boldsymbol{q} = [\delta q_1\ \delta q_2 \cdots \delta q_n]^{\mathrm{T}}$；

$\tau_i, -\boldsymbol{f}, -\boldsymbol{n}$ 几项主动力所做的虚功之和为：

$$\delta W = \tau_1 \delta q_1 + \tau_2 \delta q_2 + \cdots + \tau_n \delta q_n - \boldsymbol{f}\boldsymbol{d} - \boldsymbol{n}\boldsymbol{\delta} \tag{4-27a}$$

上式也可以写为：

$$\delta W = \boldsymbol{\tau}^{\mathrm{T}} \delta\boldsymbol{q} - \boldsymbol{F}^{\mathrm{T}} \delta\boldsymbol{X} \tag{4-27b}$$

根据 4.1 节的内容可知，虚位移 $\delta\boldsymbol{q}$ 和 $\delta\boldsymbol{X}$ 并非相互独立，利用式（4-8），$\mathrm{d}\boldsymbol{X} = \boldsymbol{J}\mathrm{d}\boldsymbol{q}$，则有

$$\delta W = \boldsymbol{\tau}^{\mathrm{T}} \delta\boldsymbol{q} - \boldsymbol{F}^{\mathrm{T}} \boldsymbol{J} \delta\boldsymbol{q} = \left(\boldsymbol{\tau}^{\mathrm{T}} - \boldsymbol{F}^{\mathrm{T}} \boldsymbol{J}\right) \delta\boldsymbol{q} = \left(\boldsymbol{\tau} - \boldsymbol{J}^{\mathrm{T}} \boldsymbol{F}\right)^{\mathrm{T}} \delta\boldsymbol{q} \tag{4-27c}$$

根据虚功原理，机械臂处于平衡状态的充要条件是对于任意符合几何约束的虚位移有：

$$\delta W = 0 \tag{4-28}$$

即：

$$\delta W = \left(\boldsymbol{\tau} - \boldsymbol{J}^{\mathrm{T}} \boldsymbol{F}\right)^{\mathrm{T}} \delta\boldsymbol{q} = 0 \tag{4-29}$$

此处 $\delta\boldsymbol{q}$ 是各个关节的虚位移，即约束允许的所有可能位移。对于任意 $\delta\boldsymbol{q}$，若上式均成立，那么必有：

$$\boldsymbol{\tau} - \boldsymbol{J}^{\mathrm{T}} \boldsymbol{F} = 0, \quad \text{即} \boldsymbol{\tau} = \boldsymbol{J}^{\mathrm{T}} \boldsymbol{F} \tag{4-30}$$

式（4-30）表示在静平衡状态下，手部输出的广义力 $\boldsymbol{F}$ 向广义关节力矩 $\boldsymbol{\tau}$ 的映射关系，该关系的核心是 $\boldsymbol{J}^{\mathrm{T}}$，称为串联机器人的力雅可比矩阵。很明显，力雅可比矩阵正好是速度雅可比矩阵 $\boldsymbol{J}$ 的转置。

思考： 对于 6 关节的串联机械臂，式 $\boldsymbol{\tau} = \boldsymbol{J}^{\mathrm{T}} \boldsymbol{F}$ 中各项代表什么？各项维数应该是多少？扫描二维码看思考题答案。

扫码获取答案

4.2.2　静力学的两类问题

与运动学类似，静力学也有两类问题。

① 已知环境对机械臂手部作用力 $-\boldsymbol{F}$，求解能够保持机械臂处于静平衡状态的各关节广义驱动力。这类问题可以根据式（4-30）直接求解。

② 已知各关节广义驱动力，求机械臂手部对环境的广义力 $\boldsymbol{F}$。这类问题是第①类的逆问题。

第②类问题的求解有些复杂。如果 $\boldsymbol{J}^{\mathrm{T}}$ 是方阵且非奇异的话，（$\boldsymbol{J}^{\mathrm{T}}$ 与 $\boldsymbol{J}$ 的奇异点完全一致）可以用下式求得广义力 $\boldsymbol{F}$。

$$\boldsymbol{F} = (\boldsymbol{J}^{\mathrm{T}})^{-1} \boldsymbol{\tau} \tag{4-31}$$

如果机械臂的关节数 $n > 6$，比如 $n = 7$，则力雅可比矩阵 $\boldsymbol{J}^{\mathrm{T}}$ 是一个 7×6 的矩阵，由于 $\boldsymbol{J}^{\mathrm{T}}$ 不是方阵，所以无逆矩阵。观察式（4-30），由于 $\boldsymbol{F}$ 是一个 6×1 的列向量，此时相当于求解一个线性方程组，其中包含 6 个未知数，但有 7 个方程，如果 $\boldsymbol{J}^{\mathrm{T}}$ 满秩，则属于过约束状态，因此 $\boldsymbol{F}$ 没有精确解，但可以通过最小二乘法求得 $\boldsymbol{F}$ 的近似解。

例 4.4 图 4-4 是一个平面 2 自由度串联机械臂，已知两杆的长度分别为 L_1 和 L_2，手部端点力 $\boldsymbol{F} = \begin{bmatrix} F_x & F_y \end{bmatrix}^T$，在忽略摩擦力和重力的前提下：①求静平衡状态下的各关节力矩的表达式；②当 $\theta_1 = 0°$，$\theta_2 = 90°$ 时，各关节力矩是多少？

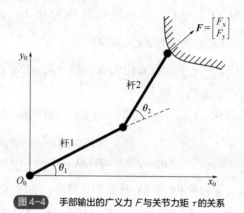

图 4-4 手部输出的广义力 F 与关节力矩 τ 的关系

求解过程如下：

（1）在例 4.1 中已经求得 2 自由度串联机械臂的速度雅可比矩阵：

$$\boldsymbol{J} = \begin{bmatrix} -L_1\sin\theta_1 - L_2\sin(\theta_1 + \theta_2) & -L_2\sin(\theta_1 + \theta_2) \\ L_1\cos\theta_1 + L_2\cos(\theta_1 + \theta_2) & L_2\cos(\theta_1 + \theta_2) \end{bmatrix} \tag{4-32a}$$

则其力雅可比矩阵为速度雅可比矩阵的转置：

$$\boldsymbol{J}^T = \begin{bmatrix} -L_1\sin\theta_1 - L_2\sin(\theta_1 + \theta_2) & L_1\cos\theta_1 + L_2\cos(\theta_1 + \theta_2) \\ -L_2\sin(\theta_1 + \theta_2) & L_2\cos(\theta_1 + \theta_2) \end{bmatrix} \tag{4-32b}$$

在忽略摩擦力和重力的前提下有：

$$\boldsymbol{\tau} = \boldsymbol{J}^T\boldsymbol{F} = \begin{bmatrix} -L_1\sin\theta_1 - L_2\sin(\theta_1 + \theta_2) & L_1\cos\theta_1 + L_2\cos(\theta_1 + \theta_2) \\ -L_2\sin(\theta_1 + \theta_2) & L_2\cos(\theta_1 + \theta_2) \end{bmatrix}\begin{bmatrix} F_x \\ F_y \end{bmatrix} \tag{4-33a}$$

所以：

$$\boldsymbol{\tau}_1 = [-L_1\sin\theta_1 - L_2\sin(\theta_1 + \theta_2)]F_x + [L_1\cos\theta_1 + L_2\cos(\theta_1 + \theta_2)]F_y \tag{4-33b}$$

$$\boldsymbol{\tau}_2 = -L_2\sin(\theta_1 + \theta_2)F_x + L_2\cos(\theta_1 + \theta_2)F_y \tag{4-33c}$$

（2）将 $\theta_1 = 0°$，$\theta_2 = 90°$ 代入式（4-33b）和（4-33c），则有：

$$\tau_1 = L_1F_y - L_2F_x$$

$$\tau_2 = -L_2F_x$$

拓展练习：借助 MATLAB 软件及其符号工具箱，可以非常方便地完成以上推导和计算。读者可以尝试自己编写代码，或者扫描二维码获得该程序及其讲解。

扫码获取视频

4.3 动力学分析

4.3.1 动力学分析基础和方法

一个可爱的小姑娘走在你前面，跟随她蹦蹦跳跳的步伐，马尾辫在微风中自然地起伏、摇晃、飘扬。这是每个人都司空见惯的场景，然而要在动画片中模拟出这个画面却实非易事，因为头发所受外力及其质量、弹性、曲直等内在特性，都会影响其运动状态。如果不通过数学模型建立力与运动之间的联系，就无法产生逼真的动画效果。

与此类似，机器人的运动状态同样与其所受外力及其本身的一些特性紧密相关。机器人动力学研究的就是机器人运动与广义关节驱动力之间的动态关系，描述这种动态关系的数学方程被称为动力学方程，它是机器人动态仿真和控制器设计的基础。

机器人动力学有两类问题。

① 动力学正问题　已知关节的广义驱动力，求机器人相应的运动参数，包括各关节的位移、速度和加速度。动力学正问题是机器人动态仿真的基础。

② 动力学逆问题　已知机器人各关节的位移、速度和加速度，求相应关节的广义驱动力。动力学逆问题是机器人控制器设计的基础。

我们通常假设机器人的连杆、驱动装置、传动元件等均为刚体，因此对于大多数工业机器人而言，其动力学分析建立在多刚体动力学基础之上。对于弹性手臂机器人或者柔性机器人的动力学分析，则必须考虑系统弹性或非线性因素，其数学模型的建立会更为复杂。本节讨论的机械臂为前者，即多刚体系统。

研究多刚体动力学有多种方法。动力学方程须将力与运动（位移、速度、加速度）联系起来，大多数读者都熟悉牛顿力学，因此最容易联想到的便是牛顿-欧拉法，该方法核心公式有两个。首先是 1687 年提出的牛顿第二定律，用于描述物体平动时的质心加速度 a、质量 m 与合力 F 的关系，这里称为牛顿方程，即：

$$F = ma \tag{4-34}$$

在牛顿方程的基础上，欧拉于 1750 年提出了欧拉方程，该方程用于描述物体转动时角速度 ω、角加速度 $\dot{\omega}$、惯性张量 I_C 和合力矩 τ 之间的关系，即：

$$\tau = I_C \dot{\omega} + \omega \times I_C \omega \tag{4-35}$$

式（4-34）和式（4-35）合成为牛顿-欧拉方程。采用牛顿-欧拉法研究多刚体动力学，需要逐一分析系统内各构件的受力情况，主动力和约束力均需要考虑，约束越多方程越复杂。而且，牛顿和欧拉方程均为矢量方程，需要通过建立坐标系将其分解到 X、Y、Z 方向，一个矢量方程变为多个代数方程（二阶微分方程），然后再进行求解。因此，随着系统构件的增加，动力学方程数量会直线上升，复杂性不断增加，对建立和求解动力学方程的难度都比较高。

18 世纪正是牛顿力学如日中天之时，它在各个领域证明着自己的正确性和有效性，甚至可以精确描述遥不可及的行星轨道，被视为宇宙不二真理。在这种背景下，企图另立一个力学体系可谓为不可思议的疯狂行为。然而，令人肃然起敬的挑战者依然出现了——分析力学的诞生是对牛顿力学的革命性冲击！静力学分析中用到的虚功原理，是约翰·伯努利于 1717 年提出的，这是分析力学攻占的第一块领地；1743 年，达朗贝尔提出达朗贝尔原理，建立了静力学与动力学的密切联系；1760 年，拉格朗日提出了解决动力学问题的拉格朗日方程，并于 1788 年出版了著名的《分析力学》一书，标志着分析力学日趋成熟。《分析力学》整本书没有一幅图，这在牛顿力学是无法想象的。这是因为分析力学是从能量的角度研究动力学，其基本方程均为标量方程，这样就摆脱了牛顿力学中常见的选择坐标系、受力分析等带来的困扰。而且，该方法的运用更为程式化，即对于千变万化的系统，建立动力学模型的过程十分类似，因此更便于掌握、利用和推广。当量子力学出现之后，人们发现分析力学还有一个其创造者都预想不到的神奇之处，即其看待问题的方式，以及很多概念和方程，可以非常容易地过渡到量子力学。因此，可以说分析力学是沟通经典物理和量子物理的桥梁，也是进入各个物理学前沿的必备知识。

常见的动力学研究方法还有高斯原理法、凯恩方程法、旋量对偶数法、罗伯逊-威登堡法等，有兴趣的读者可以查阅相关文献，这里仅对拉格朗日方程做详细介绍。

4.3.2　拉格朗日方程

拉格朗日函数定义为机械系统的动能(kinetic energy)与势能(potential energy)之差，即：

$$L = K - P \tag{4-36}$$

设 $q_i\,(i = 1, 2, \cdots, n)$ 是确定系统唯一形位的广义坐标，$\dot{q}_i$ 为广义速度，那么系统动能 K 是 q_i 和 $\dot{q}_i$ 的函数，而系统势能 P 是 q_i 的函数（势能也称位能，原因就是它只与位置有关）。因此拉格朗日函数 L 也是 q_i 和 $\dot{q}_i$ 的函数，而 q_i 和 $\dot{q}_i$ 又是时间 t 的函数。

系统的拉格朗日方程为：

$$F_i = \frac{\partial}{\partial t}\left(\frac{\partial L}{\partial \dot{q}_i}\right) - \frac{\partial L}{\partial q_i} \ (i = 1, 2, \cdots, n) \tag{4-37}$$

其中，F_i 为广义驱动力，当广义坐标 q_i 为转动变量时，F_i 代表驱动力矩；当广义坐标 q_i 为移动变量时，F_i 代表驱动力。

从以上公式可以看出拉格朗日方程的三个特点：

① 系统的拉格朗日方程个数与其广义坐标个数相同　广义坐标数通常就是自由度数，约束越多则自由度越少，所以方程个数也越少。而在牛顿力学中约束个数越多，要分析的约束力就越多，建立的动力学方程就越复杂。

② 拉格朗日方程是标量方程　相比建立在矢量方程上的牛顿-欧拉法，标量方程摆脱了选择坐标系、受力分析等几何运算的麻烦。

③ 系统的特点完全由拉格朗日函数体现　这个特点增加了研究不同系统的动力学问题时的共性，使得研究方法更为程式化。

如果读者对拉格朗日方程的推导过程感兴趣，可以参考经典力学相关书籍。但我们也可以认为拉格朗日方程是不需要证明的公理，只要方程反应的规律与现实世界中的物理实验结果一致，即可证明其正确性，其价值就应与 $\boldsymbol{F} = m\boldsymbol{a}$ 一样得到认可。为了帮助读者掌握用拉格朗日方程分析动力学的方法并深刻体会其特点，一起来看两道例题。

例 4.5　如图 4-5 所示，质量为 m_1 的滑块沿着倾角为 θ 的光滑直角劈滑下，直角劈质量为 m_2，可在光滑水平面上自由滑动。试用拉格朗日方程法求滑块的水平加速度 $\ddot{x}_1$ 和劈的水平加速度 $\ddot{x}_2$。

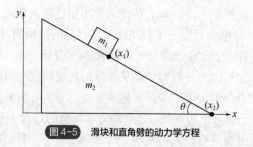

图 4-5　滑块和直角劈的动力学方程

解：滑块和直角劈构成一个多刚体系统，可以使用拉格朗日方程来建立其动力学方程，具体步骤如下。

（1）确定广义坐标和广义驱动力

取滑块的一个顶点（如图 4-5 所示）的 x 坐标为广义坐标 x_1，取直角劈的一个顶点的 x 坐标为广义坐标 x_2，这两个广义坐标相互独立，且唯一确定了系统的位形。本系统的广义驱动力均为 0。

（2）求系统动能

滑块的动能为：

$$K_1 = \frac{1}{2} m_1 V_1^2 = \frac{1}{2} m_1 \left(\dot{x}_1^2 + \dot{y}_1^2 \right) = \frac{1}{2} m_1 \left[\dot{x}_1^2 + \left(\dot{x}_2 - \dot{x}_1 \right)^2 \tan^2\theta \right] \tag{4-38}$$

直角劈的动能为：

$$K_2 = \frac{1}{2} m_2 V_2^2 = \frac{1}{2} m_2 \dot{x}_2^2 \tag{4-39}$$

系统动能为：

$$K = K_1 + K_2 = \frac{1}{2} m_1 \left[\dot{x}_1^2 + \left(\dot{x}_2 - \dot{x}_1 \right)^2 \tan^2\theta \right] + \frac{1}{2} m_2 \dot{x}_2^2 \tag{4-40}$$

（3）求系统势能

假设以 X 轴为零势能线。在整个运动过程中，直角劈的质心高度并无变化，也就是其势能为一个常数，由于后续步骤中会对拉格朗日函数求导，而常数项的有无并不会影响计算结果，因此此处可以忽略直角劈的势能。同理，滑块的势能本应按其质心的高度进行计算，但为计算方便，完全可以按其顶点高度计算，因为二者之差为常数，也不会影响最终结果。因此，系统势能写为：

$$P = m_1 g y_1 = m_1 g (x_2 - x_1) \tan\theta \tag{4-41}$$

（4）求拉格朗日函数

$$L = K - P = \frac{1}{2} m_1 \left[\dot{x}_1^2 + \left(\dot{x}_2 - \dot{x}_1 \right)^2 \tan^2\theta \right] + \frac{1}{2} m_2 \dot{x}_2^2 - m_1 g (x_2 - x_1) \tan\theta \tag{4-42a}$$

（5）建立拉格朗日方程

由于 x_1 对应的广义驱动力为 0，根据式（4-37）有：

$$0 = \frac{\partial}{\partial t} \left(\frac{\partial L}{\partial \dot{x}_1} \right) - \frac{\partial L}{\partial x_1} \tag{4-42b}$$

其中 $\dfrac{\partial L}{\partial \dot{x}_1} = m_1 \dot{x}_1 - m_1 \left(\dot{x}_2 - \dot{x}_1 \right) \tan^2\theta$，$\dfrac{\partial}{\partial t} \left(\dfrac{\partial L}{\partial \dot{x}_1} \right) = m_1 \ddot{x}_1 - m_1 \left(\ddot{x}_2 - \ddot{x}_1 \right) \tan^2\theta$，$\dfrac{\partial L}{\partial x_1} = m_1 g \tan\theta$。

代入化简可得：

$$m_1 \ddot{x}_1 - m_1 \left(\ddot{x}_2 - \ddot{x}_1 \right) \tan^2\theta - m_1 g \tan\theta = 0 \tag{4-42c}$$

由于 x_2 对应的广义力为 0，根据式（4-37）有：

$$0 = \frac{\partial}{\partial t} \left(\frac{\partial L}{\partial \dot{x}_2} \right) - \frac{\partial L}{\partial x_2} \tag{4-43a}$$

其中 $\dfrac{\partial L}{\partial \dot{x}_2} = m_1 \left(\dot{x}_2 - \dot{x}_1 \right) \tan^2\theta + m_2 \dot{x}_2$，$\dfrac{\partial}{\partial t} \left(\dfrac{\partial L}{\partial \dot{x}_2} \right) = m_1 \left(\ddot{x}_2 - \ddot{x}_1 \right) \tan^2\theta + m_2 \ddot{x}_2$，$\dfrac{\partial L}{\partial x_2} = -m_1 g \tan\theta$。

代入化简可得：

$$m_1\left(\ddot{x}_2 - \ddot{x}_1\right)\tan^2\theta + m_2\ddot{x}_2 + m_1 g\tan\theta = 0 \tag{4-43b}$$

式（4-42c）和式（4-43b）联立即可求得：

$$\ddot{x}_1 = \frac{m_2 g\sin(2\theta)}{m_1\left[1 - \cos(2\theta)\right] + 2m_2} \tag{4-44a}$$

$$\ddot{x}_2 = \frac{m_1 g\sin(2\theta)}{m_1\left[1 - \cos(2\theta)\right] + 2m_2} \tag{4-44b}$$

拓展练习： 借助 MATLAB 软件及其符号工具箱，可以非常方便地完成以上推导和计算。读者可以尝试自己编写代码，或者扫描二维码获得该程序及其讲解。

思考： 请读者根据牛顿方程 **F=ma** 尝试求解该问题，并体会其不同于拉格朗日方程的求解过程和特点。

扫码获取视频

例 4.6 请推导如图 4-6 所示 2 自由度串联机械臂的动力学方程。已知两杆长度分别为 L_1、L_2，质量分别为 m_1、m_2，两连杆质量均匀分布，质心位于连杆的中心 C、D 点。忽略摩擦力。

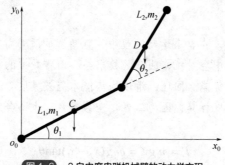

图 4-6　2 自由度串联机械臂的动力学方程

解： 2 自由度串联机械臂可以看作一个多刚体系统，可以使用拉格朗日方程来建立其动力学方程，具体步骤如下。

（1）确定广义坐标和广义驱动力

选取连杆 1 和连杆 2 的关节变量 θ_1 和 θ_2 为广义坐标，相应的广义驱动力为两关节的驱动力矩 τ_1 和 τ_2。

（2）求系统动能

① 求杆 1 的动能 K_1

杆 1 仅做绕端点 O 的转动，所以其动能为

$$K_1 = \frac{1}{2}I_1\dot{\theta}_1^2 = \frac{1}{2}\left(\frac{1}{3}m_1 L_1^2\right)\dot{\theta}_1^2 \tag{4-45}$$

② 求杆 2 的动能 K_2

杆 2 的运动包含质心的平动和绕质心的转动两部分。

杆 2 的平动动能为：

$$K_2\_transl = \frac{1}{2}m_2 V_D^2 \tag{4-46}$$

其中 V_D 为杆 2 质心的速度，如果将其分解为 X、Y 两个方向则有：

$$V_D{}^2 = \dot{x}_D{}^2 + \dot{y}_D{}^2 \tag{4-47}$$

而质心 D 点的 x、y 坐标为：

$$x_D = L_1 c1 + \frac{1}{2} L_2 c12 \tag{4-48a}$$

$$y_D = L_1 s1 + \frac{1}{2} L_2 s12 \tag{4-48b}$$

对上面两式求导可得：

$$\dot{x}_D = -L_1 s1 \dot{\theta}_1 - \frac{1}{2} L_2 s12 \left(\dot{\theta}_1 + \dot{\theta}_2 \right) \tag{4-49a}$$

$$\dot{y}_D = L_1 c1 \dot{\theta}_1 + \frac{1}{2} L_2 c12 \left(\dot{\theta}_1 + \dot{\theta}_2 \right) \tag{4-49b}$$

将式（4-49a）和式（4-49b）代入式（4-47）即可求得 $V_D{}^2$。

杆 2 的转动动能为：

$$K_2\_rot = \frac{1}{2} I_2 \left(\dot{\theta}_1 + \dot{\theta}_2 \right)^2 = \frac{1}{2} \left(\frac{1}{12} m_2 L_2^2 \right) \left(\dot{\theta}_1 + \dot{\theta}_2 \right)^2 \tag{4-50}$$

综上，杆 2 的动能为平动动能与转动动能之和：

$$K_2 = K_2\_transl + K_2\_rot = \frac{1}{2} m_2 V_D{}^2 + \frac{1}{2} \left(\frac{1}{12} m_2 L_2^2 \right) \left(\dot{\theta}_1 + \dot{\theta}_2 \right)^2 \tag{4-51}$$

③ 求系统动能 K

$$K = K_1 + K_2 = \frac{1}{2} \left(\frac{1}{3} m_1 L_1^2 \right) \dot{\theta}_1{}^2 + \left[\frac{1}{2} m_2 V_D{}^2 + \frac{1}{2} \left(\frac{1}{12} m_2 L_2^2 \right) \left(\dot{\theta}_1 + \dot{\theta}_2 \right)^2 \right] \tag{4-52}$$

（3）求系统势能

以 X 轴为零势能线，则杆 1 的势能为：

$$P_1 = \frac{1}{2} m_1 g L_1 s1 \tag{4-53}$$

杆 2 的势能为：

$$P_2 = m_2 g \left(L_1 s1 + \frac{1}{2} L_2 s12 \right) \tag{4-54}$$

系统势能为：

$$P = P_1 + P_2 = \frac{1}{2} m_1 g L_1 s1 + m_2 g \left(L_1 s1 + \frac{1}{2} L_2 s12 \right) \tag{4-55}$$

（4）求拉格朗日函数

$$L = K - P$$

（5）求系统动力学方程

$$\tau_1 = \frac{\partial}{\partial t} \left(\frac{\partial L}{\partial \dot{\theta}_1} \right) - \frac{\partial L}{\partial \theta_1}$$

$$
= \left(\frac{1}{3}m_1L_1^2 + m_2L_1^2 + \frac{1}{3}m_2L_2^2 + m_2L_1L_2c2 \right)\ddot{\theta}_1 + \left(\frac{1}{3}m_2L_2^2 + \frac{1}{2}m_2L_1L_2c2 \right)\ddot{\theta}_2 - (m_2L_1L_2s2)\dot{\theta}_1\dot{\theta}_2
$$
$$
- (\frac{1}{2}m_2L_1L_2s2)\dot{\theta}_2^2 + \left(\frac{1}{2}m_1 + m_2 \right)gL_1c1 + \frac{1}{2}m_2gL_2c12 \tag{4-56}
$$

$$
\tau_2 = \frac{\partial}{\partial t}\left(\frac{\partial L}{\partial \dot{\theta}_2} \right) - \frac{\partial L}{\partial \theta_2}
$$

$$
= \left(\frac{1}{3}m_2L_2^2 + \frac{1}{2}m_2L_1L_2c2 \right)\ddot{\theta}_1 + \left(\frac{1}{3}m_2L_2^2 \right)\ddot{\theta}_2 + \left(\frac{1}{2}m_2L_1L_2s2 \right)\dot{\theta}_1^2 + \frac{1}{2}m_2gL_2c12 \tag{4-57}
$$

也可将 τ_1，τ_2 写为矩阵形式：

$$
\begin{bmatrix} \tau_1 \\ \tau_2 \end{bmatrix} = \begin{bmatrix} \frac{1}{3}m_1L_1^2 + m_2L_1^2 + \frac{1}{3}m_2L_2^2 + m_2L_1L_2c2 & \frac{1}{3}m_2L_2^2 + \frac{1}{2}m_2L_1L_2c2 \\ \frac{1}{3}m_2L_2^2 + \frac{1}{2}m_2L_1L_2c2 & \frac{1}{3}m_2L_2^2 \end{bmatrix}\begin{bmatrix} \ddot{\theta}_1 \\ \ddot{\theta}_2 \end{bmatrix}
$$
$$
+ \begin{bmatrix} 0 & -\left(\frac{1}{2}m_2L_1L_2s2 \right) \\ \frac{1}{2}m_2L_1L_2s2 & 0 \end{bmatrix}\begin{bmatrix} \dot{\theta}_1^2 \\ \dot{\theta}_2^2 \end{bmatrix} + \begin{bmatrix} -(m_2L_1L_2s2) \\ 0 \end{bmatrix}\begin{bmatrix} \dot{\theta}_1\dot{\theta}_2 \end{bmatrix} +
$$
$$
\begin{bmatrix} \left(\frac{1}{2}m_1 + m_2 \right)gL_1c1 + \frac{1}{2}m_2gL_2c12 \\ \frac{1}{2}m_2gL_2c12 \end{bmatrix} \tag{4-58a}
$$

或：

$$
\begin{bmatrix} \tau_1 \\ \tau_2 \end{bmatrix} = \begin{bmatrix} D_{11} & D_{12} \\ D_{21} & D_{22} \end{bmatrix}\begin{bmatrix} \ddot{\theta}_1 \\ \ddot{\theta}_2 \end{bmatrix} + \begin{bmatrix} 0 & D_{122} \\ D_{211} & 0 \end{bmatrix}\begin{bmatrix} \dot{\theta}_1^2 \\ \dot{\theta}_2^2 \end{bmatrix} + \begin{bmatrix} D_{112} \\ 0 \end{bmatrix}\begin{bmatrix} \dot{\theta}_1\dot{\theta}_2 \end{bmatrix} + \begin{bmatrix} D_1 \\ D_2 \end{bmatrix} \tag{4-58b}
$$

上式体现了关节驱动力矩与关节加速度、速度、位移之间的关系，即力与运动之间的关系，我们称之为 2 自由度串联机械臂的动力学方程。该方程中的四项物理意义如下。

第一项为惯性力项，即由加速度引起的关节力矩项。含 D_{11} 的项表示由关节 1 自身加速度引起的惯性力矩，含 D_{12} 的项表示由关节 2 加速度引起的对关节 1 的耦合惯性力矩。类似地，含 D_{22} 的项表示由关节 2 自身加速度引起的惯性力矩，含 D_{21} 的项表示由关节 1 加速度引起的对关节 2 的耦合惯性力矩。

第二项为向心力项，即由向心力引起的关节力矩项。含 D_{122} 的项表示由关节 2 速度引起的向心力对关节 1 的耦合力矩；含 D_{211} 的项表示由关节 1 速度引起的向心力对关节 2 的耦合力矩。

第三项为科式力项，即由科式力引起的关节力矩项。含 D_{211} 的项表示科式力对关节 1 的耦合力矩。关节 2 无该项力矩。

第四项为重力项，即由重力引起的关节力矩项。D_1 为杆 1 和杆 2 的重量对关节 1 引起的重力矩；D_2 为杆 2 的重量对关节 2 引起的重力矩。

拓展练习：借助 MATLAB 软件及其符号工具箱，可以非常方便地完成以上推导和计算。

读者可以尝试自己编写代码，或者扫描二维码获得该程序及其讲解。

思考： 请读者思考用牛顿-欧拉法求解例 4.5 和例 4.6 的思路和过程，并与用拉格朗日方程法对比，体会哪一种更易于程式化。

通过例 4.6 可以看出，对于最简单的 2 自由度平面关节型串联机器人，其动力学方程已经如此冗长，而且两个关节之间的耦合错综复杂。那么对于常见的六轴工业机器人，其动力学方程之繁复庞杂必将更为惊人，6 个关节的耦合必定盘根错节。求解这样的微分方程，需要做大量计算，十分耗时，所以机器人的动力学模型很难用于机器人实时控制。然而，高质量的控制应当基于被控对象的动态特性，因此合理简化机器人动力学模型，使其适合于实时控制的要求，是机器人动力学研究追求的目标。动力学模型常见的简化方法有以下几种。

① 当杆件很轻时，动力学方程中的重力项可以省略；

② 当关节速度不是很大时，动力学方程中包含关节速度的向心力项和科式力项可以省略；

③ 当关节加速度不是很大时，即关节电机的升降速不是很突然时，动力学方程中包含加速度的惯性力项可以省略。

思考： 如果可以对动力学方程做如此大刀阔斧的简化，那么建立在其上的机器人控制系统还能有什么精度可言？如果你暂时无法回答，请在学习完机器人控制系统一章后，再来回顾该问题，看看是否会有新发现。

4.3.3　关节空间和操作空间中的动力学方程

机械臂的动力学方程在关节空间和操作空间中有不同的表达形式，而且它们之间有一定的对应关系。

例 4.6 中推导出的 2 自由度平面关节机械臂的动力学方程（4-58b）可以做进一步简化：

$$\boldsymbol{\tau} = \boldsymbol{D}(\boldsymbol{q})\ddot{\boldsymbol{q}} + \boldsymbol{H}(\boldsymbol{q},\dot{\boldsymbol{q}}) + \boldsymbol{G}(\boldsymbol{q}) \tag{4-59}$$

这是机械臂在关节空间中的动力学方程的一般结构形式，它反映了关节驱动力矩与关节变量 $\boldsymbol{q}$、关节速度 $\dot{\boldsymbol{q}}$、关节加速度 $\ddot{\boldsymbol{q}}$ 之间的函数关系。对于 n 关节机械臂，惯性矩阵 $\boldsymbol{D}(\boldsymbol{q})$ 是 $n \times n$ 的正定对称矩阵，它是 $\boldsymbol{q}$ 的函数；$\boldsymbol{H}(\boldsymbol{q},\dot{\boldsymbol{q}})$ 是 $n \times 1$ 的向心力和科氏力矢量，它是 $\boldsymbol{q}$ 和 $\dot{\boldsymbol{q}}$ 的函数；$\boldsymbol{G}(\boldsymbol{q})$ 是 $n \times 1$ 的重力矢量，它是 $\boldsymbol{q}$ 的函数。

思考： 观察 2 自由度平面关节机械臂的动力学方程（4-58a），其 $\boldsymbol{D}(\boldsymbol{q})$ 矩阵有什么特点？扫描二维码看思考题答案。

与关节空间动力学方程相对应，在操作空间中，可以用直角坐标变量，即手部位姿矢量 $\boldsymbol{X}$ 来表示动力学方程。广义操作力 $\boldsymbol{F}$ 与手部加速度 $\ddot{\boldsymbol{X}}$ 之间的关系可以表达为：

$$\boldsymbol{F} = \boldsymbol{M}_x(\boldsymbol{q})\ddot{\boldsymbol{X}} + \boldsymbol{U}_x(\boldsymbol{q},\dot{\boldsymbol{q}}) + \boldsymbol{G}_x(\boldsymbol{q}) \tag{4-60}$$

式中，$\boldsymbol{M}_x(\boldsymbol{q})$ 为操作空间中的惯性矩阵；$\boldsymbol{U}_x(\boldsymbol{q},\dot{\boldsymbol{q}})$ 为操作空间中的向心力和科氏力矢量；$\boldsymbol{G}_x(\boldsymbol{q})$ 为操作空间中的重力矢量。

在 4.1 节中已经得到操作空间与关节空间的速度映射关系为：

$$\dot{\boldsymbol{X}} = \boldsymbol{J}(\boldsymbol{q})\dot{\boldsymbol{q}} \tag{4-61a}$$

对其求导可得：

$$\ddot{X} = J(q)\ddot{q} + \dot{J}(q)\dot{q} \tag{4-61b}$$

此外，广义操作力 F 与广义关节力 τ 的映射关系为：

$$\tau = J^{\mathrm{T}}(q)F \tag{4-62}$$

利用式（4-59）～式（4-62），即可求出关节空间动力学方程和操作空间动力学方程之间的对应关系。

本章小结

本章第一节讨论了串联机器人手部在操作空间的运动速度与关节空间的运动速度之间的映射关系，即 $V = J(q)\dot{q}$，其中 J 是一个多元偏导矩阵，称为速度雅可比矩阵，通过它即可求解速度正逆问题。需要注意的是，由于在某些形位 $J(q)$ 的逆矩阵不存在，即出现机械臂的奇异点，这会带来轨迹规划和运动控制上的一些问题，因此本节还讨论了六轴机械臂的奇异点类型及相关处理办法。

第二节讨论了串联机械臂的静力学问题。根据虚功原理，建立了机械臂手部输出的广义力 F 与关节广义力 τ 的映射关系，即 $\tau = J^{\mathrm{T}}F$，其中 J^{T} 称为力雅可比矩阵，而它正好是速度雅可比矩阵的转置。

第三节研究的是机器人的运动（位置、速度、加速度）与关节驱动力/力矩之间的动态关系，本节重点介绍了利用拉格朗日方程建立多刚体动力学方程的方法，并以 2 自由度机械臂为例，介绍动力学方程的构成以及各项的物理含义。动力学方程在关节空间和操作空间有不同的表达方式，两种表达方式有一定的对应关系。

此外，本章还为 6 个例题提供了 MATLAB 程序，帮助读者掌握用 MATLAB 及其符号工具箱进行公式推导与计算的方法，同时加深对理论部分的理解。

 习题

【工程基础问题】

1. 如图 4-2 所示，平面 2 自由度串联机械臂杆长 $L_1 = L_2 = 0.5\mathrm{m}$，求题表 4-1 中三个瞬间对应的关节速度。

题表 4-1　机械臂瞬间运动参数

项目	瞬时 1	瞬时 2	瞬时 3
$V_x/(\mathrm{m/s})$	−1	0	1
$V_y/(\mathrm{m/s})$	0	1	1
$\theta_1/(°)$	30	30	30
$\theta_2/(°)$	−60	120	−30

2. 已知第 1 题中的机械臂手部输出力 $F = \begin{bmatrix} F_x & F_y \end{bmatrix}^{\mathrm{T}}$，在忽略摩擦力和重力的前提下，求机械臂处于题表 4-2 中几个静平衡状态下的各关节力矩。

题表 4-2　机械臂静平衡状态参数

项目	状态 1	状态 2	状态 3
F_x/N	−10	0	10
F_y/N	0	1	1
$\theta_1/(°)$	30	30	30
$\theta_2/(°)$	−60	120	−30

3. 什么是机器人的奇异点？奇异点会带来什么问题？六轴机器人的奇异点有哪几类？

4. 在速度运动学中，速度雅可比矩阵决定了操作空间的手部速度与关节空间的关节速度之间的映射关系；在静力学中，力雅可比矩阵决定了操作空间的手部输出广义力与关节空间的关节广义驱动力之间的映射关系。串联机器人力雅可比矩阵与速度雅可比矩阵有何关系？为什么速度运动学和静力学两个完全不同的领域的雅可比矩阵会有如此紧密的联系？

5. 什么是拉格朗日函数和拉格朗日方程？用拉格朗日方程建立动力学方程的主要步骤是什么？

6. 平面 2 自由度机械臂的动力学方程包含哪些项？各项有何物理意义？

【设计问题】

7. 在上一章的设计问题中，我们利用 MATLAB 和 Robotics Toolbox 建立了 Puma-560 仿真机械臂，这个仿真模型是建立在位置运动学基础上的，没有考虑力与运动之间的关系。事实上建立六轴机械臂的动力学仿真是一件非常困难的事情，Robotics Toolbox 已经提供了的包含运动学与动力学的 Puma-560 仿真模型，我们可以通过对该模型的观察和利用加深对本章内容的理解。本题用到了 Simulink 模型，如果读者对 MATLAB 的这个独特的工具箱不熟悉也没关系，只要跟随下面的指导做简单操作即可完成任务。但建议读者自学 Simulink 基础，因为在机器人控制系统一章仍旧会频繁用到它。扫描二维码可获得完成该任务所必需的程序、模型及 Robotics Toolbox 学习资料，在此基础上，需要完成的任务有以下几项。

① 请在命令行窗口依次输入下面几条指令，并写出 Puma-560 仿真模型各动力学参数含义。

mdl_puma560　　　% 创建 Puma-560 仿真模型，工作区中会出现 p560 这个模型

p560.display　　　% 以表格的形式显示各连杆 D-H 参数

p560.dyn　　　　　% 显示各连杆的动力学参数，借助 robot.pdf，写出各个参数的含义

p560_nf=p560.nofriction　　% 将 p560 的库伦摩擦力设为 0，工作区中会出现 p560_nf

p560_nf.dyn　　　　　　　% 观察 p560_nf 的动力学参数与 p560 的有何区别

② 打开并运行 Simulink 模型 xiti7_2，该模型如题图 4-1 所示。

Simulink 模型说明：该模型的核心是正向动力学计算模块，该模块的作用是根据机器人各关节力矩求出对应的手部位移 q、速度 qd 和加速度 qdd。该模块由 Robotics Toolbox 提供，我们不必编写代码可以直接使用。该模块的输入为零力矩模块，双击该模块可以在弹出的对话框中设置力矩的大小，目前的值为一个全 0 的列向量，表示 6 个关节的驱动力矩均为 0。机器人动画仿真模块的输入为正向动力学计算模块的输出 q，其中包含各个时间点对应的 6 个关节的角位移，机器人动画仿真模块的任务是按照时间顺序连续绘制机器人对应的位姿，从而生成动画仿真效果。标注着 q-t，qd-t，qdd-t 的模块为监视器，可以分别用于观察角位移、角速度、角加速度相对时间的变化曲线。你要完成的任务：

a. 点击模型窗口工具条上的"运行"按钮，观察仿真机械臂在重力的作用下，从平举位置落下并自然摆动的画面。

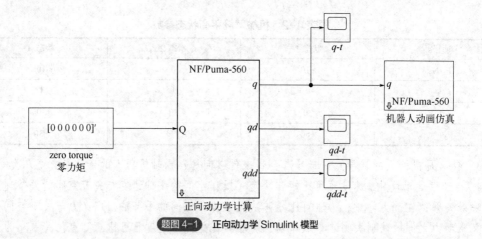

题图 4-1 正向动力学 Simulink 模型

b. 运行结束后，双击 *q-t*、*qd-t*、*qdd-t* 几个监视器，观察角位移、角速度、角加速度相对时间的变化曲线。

c. 双击"零力矩"模块，在弹出的对话框中（如题图 4-2）修改驱动力矩值，比如改为 [0 30 5 0 0 0]'，点击"确定"后重新运行模型并观察动画效果。不断修改驱动力矩值，看看能否让机械臂保持平举状态不落下，思考此时的驱动力矩值应该对应动力方程中的哪一项。

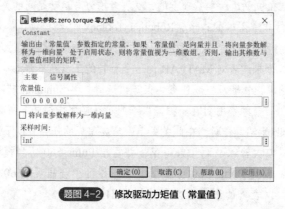

题图 4-2 修改驱动力矩值（常量值）

③ 打开并运行 Simulink 模型 xiti7_3，该模型如题图 4-3 所示。

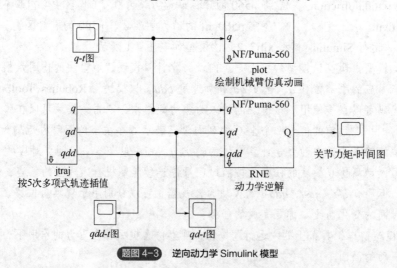

题图 4-3 逆向动力学 Simulink 模型

Simulink 模型说明：我们希望机械臂从初始位置 $q0$=[0 0 0 0 0 0]光滑地运动到终止位置 qf=[π/4 π/2 −π/2 π/3 π/5 −π/3]，本模型的作用是求出机械臂产生该运动所需的 6 个关节的驱动力矩。左侧模块 jtraj 的作用是对 $q0$ 和 qf 之间的中间位姿做插值，（相关内容会在机器人轨迹规划一章详细介绍）从而得到中间点的位移 q、速度 qd 和加速度 qdd；将这三个参数输入给动力学逆解模块，该模块通过动力学方程计算出每一组 q、qd、qdd 对应的 6 个关节力矩；四个监视器用于绘制相应的曲线图。模块 plot 用于绘制机械臂的仿真动画。需要说明的是，运动和时间本应是连续的，但为了方便处理，Simulink 将变量离散化，本模型的采样周期为 0.02s，所以 q、qd、qdd 和力矩均为离散变量。你要完成的任务：

a. 点击模型窗口工具条上的"运行"按钮，观察仿真机械臂的运动动画。运行结束后，双击关节力矩-时间图监视器，观察哪些关节力矩比较大，哪些比较小，并解释其原因。

b. 双击"动力学逆解"模块，在弹出的窗口中（如题图 4-4）将 p560_nf 改为 p560，对 plot 模块做同样的修改，这意味着我们将研究的对象修改为库伦摩擦力不为 0 的 Puma-560 模型，将该模型另存为 xiti7_32。运行新模型，观察新产生的关节力矩-时间图，并与模型 xiti7_3 产生的关节力矩-时间图做比较，它们有何不同？你如何解释这种差异？

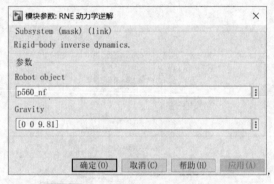

题图 4-4 修改机器人对象（Robot object）

第 5 章

机器人传感器

扫码获取课件与
源程序资料包

→ **思维导图**

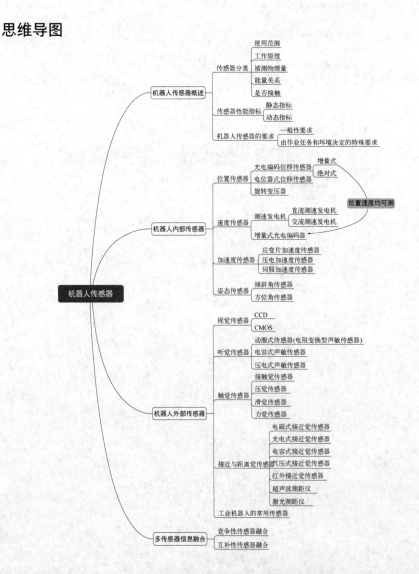

学习目标

1. 熟悉机器人传感器的一般组成和分类方式；
2. 了解机器人传感器的静态性能指标含义；
3. 了解机器人传感器的要求；
4. 熟悉机器人内部传感器的分类和作用；
5. 熟悉机器人外部传感器的分类和作用；
6. 了解多传感器信息融合的概念及其必要性。

问题导入

　　传感器对工业机器人有何意义？我们先来观察一下图 5-1 中的搬运装配机器人的作业过程。传送带起始端装有接近觉传感器，检测到有物料则传送带开启运行，传送带终端也有一个接近觉传感器，当检测到物料到位后传送带暂停，此时安装在传送带上方的视觉系统对来料进行裂纹及形状检测，如果裂纹检测不合格，则将其放在废料台上；如果裂纹检测合格，机器人则根据形状检测结果（方的还是圆的）确定装配位置，并利用吸盘吸起该物料完成装配。此外，在机器人的关节模组中也装有传感器，用于检测各关节的位置、速度、加速度等，从而为控制系统提供反馈信号，完成闭环控制。可见，机器人失去传感器犹如人类失去五官，是寸步难行的。你知道的机器人传感器有哪些呢？它们是如何工作的呢？本章我们将深入探讨。

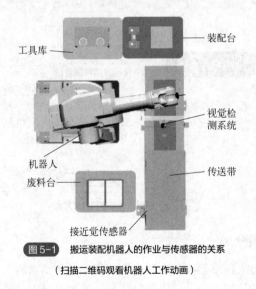

图 5-1　搬运装配机器人的作业与传感器的关系
（扫描二维码观看机器人工作动画）　　　　扫码获取视频

5.1　机器人传感器概述

　　人类靠眼、耳、口、鼻、舌及皮肤等感觉器官感知自身与外部环境信息，然后发送给大脑处理并做决策。与此类似，机器人控制系统也需要"感觉器官"来获取自身和外部环境信息，机器人的"感觉器官"就是各种各样的传感器。

传感器在机器人控制中非常重要。传感器是测量系统的前置部件，它将输入变量转变为可供测量的信号。如图5-2所示，传感器一般由敏感元件、转换元件、基本转换电路三部分组成。敏感元件能直接感受被测物理量，比如膜片可以感受到声波，并随其发生振动；转换元件可将敏感元件输出的非电物理量转换为电量，比如碳粒接触电阻可将振动转换为电流的变化；基本转换电路将转换元件产生的电量转换成便于测量的电信号，如电压、电流、频率等，确保传感器输出的电信号符合工业系统的要求，比如4~20mA，-5~5V等。需要指出的是，并不是所有的传感器都包括敏感元件和转换元件这两部分，比如压电材料可以直接将压力转变为电荷，所以由压电材料制作的压力传感器，敏感元件和转换元件是合二为一的。

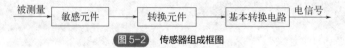

图 5-2 传感器组成框图

5.1.1 机器人传感器的分类

如图5-3所示，机器人传感器有多种分类方式，理解不同的分类方式，有助于构建对机器人传感器的全局认识，同时对于我们理解其工作原理并针对不同应用场景选择合适的传感器也会大有裨益。

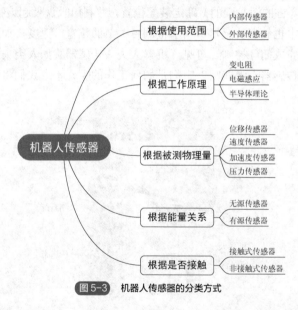

图 5-3 机器人传感器的分类方式

（1）根据使用范围分类

根据使用范围，机器人传感器分为内部传感器和外部传感器两大类。内部传感器安装在机器人机身内，检测自身的位置和运动状态信息，从而控制机器人的动作；外部传感器安装在机器人机身外，主要用于感知外部环境及操作对象情况，这样机器人与环境发生作用时就可以具备自校正、自适应的能力。本章就是按照内部和外部两大类来介绍机器人传感器的。

（2）根据工作原理分类

根据传感器工作原理分类主要指根据物理和化学等学科的原理、规律和效应等进行分类。

如根据变电组原理可分为电位器式传感器、应变片式传感器、压阻式传感器等。根据电磁感应原理可分为电感式传感器、差压变送器、电涡流式传感器、电磁式传感器磁阻式传感器等。根据半导体理论，可分为半导体力敏传感器、热敏传感器、光敏传感器、气敏传感器、磁敏固态传感器等。

这种分类方式便于我们理解传感器的工作原理，拨开云雾看本质。但选择传感器时会有些不便，因此有时也会将用途和原理结合起来命名，如电感式位移传感器、压电式力传感器等。本章在介绍传感器时一般会讲解其实现原理，以接近与距离觉传感器为例，实现类似的功能有很多类型的传感器可供选择，其主要区别就是采用了不同的工作原理。

（3）根据被测物理量分类

根据被测物理量的不同，可分为位移传感器、速度传感器、加速度传感器、压力传感器、温度传感器等。这种分类方法明确说明了传感器的用途，使用者很容易根据测量对象选出所需传感器。

在这种分类方法中，一般把种类较多的物理量归纳为基本量和派生量两大类。例如，将力视为基本物理量，从力发展出压力、重力、应力、力矩等派生物理量。当需要测量上述物理量时，只要采用力传感器就可以了。所以了解基本物理量和派生物理量的关系，对于系统选用何种传感器很有帮助。

（4）根据能量关系分类

根据能量的关系可分为无源传感器和有源传感器。

无源传感器不需要外接电源就能工作，完全靠吸收被测对象的能量来输出信号，如基于压阻效应、热电效应、光电动势效应构成的传感器都属于无源传感器。无源传感器结构简单，但对被测对象的影响比较大，而且灵敏度不高，输出信号能量不高，易受干扰。

有源传感器需要供电才能工作，其输入信号的能量部分来自被测对象，另一部分需要外接电源提供。有源传感器常需要电压测量电路和放大器配合，如压电式传感器、热电式传感器等，所以有源传感器结构较复杂，但对被测对象的影响小，灵敏度高，输出信号能量高，不易受干扰。

（5）根据是否接触分类

根据传感器与被测对象是否接触可分为接触式传感器和非接触传感器。

接触式传感器是以某种实际接触的形式来测量目标的响应，比如测压力的传感器必须与被测对象接触。非接触式传感器是以某种电磁射线来测量目标的响应，如利用可见光、红外线、雷达波、声波、超声波等进行测量的传感器都是非接触式的。

5.1.2　传感器的性能指标

传感器的特性，主要指其输出与输入之间的关系。当输入量为常量或变化极为缓慢时，此关系被称为静态特性；当输入量随时间变化时，称为动态特性。

（1）反映传感器静态特性的性能指标

① 线性度　线性度指传感器输出量与输入量之间的实际关系曲线（校正曲线）偏离拟合直

线的程度，又称非线性误差。拟合直线的方法有多种，其出发点是使非线性误差尽量小。

如图 5-4 所示，线性度通常以相对误差表示，即在全量程范围内校正曲线与拟合直线之间的最大偏差值 $\Delta L_{\max}$ 与满量程输出值 y_{FS} 之比，即

$$\gamma_L = \frac{\Delta L_{\max}}{y_{FS}} \times 100\% \tag{5-1}$$

② 灵敏度　传感器的输出信号达到稳态时，其单位输入所产生的输出称为灵敏度。如图 5-5 所示，如果输出与输入是线性关系，则灵敏度为常数 γ_s，即该直线的斜率；如果输出与输入为非线性关系，则不同的输入 x_i 的灵敏度为曲线在该点的导数值 γ_{si}。

$$\gamma_s = \frac{\Delta y}{\Delta x} , \gamma_{si} = \frac{dy}{dx}\bigg|_{x=x_i} \tag{5-2}$$

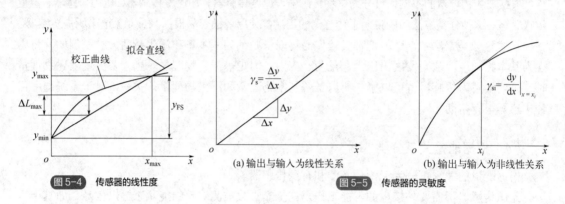

图 5-4　传感器的线性度　　　　(a) 输出与输入为线性关系　　　(b) 输出与输入为非线性关系

图 5-5　传感器的灵敏度

③ 重复度　重复度反映的是传感器输入量按同一方向做多次测量时，输出特性不一致的程度。如图 5-6 所示，多次测量时传感器输入输出曲线并不完全重合，正行程的最大重复度误差为 $\Delta R_{\max 1}$，反行程的最大重复度误差为 $\Delta R_{\max 2}$，取二者中最大的记为 $\Delta R_{\max}$，再除以满量程 y_{FS} 即可得重复度误差：

$$\gamma_R = \frac{\Delta R_{\max}}{y_{FS}} \times 100\% \tag{5-3}$$

④ 测量范围（量程）　测量范围指传感器允许测量的最大值与最小值之差，这是选择传感器时的重要参考指标。在该范围之外测量时就会产生较大的误差，这时需要选择其他量程合适的传感器，或者增加某种转换装置以扩大测量范围，但这样会引入某种误差，影响测量精度。

⑤ 迟滞　如图 5-7 所示，传感器正行程和反行程的输入输出特性曲线不重合，这种现象称为迟滞。一般通过实验方法测得迟滞误差 γ_H，计算方法如下：

$$\gamma_H = \frac{\Delta H_{\max}}{y_{FS}} \times 100\% \tag{5-4}$$

⑥ 分辨力和阈值　分辨力是指传感器在规定的测量范围内可准确检测到的最小输入增量。如图 5-8 所示，有些传感器的输入量连续变化时，输出量只做阶梯变化，也就是说在阶梯跳跃之前，虽然输入仍在变化，但输出保持不变，直到输入的增量积累到一定程度输出才发生一次跳跃，分辨力指的就是阶梯的最小宽度 $\Delta X_{\min}$（最小输入增量）。在传感器输入零点附近的分辨力称为阈值，即图中的 ΔX_0，小于阈值的输入不会产生输出。分辨力是用绝对值表示的，分辨力与满量程输出的百分比称为分辨率。

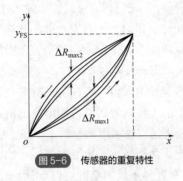

图 5-6　传感器的重复特性

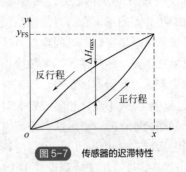

图 5-7　传感器的迟滞特性

⑦ 静态误差　静态误差指传感器在其全量程内任一点的输出值与理论输出值的偏离程度。如图 5-4 所示，如果把全部校准数据与拟合直线上对应值的残差看成随机分布，则可求出其标准偏差 σ，即：

$$\sigma = \sqrt{\frac{1}{n-1} \sum_{i=1}^{n} \Delta y_i^2} \qquad (5\text{-}5)$$

式中，Δy_i 为各测试点残差；n 为测试点数。取 2σ 或 3σ 值即为传感器静态误差。

静态误差也可以用相对误差表示，即：

$$\gamma = \pm \frac{3\sigma}{y_{FS}} \times 100\% \qquad (5\text{-}6)$$

静态误差是一项综合性指标，基本上包含了上述的非线性误差、迟滞误差、重复性误差、灵敏度误差等。所以也可以综合这几个单项误差获得，即：

$$\gamma = \pm \sqrt{\gamma_L^2 + \gamma_H^2 + \gamma_R^2 + \gamma_s^2} \qquad (5\text{-}7)$$

⑧ 漂移　传感器的漂移是指在外界的干扰下，输出量发生与输入量无关的、不需要的变化。漂移包括零点漂移和灵敏度漂移等。理想情况下输入为 0 输出也应该为 0，但实际输出并不为 0，如图 5-9 所示，这种现象称为零点漂移。理想情况下灵敏度应该一直保持不变，但实际上它也在随时间或温度而变化，这种现象称为灵敏度漂移。

零点漂移和灵敏度漂移又可分为时间漂移和温度漂移。时间漂移是指在规定的条件下，零点或灵敏度随时间的缓慢变化；温度漂移是环境温度变化而引起的零点或灵敏度的变化。

产生漂移的原因有两个方面：一是传感器元器件老化和性能退化；二是周围环境（如温度、湿度等）的变化和干扰。

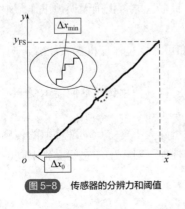

图 5-8　传感器的分辨力和阈值

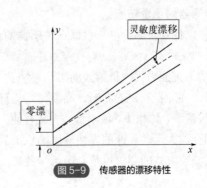

图 5-9　传感器的漂移特性

⑨ 稳定性　对于理想特性的传感器,输入量相同时,不论何时测量其输出量大小总是相同。然而,现实中传感器的输出会随时间发生变化,因此对于相同大小的输入量,其输出量是变化的。稳定性表示传感器在较长时间内保持其性能参数的能力。稳定性是一个综合指标,传感器的漂移、重复性误差、迟滞误差、灵敏度误差等均会对其产生影响。

稳定性误差通过实验测试获得,测试时先将传感器输出调至零点或某一特定点,保持输入及温度等外部环境参数不变,相隔一定的时间或一定的工作次数后,再读出输出值,前后两次输出之差即为稳定性误差。稳定性误差可用相对误差表示,也可用误差表示,如 2.1mV/8h,有时也会标明上次标定时间。所以传感器应该定期标定,从而减小稳定性误差。

⑩ 抗干扰稳定性　抗干扰稳定性指传感器对各种外界干扰的抵抗能力,例如抗冲击和振动能力、抗潮湿的能力、抗电磁场干扰的能力等,评价这些能力比较复杂,一般也不易给出数量概念,需要具体问题具体分析。

（2）反映传感器动态特性的性能指标

传感器的动态特性是指输入量随时间变化时传感器的响应特性。静态特性只要求测得准,而动态特性不仅要测得准,还需要跟得上。一个具有理想动态特性的传感器,其输出将再现输入量的变化规律,即输入和输出具有相同的时间函数。然而实际的传感器,其输出信号与输入信号的时间函数并不相同,这种输出与输入间的差异称作动态误差。传感器的动态特性首先取决于传感器本身,其次也与被测量的变化形式有关。

时间响应和频率响应是动态测量中表现出的重要特性,也是研究传感器动态特性的主要内容。传感器的动态特性常用它对某些标准输入信号的响应来表示,这不仅因为传感器对标准输入信号的响应容易用实验方法测得,更是因为传感器对标准输入信号的响应与其对任意输入信号的响应之间存在一定的关系,通过前者就能推定后者。最常用的标准输入信号有两种,即阶跃信号和正弦信号,通常用前者研究传感器的时间响应特性,用后者研究传感器的频率响应特性。

5.1.3　机器人传感器的要求

（1）机器人对传感器的一般性要求

① 精度高,重复性好　机器人传感器的精度直接影响机器人的工作质量。用于检测和控制机器人运动的传感器是控制机器人定位精度的基础,机器人能否正确无误地工作,很大程度上取决于传感器的测量精度。

② 稳定性和可靠性好　机器人传感器的稳定性和可靠性是保证机器人能够长期稳定、可靠工作的必要条件。

③ 抗干扰能力强　机器人的工作环境往往比较恶劣,其所用传感器应能承受一定的电磁干扰、振动,并能在一定的高温、高温、污染环境中正常工作。

④ 质量小、体积小、成本低、安装方便　安装在机器人手臂等运动部件上的传感器质量要小,否则会加大运动部件的惯性,影响机器人的运动性能。对于工作空间受到限制的机器人,对体积和安装方式的要求也是必不可少的。

（2）由作业任务和环境决定的特殊要求

① 适应加工任务的要求　如焊接机器人对其传感器有自身独特的要求,如点焊机器人须配备接近觉传感器,弧焊机器人则需要配备视觉系统。

② 满足机器人的控制需求　多数机器人都采用位置和速度闭环控制,所以需要配备位置和速度传感器。加速度传感器可以检测机器人构件受到的惯性力,使控制能够补偿惯性力引起的变形误差。

③ 满足机器人的安全性要求和其他辅助工作的需求　为了使机器人安全地工作不受损坏,机器人的各个构件都不能超过其受力极限,现在多数机器人采用加大构件尺寸的方法来避免其自身损坏,如果采用力传感器就能优化机器人结构,改善运动性能,减少材料损耗。另外,为防止机器人和周围物体碰撞,还要求加装触觉传感器或接近觉传感器。

5.2　机器人内部传感器

人即便在黑暗中也能感受到自己的体位、运行速度并保持平衡,这是因为人的内耳以及肌腱内的中枢神经系统的神经会将信息反馈给大脑。与之对应,机器人内部传感器将机器人每一个关节和连杆的位置和运动信息发送给控制系统,控制系统就能控制其位置及运动情况。

内部传感器是用于测量机器人自身状态的功能元件:一类是位置检测传感器,用于检测关节的线位移、角位移等几何量;另一类是运动检测传感器,用于检测速度、加速度、角速度等运动量以及倾斜角、方位角等,如图 5-10 所示。

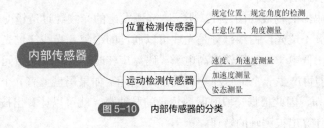

图 5-10　内部传感器的分类

5.2.1　位置传感器

测量机器人关节线位移和角位移的传感器是机器人位置反馈控制中必不可少的元件。常用的测量元件有很多种,如编码器、电位器、旋转变压器等。本节主要介绍最为典型和常用的三种类型。机器人各关节和连杆的运动定位精度要求、重复精度以及运动范围要求是选择机器人位置传感器的基本依据。

（1）光电编码位移传感器

机器人使用最广泛的位移传感器是光电编码器,属于数字式传感器,它通常会被集成在关节模组之中。

图 5-11 为旋转光电编码器外形以及其主要构造。外壳中心的轴为被测轴,其上装有与其同心的码盘,码盘上按照一定规则刻制有可以透光的光栅。码盘的一侧为光源,另一侧是光敏装

置。码盘随着被测轴转动，使得透过码盘的光束产生时断时续有规律的变化，光敏装置感受到光信号并将其转换为电信号，电子线路将其处理为特定电信号再经过数字处理则可计算出被测轴的位置和速度信息。

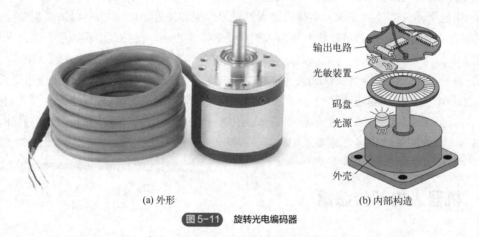

(a) 外形　　　　　　　　　　　　　(b) 内部构造

图 5-11　旋转光电编码器

　　旋转光电编码器分为增量式和绝对式两种，其工作原理类似，即光线透过码盘上明暗相间的刻线被光敏元件转换为电脉冲，根据脉冲数目即可确定被测轴的位置。不同之处在于，绝对式编码器断电时可以记住当前位置，而增量式编码器它没有记忆，断电后重启，需要找到参考点后，才能找回需要的位置。增量式编码器更便宜，很适合用于确定速度、距离或运动方向。两种编码器的不同特点正是由其不同的构造决定的，下面详细介绍两种编码器的结构和工作原理。

　　1）增量式光电编码传感器

　　增量式光电编码器的构成如图 5-12 所示，光源发出的光线经过透镜变为平行光打到码盘上，码盘上黑线部分不透光，白线部分是光线可以通过的缝隙。光线穿过光栅照射到下面的光敏元件上，黑线输出低电平，光栅输出高电平。码盘旋转时，固定的光敏元件就可以读取到光的明暗交替变化，即可产生一个个脉冲。如图 5-13 所示。如果码盘上有 n 个光栅，则每个光栅对应的角度为 $360°/n$，因此根据一段时间内记录的脉冲数，就可以计算出被测轴转过的角度，根据脉冲频率即可计算出被测轴的转速。

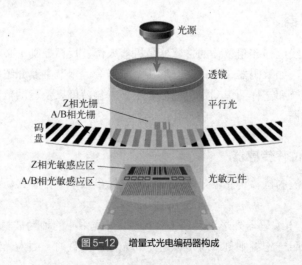

图 5-12　增量式光电编码器构成

但增量式光电编码器如何判断被测轴的转向呢？观察图 5-12 和图 5-13 可以发现，不论是光源、码盘上的光栅还是光敏与元件上的感应区，都分为 A 相、B 相和 Z 相。Z 相光电感应器用于检测零位（Zero），转轴每转一圈 Z 相只发出一个脉冲，也称为标志脉冲。从图 5-13 可以清楚看出，A 相和 B 相光电感应器不在同一条半径方向上，而是有个错位，这个错位正好是 1/4周期，或者说是 90°。如果被测轴沿图示顺时针方向转动，则 A 相光电感应器转过零位后先于B 相光电感应器接收到光信号产生高电平；如果被测轴沿逆时针方向转动，则 B 相光电感应器先于 A 相光电感应器接收到光信号产生高电平，其波形如图 5-14 所示。据此即可判断出被测轴的转向。

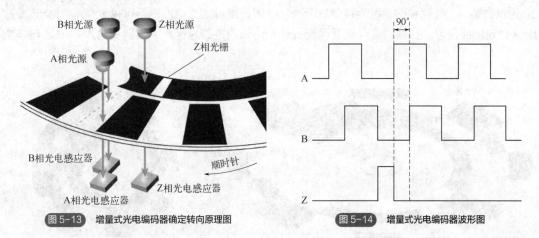

图 5-13　增量式光电编码器确定转向原理图　　　图 5-14　增量式光电编码器波形图

思考： 假设某增量式光电编码器的结构如图 5-13 所示，观察图 5-14 所示的三项波形图，请判断被测轴的转向，并说明理由。扫描二维码可看思考题答案。

扫码获取答案

下面讨论一下增量式编码器的分辨率。很明显，码盘上的光栅越密集分辨率就越高。通常 A、B 相的光栅数一致，比如 A、B 相均刻有 20000 个光栅，称为20000 线。如果以 A 相上升沿计算脉冲个数，码盘转一圈就可以得到 20000 个脉冲，编码器分辨率为 360°/20000=0.018°。如果同时计算 A 相上升沿和下降沿，就可以得到 40000 个脉冲，分辨率为原来的 2 倍；如果再算上 B 相的上升沿和下降沿，分辨率则为原来的 4 倍，即 360°/80000=0.0045°。这就是分辨率 4 倍频的原理。

综上所述，增量式光电编码器的工作原理可以总结为，通过 Z 相波形确定零位，通过脉冲数目计算旋转角度，通过 A/B 相波形的相位先后判断旋转方向，通过脉冲频率来计算转速。

增量式光电编码器的优点是构造简单，功能易于实现，机械平均寿命长（可达几万小时以上），响应速度快，抗干扰能力较强，信号传输距离较长，可靠性较高，而且分辨率高，常用的有 2000 线、2500 线、3000 线、20000 线、25000 线等类型。因此，增量式光电编码器应用广泛，特别是在高分辨率和大量程角速率测量系统中更具优越性。

2）绝对式光电编码传感器

绝对式光电编码传感器的工作原理与增量式光电编码传感器基本类似，主要区别在于光电码盘，图 5-15 是一个 16 位绝对式编码器示意图。码盘整圈被分成了 16 份，也就是有 16个扇区，在半径方向上，每一个扇区又被分成了 4 份。光源发出的光线经透镜变成平行光照射在码盘上，黑线部分不透光，白色光栅部分光线可以通过，码盘另一侧的光敏元件则可以感应到。

如果把有感应和无感应看成是两种状态，分别用 1 和 0 表示，那么每一个感应区可以表示 2 种状态。一个扇区中被分为 4 份可以看作 4 位，4 位可以表达 2^4=16 种状态。图中一共 16 个扇区，每一个扇区对应一种状态，即每一个状态都有唯一的编码。如图 5-16 所示，扇区中四格全黑，对应编码 0000，从圆心向外，黑黑黑白对应 0001，黑黑白黑对应 0010，依次类推。码盘旋转时，不同的扇区依次经过感应区，光敏元件即可将光信号转换为对应编码。以 4 位码盘为例，码盘共有 16 个扇区即 16 个编码，编码器的分辨率则为 360°/16=22.5°。如果读到编码为 0000，那么被测轴的角度就是 0 度，如果编码为 0100，其对应的 10 进制数为 4，被测轴的角度为 4×22.5°=90°。因此绝对式光电编码器可以直接测量被测轴的位置。扫描二维码观看码盘旋转动画，观察感应区内编码的变化。

扫码获取视频

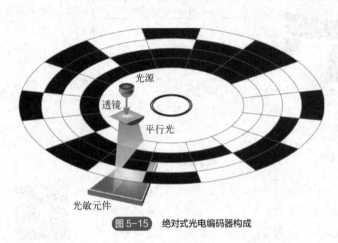

图 5-15　绝对式光电编码器构成

图 5-16　4 位绝对式光电编码器二进制码盘
（扫描二维码观看码盘旋转动画）

图 5-16 所示为二进制码盘，这种码盘有一个问题，就是在两个扇区交替或者来回摆动过程中，由于码盘制作误差或光电器件安装误差会导致读码失误。例如在扇区 0111 与 1000 的交界处，读出的编码有多种可能，比如 1111、1110、1011、0101，从而导致测出的角度出现很大误差，因此这种码盘在实际中很少使用。为了消除这种误差，多采用二进制循环码盘，即格雷码盘，如图 5-17 所示。

格雷码盘的特点是每一相邻编码之间仅改变一位二进制数。比如 0000 到 0001 只改变了第 1 位，0001 到 0011 只改变了第 2 位，0011 到 0010 只改变了第 1 位。这样，当码盘转到扇区交界处时，即便制作和安装不十分准确，产生的误差也可以控制在一个码位之内，即误差不超过 1。格雷码在本质上是对二进制加密处理后的编码，每位码不再具有固定的权值。因此，必须经过解码将格雷码转换为二进制码，然后才能得到正确的位置信息。解码可以通过硬件解码器或软件来实现。表 5-1 给出了四位二进制码与格雷码之间的对应关系。

图 5-17　4 位绝对式光电编码器格雷码盘
（扫描二维码观看码盘旋转动画）

扫码获取视频

表 5-1　四位二进制码与格雷码对照表

十进制数	0	1	2	3	4	5	6	7	8	9	10	11	12	13	14	15
二进制码	0000	0001	0010	0011	0100	0101	0110	0111	1000	1001	1010	1011	1100	1101	1110	1111
格雷码	0000	0001	0011	0010	0110	0111	0101	0100	1100	1101	1111	1110	1010	1011	1001	1000

如何提高绝对式光电编码器的分辨率？无疑需要提高码盘的位数。如果码盘的圆弧道数为 n，则称其有 n 位(bits)，该码盘的编码数为 2^n，其分辨力为 $360°/2^n$。格雷码盘的圆弧道数一般为 8～12，高精度的道数可达 14，此时的分辨力为 $360°/2^{14}=0.022°$。

绝对式光电编码器的应用十分广泛，比如常用它来检测机器人关节的转角。

光电编码器直接输出数字信号，电路简单，噪声容限大，容易提高分辨率，因此在机器人中得到广泛应用。其缺点是不耐冲击，不耐高温，容易受到辐射干扰，因此不适合用于工作环境恶劣的机器人。

（2）电位器式位移传感器

电位器式位移传感器是电阻式传感器的一种，其基本原理是将机械位移转化为电阻值的变化，进而转换为输出电压的变化。电位器式位移传感器属于模拟式传感器。

电位器式位移传感器主要由一个电位器和一个滑动触点（即电刷）组成。电刷通过机械装置与被测对象连接，当被检测对象的位置发生变化时，电刷也发生移动，从而改变滑动触点与变位器各端之间的电阻值和输出电压值，就可以检测出机器人各关节的位置和位移量。这种位移传感器可以测量直线位移，也可以测量角位移。

图 5-18 为用于测量直线位移的电位器式位移传感器。以电位器中心为基准，被测对象（比如移动关节）带动电刷沿电位器双向移动。电位器的输入电压为 U_i，电刷右侧的输出电压为 U_o，电刷的最大移动距离即电位器长度的一半 L，电刷偏离中心的位移为 x。由于流过电位器各部分的电流相等，所以有：

$$\frac{U_i}{2L} = \frac{U_o}{L+x} \tag{5-8}$$

则位移 x 与输出电压的关系如下：

$$x = \frac{L(2U_o - U_i)}{U_i} \tag{5-9}$$

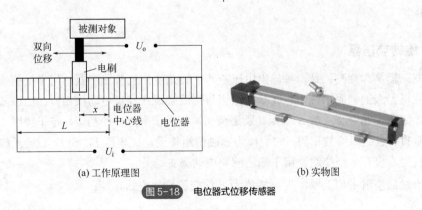

(a) 工作原理图　　　　　(b) 实物图

图 5-18　电位器式位移传感器

思考：当电刷位于电位器中心线右侧时用上式求出的 x 值是正的还是负的？该位移传感器

是如何判断被测对象的位移方向的？扫描二维码看思考题答案。

扫码获取答案

电位器也可以用于测量角位移。图 5-19 所示为线绕电位器式角位移传感器，其中弧形电位器的电阻为 R_0，输入电压为 U_i，传感器的转轴与被测对象（比如转动关节）转轴相连，当被测对象转过一个角度时，电刷在电位器上划过相对应的角位移 θ，在输出端就会输出一个与 θ 成比例的电压信号 U_o，即：

$$U_o = \frac{R(\theta)}{R_0}U_i = \frac{\theta}{360}U_i \tag{5-10}$$

所以：

$$\theta = \frac{360 U_o}{U_i} \tag{5-11}$$

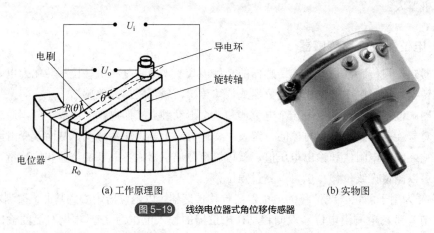

(a) 工作原理图　　　　(b) 实物图

图 5-19　线绕电位器式角位移传感器

由于滑动触点的限制，图 5-19 所示的单圈电位器的工作范围必然小于 360°，分辨率也受到一定的限制。如果需要更高分辨率和更大工作范围，可以选用多圈电位器。

电位器式位移传感器是最早得到广泛应用的位移传感器，它有很多优点，比如结构简单、性能稳定可靠、精度高；而且只要改变可变电阻两端的基准电压就可以选择输出信号范围；测量过程中即便断电或发生故障，输出信号能得到保持而不会丢失。电位器式位移传感器的缺点是要求输入能量大，滑动触点容易磨损，从而影响了电位器的可靠性和寿命。近年来，随着光电编码器价格降低，电位器式位移传感器日渐淡出在机器人上应用，逐渐被光电编码器取代和淘汰。

（3）旋转变压器

旋转变压器简称旋变，是一种输出电压随转子转角变化的检测装置，用于检测旋转角度，常用于工业机器人的伺服系统中。其基本结构与交流绕线式异步电动机相似，由铁芯、定子和转子组成。如图 5-20 所示。定子绕组（励磁绕组）相当于变压器的初级，定子绕组 1 与定子绕组 2 相互垂直，且绕组匝数相同，它们作为励磁绕组接受励磁电压 E_{S1} 和 E_{S2}。转子绕组相当于变压器的次级，仅有一个绕组，用于输出感应电动势 E_r。

如果给励磁绕组 1 加上频率为 ω 幅值为 E 的交流励磁电压，即：

$$E_{S1} = E\sin(\omega t) \tag{5-12}$$

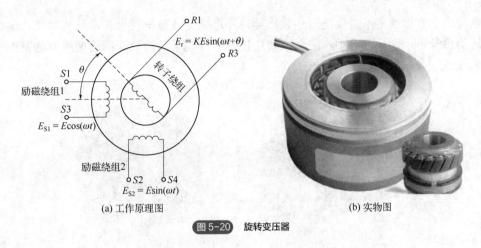

(a) 工作原理图　　　　　　　　　　(b) 实物图

图 5-20　旋转变压器

给励磁绕组 2 加上同频同幅但相位相差 90° 的交流励磁电压，即：

$$E_{S2} = E\sin\left(\omega t + 90°\right) = E\cos(\omega t) \tag{5-13}$$

E_{S1} 和 E_{S2} 在转子绕组中感应出的电动势分别为：

$$E_{r1} = kE_{S1}\sin\theta = kE\sin(\omega t)\sin\theta \tag{5-14}$$

$$E_{r2} = kE_{S2}\cos\theta = kE\cos(\omega t)\cos\theta \tag{5-15}$$

其中 k 为转子绕组与定子绕组的匝数比。

根据叠加原理有：

$$E_r = E_{r1} + E_{r2} = kE\sin(\omega t)\sin\theta + kE\cos(\omega t)\cos\theta = kE\sin\left(\omega t + \theta\right) \tag{5-16}$$

由此可见，转子绕组输出的感应电动势幅值与励磁电压的幅值成正比，对励磁电压 E_{S1} 的相位差等于转子的转动角度 θ。如果将旋转变压器的转子与机器人的转动关节相连，用鉴相器测出转子感应电动势 E_r 的相位即可获得关节的转角。

旋转变压器是一种交流励磁型的角度检测器，检测精度高，应用范围广，不但可用于所有使用旋转编码器的场合，而且因其具有耐冲击、耐高温、耐油污、高可靠、寿命长等优点，还可用于旋转编码器无法正常工作的高温、严寒、潮湿、高速、高振动等场合。

5.2.2　速度传感器

速度、角速度测量是关节驱动器反馈控制必不可少的环节。最常用的速度、角速度传感器是测速发电机、光电编码器、转速表、比率发电机等。下面主要介绍测速发电机和光电编码器两种速度传感器。

（1）测速发电机

测速发电机能够将转速转换成电压信号，它作为测速、校正和解算元件广泛应用于各种自动控制系统之中。发电机是将机械能转换成电能的设备，这里讨论的速度传感器之所以叫作测速发电机，是因为其结构和工作原理与小型发电机十分类似。

测速发电机可分为直流测速发电机和交流测速发电机，如图 5-21 所示。直流测速发电机具有输出电压斜率大、没有剩余电压及相位误差、温度补偿容易实现等优点；而交流测速发电机的主要优点是不需要电刷和换向器，不产生无线电干扰火花，结构简单，运行可靠，转动惯量小，摩擦阻力小，正、反转电压对称等。下面简要介绍这两类测速发电机的工作原理。

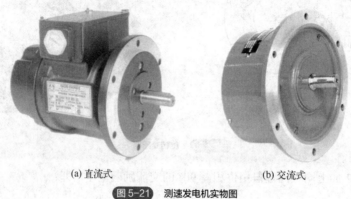

(a) 直流式　　　　　　　　　　(b) 交流式

图 5-21　测速发电机实物图

1）直流测速发电机

直流测速发电机又分为电磁式和永磁式两种，如图 5-22 所示。永磁式采用永久磁钢励磁，电磁式则采用他励式。永磁式直流测速发电机的优点是省略了励磁电源，结构简单，体积小，效率高；缺点是永磁体的磁性能会受到温度变化和电机振动的影响，长期使用电机性能会逐渐衰减。另外，高性能的永磁材料是这种测速发电机造价较高的主要因素。

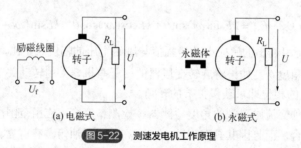

(a) 电磁式　　　　　　　　　　(b) 永磁式

图 5-22　测速发电机工作原理

这两种直流测速发电机的转子结构、电枢绕组与小功率直流发电机是完全一样的。其工作原理是基于法拉第电磁感应理论。当励磁磁通恒定时，位于磁场中的线圈（即转子）旋转切割磁力线，使其两端产生感应电动势 U，该电动势与线圈的转速成正比，即：

$$U = Kn \tag{5-17}$$

其中，U 为测速发电机的输出电压，n 为测速发电机的转速，K 为比例系数。

由于直流测速发电机的输出电压与转速成正比，将机器人的转动关节与测速发电机的转子相连，就可以测出关节的转速，并将测得的转速反馈给控制系统，形成速度闭环控制。测速发电机在控制系统中的应用示意图如图 5-23 所示，在下一章中还会详细介绍。作为速度反馈元件，测速发电机在机器人控制系统中得到了广泛应用。

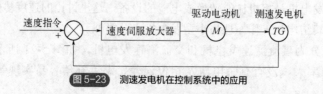

图 5-23　测速发电机在控制系统中的应用

2）交流测速发电机

交流测速发电机分为同步测速发电机和异步测速发电机。同步测速发电机结构简单，但其输出电压的幅值和频率均随转速变化，很少用于自动控制系统的转速测量。异步测速发电机输出电压的频率和励磁电压的频率相同，而与转速无关，其输出电压与转速成正比，因而是交流测速发电机的首选。

根据转子的结构型式，异步测速发电机又可分为笼型转子异步测速发电机和杯型转子异步测速发电机，前者结构简单，输出特性斜率大，但特性差、误差大、转子惯量大、一般仅用于精度要求不高的系统中；后者转子采用非磁性空心杯，转子惯量小、精度高，是目前应用最广泛的一种交流测速发电机。

杯型转子异步测速发电机如图 5-24 所示，其定子上装有励磁线圈绕组 N_f 和输出线圈绕组 N_2，两绕组轴线垂直，空间上相隔 90°。励磁磁通沿励磁绕组轴线方向，与输出绕组轴线方向垂直。当发电机的转子不动时，励磁磁通不会在输出绕组中产生感应电动势，所以此时输出绕组的电压为零；空心杯型转子可以看作由无数条并联的导体组成，当转子以转速 n 旋转时，转子导体在励磁磁场中就会产生运动电动势，该运动电动势在转子绕组中感应出同频的转子电流，转子电流又在输出线圈中产生感应电动势和输出电压 U_2，该电压与转速 n 成正比。这样，异步测速发电机就能将转速信号转换成电压信号，实现测速的目的。

测速发电机线性度好，灵敏度高，输出信号强，检测范围一般在 20～40r/min。

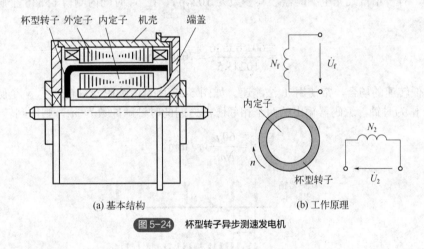

(a) 基本结构　　　　　　　　(b) 工作原理

图 5-24　杯型转子异步测速发电机

（2）增量式光电编码器

在介绍位置传感器时，详细讨论了增量式光电编码器的结构和工作原理，当时就提到，它不但可以用来测量机器人关节的相对位置，也可以用来测量关节的角速度。作为速度传感器，增量式光电编码器可在以下两种模式下使用。

1）模拟模式

在这种模式下，关键是需要一个频率电压（F/V）转换器，其作用是将编码器测得的脉冲转换成与之成正比的电压，它检测的是电动机轴上的瞬时速度。要求 F/V 转换器必须有尽量小的温度漂移，以及良好的零输入零输出特性。增量编码器用作速度传感器的示意图如图 5-25 所示。

2）数字模式

编码器是数字式元件，其脉冲数代表位置，而单位时间内的脉冲数表示该时间段的平均转速。当时间段足够小时，便可以代表某个时刻的瞬时速度。

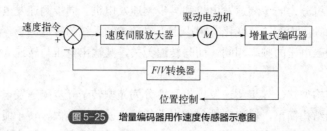

图 5-25　增量编码器用作速度传感器示意图

对于高转速的场合，常使用 M 法测速。如图 5-26 所示，编码器每转产生 N 个脉冲，在 T 秒内有 m_1 个脉冲产生，则被测转速为：

$$n = \frac{60m_1}{NT}(\text{r} / \text{min}) \tag{5-18}$$

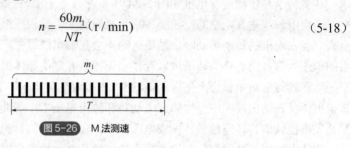

图 5-26　M 法测速

例如，有一增量式光电编码器，其参数为 1024p/r，在 5s 时间内测得 65536 个脉冲，则被测转速为：

$$n = \frac{60 \times 65536}{1024 \times 5} = 768(\text{r} / \text{min})$$

对于低转速的场合，常使用 T 法测速。如图 5-27 所示，编码器每转产生 N 个脉冲，用已知频率 f_c 作为时钟，编码器输出的两个相邻脉冲之间的时钟脉冲数为 m_2，则被测转速为：

$$n = \frac{60f_c}{Nm_2}(\text{r} / \text{min}) \tag{5-19}$$

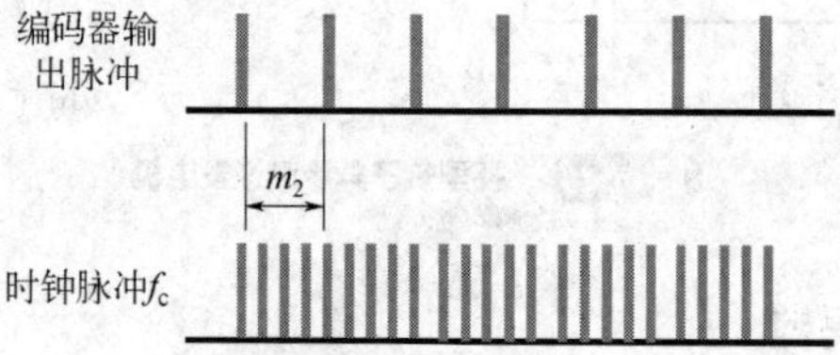

编码器输
出脉冲

m_2

时钟脉冲 f_c

图 5-27　T 法测速

例如，有一增量式光电编码器，其参数为 1024p/r，测得两个相邻脉冲之间的时钟脉冲数为 3000，时钟频率 f_c 为 1MHz，则被测转速为：

$$n = \frac{60 \times 10^6}{1024 \times 3000} = 19.53(\text{r} / \text{min})$$

5.2.3　加速度传感器

位置和速度传感器是每个工业机器人都必须具备的，加速度传感器则并非标配。随着机器人的高速化、高精度化发展，由机械臂刚性不足所引起的振动问题开始受到关注。为抑制振动问题，有时在机器人杆件上安装加速度传感器测量振动加速度并把它反馈到关节驱动器上；有时把加速度传感器安装在机器人末端执行器上，将测得的加速度进行数值积分加到反馈环节中，以改善机器人的性能。

加速度传感器有很多类型，比如应变片式、压电式、压阻式、电容式、伺服式等，其基本原理是利用加速度引起某种介质产生变形，测量其变形量并用相关电路转化成电压输出。下面简要介绍三种加速度传感器的工作原理。

（1）应变片加速度传感器

金属电阻应变片加速度传感器的应变片材料为镍铜（Ni-Cu）合金或镍铬（Ni-Cr）合金，这类传感器是一个由板簧支撑重锤构成的振动系统，如图 5-28 所示，板簧上下两面分别贴着 2 个应变片，应变片受振动产生应变，其电阻值的变化通过电桥电路的输出电压被检测出来。

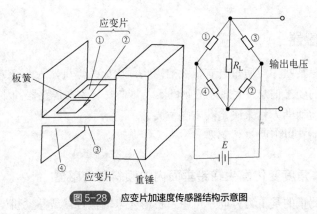

图 5-28　应变片加速度传感器结构示意图

除了金属电阻外，硅(Si)或锗(Ge)半导体电阻元件也可用于加速度传感器。半导体应变片的应变系数比金属电阻应变片高 50～100 倍，灵敏度很高，但温度特性差，需要加补偿电路。应变片加速度传感器主要用于低频振动测量。

（2）压电加速度传感器

压电加速度传感器利用压电敏感元件的压电效应，将振动或者加速度转换为与其成正比的电压。压电加速度传感器结构示意图如图 5-29 所示，将传感器与被测对象连接，被测对象将振动加速度传给质量块引起质量块的惯性力，大小由 $F=ma$ 决定。惯性力作用在压电晶片上产生电荷，电荷由引出电极引出，这样振动加速度就转换成电量。

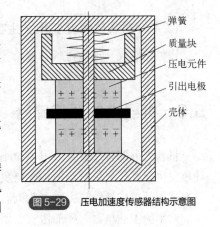

图 5-29　压电加速度传感器结构示意图

压电加速度传感器的优点是频带宽、灵敏度高、信噪比高、结构简单、工作可靠和重量轻等。缺点是某些压电材料需要有防潮措施，而且输出的直流响应差，需要采用高输入阻抗电路或电荷放大器来弥补这一缺陷。

（3）伺服加速度传感器

与一般加速度计相同，伺服加速度传感器的振动系统由质量弹簧系统组成，不同之处在于质量块上还接着一个电磁线圈，当基座上有加速度输入时，质量块偏离平衡位置，位移传感器检测出该偏离量的大小，并经伺服放大器放大后转换为电流输出，该电流流过电磁线圈，在永磁铁的磁场中产生电磁恢复力，该力使质量块在仪表壳体中尽量保持在原来的平衡位置上，所以伺服加速度传感器在闭环状态下工作。根据右手定则有：

$$F = ma = Ki \qquad (5\text{-}20)$$

其中，F 为电磁恢复力；m 为质量；K 为比例系数。

所以通过检测电流 i 即可求出加速度 a，即：

$$a = \frac{mi}{K} \qquad (5\text{-}21)$$

由于有反馈作用，增强了伺服加速度传感器抗干扰的能力，提高了测量精度，扩大了测量范围。

5.2.4 姿态传感器

机械臂的姿态对某些作业质量会有很大的影响，比如弧焊机器人、管道机器人，因此机器人也需要感知自身的姿态信息。大部分工业机器人并未安装姿态传感器，因为它们固定于地面，可以通过关节角和运动学方程来确定其末端位姿。

姿态测量常用的有以下两类传感器。

（1）针对物体角度变化发生在铅垂面内的倾斜角传感器

倾斜角传感器测量的是重力方向，可用于机器人末端执行器或移动机器人的姿态控制中。最简单的倾斜角传感器就是水银开关，稍一倾斜，水银珠就会滚向比较低的一侧。

倾斜角传感器是根据摆的工作原理制成的。当传感器壳体相对于重力方向产生倾角时，由于重力的作用摆锤会力图保持在铅垂方向，相对壳体摆动一个角度。如果利用某种传感元件将这个角度量转换成电量输出，或者将与摆相连的敏感元件的应变量转换成电量输出，就实现了倾斜角的电测量。根据测量原理，倾斜角传感器分为液体式、电解液式和垂直振子式等。

（2）针对物体角度变化发生在水平面内的方位角传感器

比如陀螺仪和地磁传感器等。

5.3 机器人外部传感器

机器人外部传感器主要用来检测机器人所处环境及工作对象的状况，从而使机器人能够与环境发生交互作用并对环境具有自我矫正和适应能力。机器人外部传感器相当于人类的五官，具有多种外部传感器是先进工业机器人的重要标志。

常用的工业机器人外部传感器如图 5-30 所示，主要包括视觉传感器，听觉传感器、触觉传感器、接近与距离觉传感器及平衡觉传感器等。嗅觉、味觉等传感器在工业机器人中应用较少，它们多用于一些特殊用途，如科研、海洋资源探测、视频分析及救火等领域。

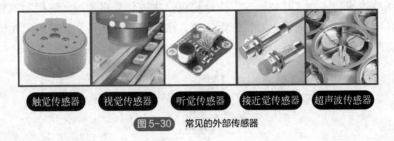

| 触觉传感器 | 视觉传感器 | 听觉传感器 | 接近觉传感器 | 超声波传感器 |

图 5-30　常见的外部传感器

外部传感器的分类大致如图 5-31 所示。接下来将介绍主要的外部传感器，其中包含常用传感器的工作原理，这些知识是对传感器进行合理选型的基础。

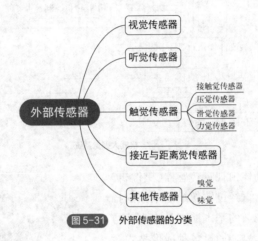

图 5-31　外部传感器的分类

5.3.1　视觉传感器

有研究表明，视觉获得的感知信息占人类对外界感知信息的 80%。人类视觉细胞的数量级大约为 10^8，是听觉细胞的 300 多倍，是皮肤感觉细胞的 100 多倍。与此类似，机器人的视觉系统同样占据非常重要的地位。

机器人对工作环境中的信息进行感知、记录，并对获得的图像进行处理和分析的系统称作机器人视觉系统。目前多数工业机器人并不具有视觉系统，但视觉系统的应用正日趋广泛。机器人视觉系统主要用于测量、检测、引导和识别四大领域。测量指测量产品的长度、角度、圆弧及半径等几何信息，检测产品质量是否合格、检查传送带上产品的有/无都属于检测的内容；引导包括机器人的定位、纠偏及实时反馈等内容，比如焊缝跟踪传感器的作用就是引导弧焊机器人严格地沿着焊缝运动；识别指对包装上二维码、条形码的识别，对字符识别和验证（OCR/OCV），对产品颜色的识别等。

按照信号的流动顺序，视觉系统包括四大模块，它们共同完成图像采集和信息提取的任务。如图 5-32 所示，首先是光学成像模块，包括光源和镜头两部分，作用是将目标清晰地聚焦在图像传感器上；第二是图像传感模块，核心是视觉传感器，主要任务是完成图像采集工作，本节主要介绍的就是这一部分；第三是图像处理模块，该模块主要负责图像的处理与信息参数的提取，包括用于图像处理的计算机和图像处理软件；最后是信息输出及显示模块，包括存储、显示及绘图设备，用于输出视觉系统运算结果和数据。

为了确保机器人视觉按照统一节拍协调工作，整个系统需要计算机统一指挥，比如当距离测定器检测到被检测物体到位时会通知主控计算机，主控计算机通过光源控制器和摄像机控制器分别控制光源和相机（视觉传感器）开始工作，图像处理完毕后，计算机通知图像输出设备进行存储、显示或绘图。

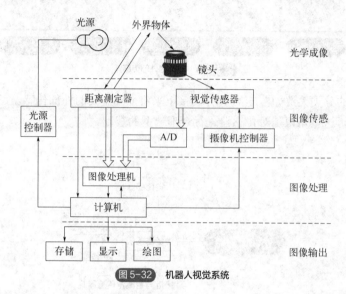

图 5-32　机器人视觉系统

客观世界中的三维物体由视觉传感器（摄像机）转换为平面的二维图像，再经过图像给出景象的描述。视觉传感器（图 5-33）的基本原理是将光信号通过光电元件转换成电信号，通过各种成像技术对看到的作业对象进行分析和处理，提取有用的信息，并输入到机器人的控制系统中，起到反馈外界环境信息的作用。

摄像机是常见的视觉传感器，它是一种被广泛使用的景物和图像输入设备，它能将景物、图片等光学信号转变为电信号或图像数据，主要有黑白摄

图 5-33　视觉传感器

像机和彩色摄像机两种。目前彩色摄像机虽然已经很普遍，价格也不高，但在工业视觉系统中常选用黑白摄像机，主要原因是系统只需要具有一定灰度的图像，经过处理后变成二值图像，再进行匹配和识别。视频摄像头具有处理数据量小、处理速度快等优点。

摄像机的关键部件是图像传感器，目前常用的是固体视觉传感器，它是采用固体图像敏感器件将二维图像变换为电信号的光电式传感器。固体图像敏感器件是高度集成化（即固体化）的半导体光敏元阵列。20 世纪 70 年代以来，随着硅半导体工艺和集成电路技术的发展，已能在大尺寸的硅衬底上制成特性均匀的半导体结，并能达到很高的集成度。这就为制造固体图像敏感器件创造了条件，使固体图像传感器迅速发展起来。

固体图像敏感器件有一维和二维两种。在采用一维敏感器件的传感器中，由敏感器件完成一维扫描，同时将图像作另一维方向的移动，从而完成二维图像的扫描。二维图像敏感器件是

光敏元的二维阵列，工作时每个光敏元本身对应着图像的一个像素，在驱动电路的作用下按行输出脉冲信号，每个脉冲的幅值与它所对应的像素的光强度成正比。目前二维图像敏感传感器在机器人中应用较多。

固体图像传感器有 CCD（charge coupled device，电荷耦合器件）和 CMOS（complementary metal oxide semiconductor，互补金属氧化物半导体）两种，它们各有优劣。

（1）CCD

CCD 由美国贝尔实验室的 W.S.博伊尔和 G.E.史密斯于 1970 年发明。CCD 芯片是在 N 型或 P 型硅衬底上生长一薄层二氧化硅，然后在二氧化硅薄层上依次沉积金属电极形成规则排列的金属氧化物（metal oxide semiconductor，MOS）电容器阵列（即无数个 CCD 像素点），最后在两端加上输入输出二极管而制成。一块 CCD 芯片上包含的像素越多，其提供的图像分辨率也就越高。工作时 CCD 通过电荷转移把光信号变换成电脉冲信号输出，脉冲幅度与它所对应的光敏元的受光强度（对应于图像的某个像素）成正比，而脉冲顺序则反映光敏元的位置。由 CCD 视觉传感器得到的电信号经过 A\D 转换为数字信号，称作数字图像。

CCD 的优势在于成像质量好，但制造工艺复杂，导致制造成本较高，特别是大型精密 CCD，商用价格非常高，此外其耗电量也比较大。

（2）CMOS

CMOS 主要利用硅和锗半导体元素互补效应所产生的电流被相应敏感元件记录并形成影像。面阵图像传感器是按一定规律排列的互补性 MOS 场效应管组成的二维像素阵列，由光敏二极管和 CMOS 型放大器组成，分别设有 X-Y 水平和垂直选址扫描电路，通过选择水平扫描线与垂直扫描线确定像素位置，使各个像素的 CMOS 型放大器处于导通，然后从与之成对的光电二极管输出像素点信息。

CMOS 的优点是体积小、耗电量小、售价便宜，其主要缺点是容易出现杂点，从而出现过热现象。现在市售的视频摄像头多使用 CMOS 作为光电转换元件。随着硅晶圆加工技术的进步，CMOS 的各项技术指标有望超过 CCD，它在图像传感器中的应用也会日趋广泛。

5.3.2　听觉传感器

能听懂人的语言称为语言识别功能，能讲出人的语言称为语音合成功能。具有语音识别功能，能检测出声音或声波的传感器称为听觉传感器。机器人听觉传感器的功能相当于机器人的耳朵，要具有接收声音信号和语音识别的功能。声源通过空气振动产生声波，听觉传感器将声波转换成电信号，从而具备接收声音信号的功能。

接收声音信号的听觉传感器实际上就是麦克风，常用的有动圈式传感器、压电式传感器和电容式传感器。

（1）动圈式传感器（电阻变换型声敏传感器）

动圈式传感器的工作原理如图 5-34 所示，当声波经空气传播至膜片时，膜片产生振动，在膜片和电极之间的碳粒接触电阻发生变化，从而改变送话器的电流，该电流经变压器耦合至放大器，信号经放大后输出。

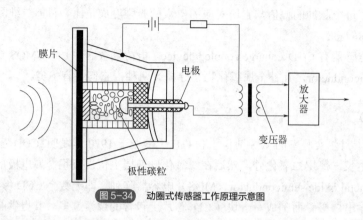

膜片

电极

放大器

变压器

极性碳粒

图 5-34 动圈式传感器工作原理示意图

（2）电容式声敏传感器

电容式声敏传感器利用电容大小变化将声音转化为电信号。如图 5-35 所示，电容式声敏传感器由膜片、护盖及固定电极组成。膜片是一片重量轻而弹性好的金属薄片，它与固定电极组成一个间距很小的可变电容器。当膜片在声波作用下振动时，膜片与固定电极间的距离发生变化，从而引起电容量的变化。如果在传感器的两极间串接负载 R_L 和直流电压 E，当电容量随声波的振动而变化时，在 R_L 两端就会产生交变电压。

（3）压电式声敏传感器

压电式声敏传感器是利用压电晶体的压电效应制成的。如图 5-36 所示，当声波作用在膜片上使其振动时，膜片带动压电晶体产生机械振动，压电晶体在机械应力的作用下产生随声压大小变化的电压，从而完成声电转换。

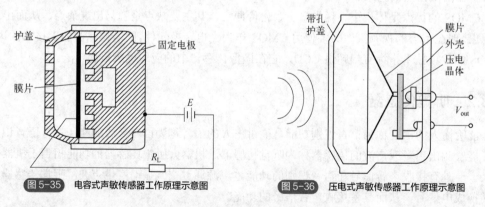

护盖

固定电极

膜片

E

R_L

带孔护盖

膜片

外壳

压电晶体

V_{out}

图 5-35 电容式声敏传感器工作原理示意图　　**图 5-36** 压电式声敏传感器工作原理示意图

采用以上听觉传感器接收到语音信息后，还需要进行语音识别。语音识别系统一般是根据话语的频率成分来进行识别的，主要分为两类：特定语言识别和自然语言识别。

特定语言识别需要预先提取特定讲话者发音的单词或音节的各种特征参数，并记录在存储器中，将要识别的声音与之比较，从而确定讲话者的信息。目前该技术已经进入实用阶段，语音识别芯片已经商品化。采用这些芯片构成的传感器控制系统如图 5-37 所示，其中麦克风代表声敏传感器，由此获得的电信号经过预处理和 A/D 转换成为数字信号，通过语音识别芯片进行识别，主控计算机根据识别结果控制机器人完成相应的动作，如果必要也可以进行声音合成，用声音完成人机交互。

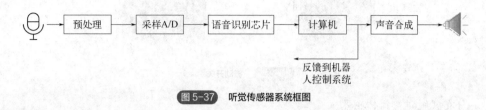

图 5-37　听觉传感器系统框图

自然语言识别无法预先提取讲话人的声音，要识别其声音特征参数就困难很多。但是随着人工智能技术的发展，自然语言识别与处理已经迈入深度学习时代，越来越多的自然语言处理技术趋于成熟并显示出巨大商业价值。

5.3.3　触觉传感器

人的触觉是通过四肢和皮肤对外界物体性状的一种感知。机器人触觉的重要性仅次于视觉，它是接触、冲击、压迫等机械刺激感觉的综合，通过触觉传感器与被识别物体相接触或相互作用来完成对物体表面特征和物理性能的感知。图 5-38 所示为机械手以正确的姿态和力度握持一枚鸡蛋，若没有触觉传感器的协助，是很难做到的。

触觉传感器的作用主要有三类：

① 感知操作手指的作用力，使手指动作适当。

② 识别操作物的大小、形状、质量及硬度等。

③ 躲避危险，以防碰撞障碍物。

机器人触觉传感器又可细分为接触觉、压觉、滑觉、力觉传感器。

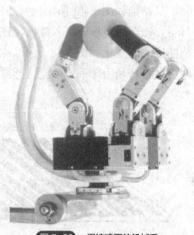

图 5-38　握持鸡蛋的机械手

（1）接触觉传感器

接触觉传感器安装在机器人的运动部件或末端执行器上，用来判断机器人部件是否接触到外界物体，也可以用来检测被接触物体特征。接触觉传感器也可以安装在机器人工作站的其他辅助设备上，比如用作行程开关。

1）点动式接触觉传感器

机械式接触觉传感器利用触点的接通、断开获取信息，微动开关是为最简单的单点式接触觉传感器，输出为二值量（即 0 和 1），常用于感受对象物的存在与否。微动开关是一种经济实用的单点式接触觉传感器，主要由弹簧和触头构成，当外力通过传动元件作用于动作簧片上，其末端的定触点与动触点就会快速接通或断开，从而起到开关作用。微动开关的特点是触点间距小、动作行程短、按动力小、通断迅速、使用方便、结构简单，缺点是易产生机械振荡，且触头易氧化。其外形如图 5-39 所示。在实际应用中，通常微动开关会与相应的机械装置如探头、探针等相结合，构成一种触角传感器。

图 5-39   微动开关

2）分布式触觉接触传感器

如果仅用于检测是否接触，点动式微动开关就可以满足需求；如果需要检测对象物体的形状，就需要在接触面上高密度地安装敏感元件，而点动式开关太大不便于集成。

用于辨识物体接触面轮廓的传感器是分布式的，比如压阻阵列触觉传感器，其信号的处理涉及图像处理、计算机图形学、人工智能、模式识别等学科。

利用压阻材料制成的阵列式触觉传感器是分布式触觉传感器代表，它可将压力信号变为电信号。压阻材料上面排列平行的列电极，下面排列平行的行电极，行列交叉点构成阵列压阻触元，其结构如图 5-40 所示。常用的压阻材料是导电橡胶或碳毡（CSA）。碳毡是一种渗碳纤维材料，在金属电板间夹入碳毡，在压力作用下，导电接触面积增加，纤维电阻值下降，其电阻值随压力的变化如图 5-41 所示。碳毡的优点是灵敏度高、有较强的耐过载能力，缺点是迟滞大、线性度差。利用阵列式触觉传感器可制成人工指尖，这类传感器也可以用于压觉测量。

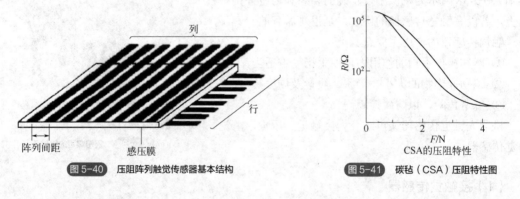

图 5-40   压阻阵列触觉传感器基本结构

图 5-41   碳毡（CSA）压阻特性图

（2）压觉传感器

压觉是指用手指把持物体时感受到的压力感觉，压觉传感器是接触觉传感器的延伸。现有的压力传感器一般有以下几种。

1）压阻效应式

压阻材料的内阻随压力变化而变化，称为压阻效应。将压组元件密集配置成阵列，即可检测压力的分布。例如，多晶硅或者单晶硅等半导体材料的某一晶面受压力时，晶体固有电阻率会发生变化。如图 5-42 所示，R_1、R_2、R_3、R_4 为利用扩散工艺在半导体材料的感压膜片上产生的四个敏感电阻条，将其连接形成惠斯通电桥结构，其输入电压为 U_s，使用恒流源或者恒压源供电。电阻初始值都相等即 $R_1=R_2=R_3=R_4$，此时电桥处于平衡状态，输出电压 $U_o=0$。当有压力作用于膜片时，敏感电阻的阻值就会改变，电桥的平衡状态被打破，所以输出电压 U_o 发生改变，从而能够测量出所受压力。

2）压电效应式

压电材料在压力的作用下相应表面会产生电荷，称为压电效应。可以将压电材料制成类似人类皮肤的压电薄膜感知外界的压力。其优点是耐腐蚀、频带宽、灵敏度高。缺点是无直流响应，不能直接检测静态信号。

3）集成压敏式

利用半导体力敏元件与信号电路构成的集成压敏传感器，常用的有压电型、电阻型和电容型三种。其优点是体积小、成本低、便于同计算机连接，缺点是耐压负载小、不柔软。

4）利用压磁传感器、扫描电路和针式差动变压器式触觉传感器构成的压觉传感器

这种传感器有较强的过载能力，但体积较大。

机器人的压力传感器安装在手爪上面，可以在把持物体时检测到物体与手爪间产生的压力及其分布情况。比如把多个压电元件和弹簧排列成平面状，就可识别各处压力的大小以及压力的分布，由于压力分布可表示物体的形状，所以也可用作识别物体。通过对压觉的巧妙控制，机器人即可抓取豆腐及鸡蛋等软物体，图 5-43 为机械手在压力传感器的辅助下抓取塑料吸管。

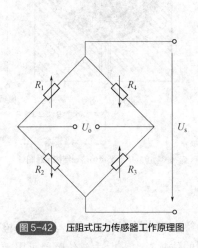

图 5-42　压阻式压力传感器工作原理图　　　图 5-43　机器人通过压力传感器拿起吸管

（3）滑觉传感器

一般可将机械手抓取物体的方式分为硬抓取和软抓取两种。硬抓取指末端执行器利用最大的夹紧力抓取工件，只考虑工件能否被抓起，不考虑是否会损伤工件。如果抓取的是类似鸡蛋的易碎物，其握力应尽量小，但又不会导致工件滑落，这时候就必须采用软抓取——在手爪上安装滑觉传感器，它能检测出握力不够时工件的滑动，利用这一信号，可以做到在不损坏工件的情况下牢牢抓住它。

滑觉传感器用于判断和测量机器人抓握或搬运物体时物体所产生的滑移，它实际上是一种位移传感器。滑觉传感器按有无滑动方向检测功能分为无方向性、单方向性和全方向性三类。

① 无方向性传感器　有探针耳机式，它由蓝宝石探针、金属缓冲器、压电罗谢耳盐晶体和橡胶缓冲器组成。滑动时探针产生的振动，由罗谢耳盐晶体转换为相应的电信号。缓冲器的作用是减小噪声。

② 单方向性传感器　有滚筒光电式，被抓物体的滑移使滚筒转动，光敏二极管接收到透过码盘（装在滚筒的圆面上）的光信号，通过滚筒的转角信号而测出物体的滑动，原理与光电编

码器类似。如图5-44所示,当手爪中的物体滑动时,滚轴将旋转,滚轴带动安装在其中的光电传感器和缝隙码盘而产生脉冲信号,这些信号通过计数电路和D/A转换器转换成模拟电压信号,通过反馈系统构成闭环控制,不断修正握力,达到消除滑动的目的。

③ 全方向性传感器 典型代表是球形滑觉传感器,其中有一个表面包有绝缘材料并构成经纬分布的导电与不导电区的金属球(图5-45),当传感器接触物体并产生滑动时,球发生转动,使球面上的导电与不导电区交替接触电极,从而产生通断信号,通过对通断信号的计数和判断可测出滑移的大小和方向。这种传感器可以检测全方位的滑动,但制作工艺要求较高。

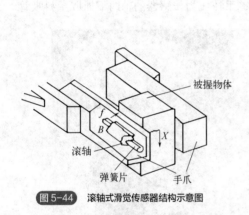

图 5-44 滚轴式滑觉传感器结构示意图

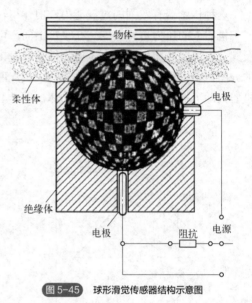

图 5-45 球形滑觉传感器结构示意图

(4)力觉传感器

机器人的力觉传感器用于检测机器人的手臂和手腕等所产生的自身力,或与外部环境之间的作用力,力觉传感器是智能机器人感知系统中最重要的传感器之一。力觉传感器可用于感知夹持物体的状态,校正由手臂变形引起的运动误差,防止碰撞,控制装配、打磨、研磨抛光的质量等,应用十分广泛。

根据检测原理,力觉传感器可分为应变片式、压电元件式、差动变压器、电容位移计等多种形式。其中电阻应变片式力觉传感器使用比较广泛,在腕力传感器中尤为普遍。根据传感器安装位置和测量对象的不同,力觉传感器又可分为关节力传感器、腕力传感器和指力传感器。机器人的力觉传感器分类如图5-46所示。

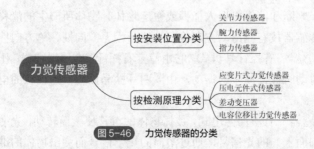

图 5-46 力觉传感器的分类

1）关节力传感器

关节力传感器安装在关节驱动器上，测量驱动器本身的输出力和力矩，用于控制过程的力反馈，这种传感器信息量单一，结构比较简单，是一种专用的力传感器。

工业机器人关节力矩传感器根据检测原理不同，目前可以分为应变片型、磁弹性型、光电型和电容型等。其中应变片型最为成熟，应用最为普遍。如图 5-47 所示，应变片型关节力矩传感器在传感器弹性体上粘贴若干应变片并将其组成惠斯通电桥电路，利用应变片的应变电阻效应，感知传感器弹性体在负载作用下产生的变形，将弹性体产生的微小应变转化为容易测量的电桥电压，再经过一系列信号处理实现扭矩测量。

2）腕力传感器

腕力传感器安装在末端执行器和机器人最后一个关节之间，它能直接测出作用在末端执行器上的各向力和力矩，结构相对复杂。由于其安装部位在末端执行器和机器人手臂之间，比较容易形成通用化的产品系列。

腕力传感器有单维和多维之分。机器人拧螺栓时，需要感知其输出的力矩确保螺栓松紧合适，这时单维力矩传感器即可满足需要。应变片式单维力矩传感器工作原理与关节力矩传感器十分相似。

更复杂的作业则需要使用多维力传感器。六维力觉传感器是机器人最重要的外部传感器之一，该传感器能同时获取包括三个力和三个力矩在内的全部信息，因而被广泛用于力/位置控制、轴孔配合、轮廓跟踪及双机器人协调等先进机器人控制之中，已成为保证机器人操作安全与完善作业能力方面不可缺少的重要工具。腕力传感器大部分采用应变电测原理，常见的有十字腕力传感器和桶式腕力传感器。

图 5-48 是一种典型的多维十字腕力传感器的结构示意图，这种传感器做成十字形状，四个工作梁的横断面都为正方形，每根梁的一端与圆柱形外壳连接在一起，另一端固定在手腕轴上。在每根梁的上下左右表面选取测量敏感点粘贴半导体应变片，并将每根工作梁相对表面上的两块应变片以插动方式与电位计电路连接。在外力作用下，电位计的输出电压正比于该对应变片敏感方向上力的大小，然后再利用传感器的特征数据，可将电位计的输出信号进行解耦，得到六个力或力矩的精确解。

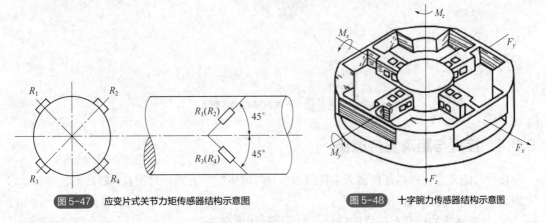

图 5-47　应变片式关节力矩传感器结构示意图　　图 5-48　十字腕力传感器结构示意图

图 5-49 所示的 SRI（Stanford Research Institute）六维腕力传感器采用桶式结构，它由一根直径为 75mm 的铝管铣削而成，分为上下两层，上层由四根竖直梁组成，下层由四根水平梁组

成，在八根梁的相应位置上粘贴应变片作为测量敏感点。传感器两端通过法兰盘与机器人腕部连接。机器人腕部受力时八根弹性梁产生不同性质的变形，使敏感点的应变片产生应变并输出电信号。通过一定的数学关系式可以算出 x、y、z 三个坐标上的分力和分力矩。图 5-49 中 P_{x+}，Q_{y-} 等代表八根应变梁的变形信号输出。该传感器具有良好的线性重复性和较好的迟滞性，并且对温度有补偿性，但其结构复杂不易加工，而且刚度较低。

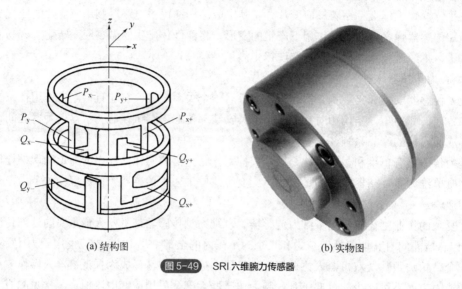

(a) 结构图　　　　　　　　　　　　　　(b) 实物图

图 5-49　SRI 六维腕力传感器

3）指力传感器

指力传感器安装在机器人手指或手指关节上，用来测量夹持物体时手指的受力情况。指力传感器一般测量范围较小，同时受手爪尺寸和重量的限制，在结构上要求小巧，如图 5-50 所示。指力传感器也可以用来防止碰撞，机器人如果感知到压力将发送信号，从而限制或停止机器人的运动。

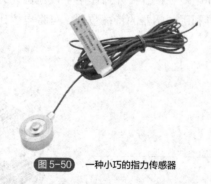

图 5-50　一种小巧的指力传感器

5.3.4　接近与距离觉传感器

接近与距离觉传感器是机器人用以探测自身与周围物体之间相对位置和距离的传感器。它主要起以下三个方面的作用。

① 接触对象物前获取必要的信息，为后面动作做准备；

② 发现障碍物时，改变路径或停止，以免发生碰撞；

③ 得到对象物体表面形状的信息。

　　传感器越接近物体，越能精确地确定物体位置，因此常安装于机器人的手部，也可用于机器人工作站中的其他辅助设备上。根据感知范围，接近与距离觉传感器大致可分为三类，如图 5-51 所示，此外前面介绍过的视觉传感器也具有接近觉传感器的功能。

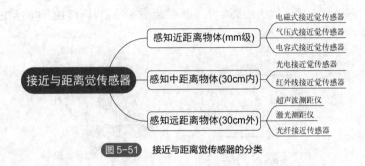

图 5-51　接近与距离觉传感器的分类

　　接触和距离觉传感器种类繁多，原理各异，图 5-52 将其工作原理做了归纳，我们可以从测量量、媒介及被测对象的反应三个方面理解此类传感器的工作原理。下面简要介绍几种接触和距离觉传感器的工作原理，可与图 5-52 对照学习。

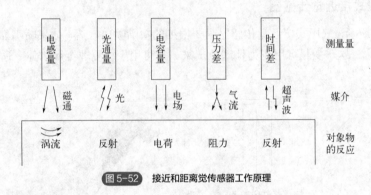

图 5-52　接近和距离觉传感器工作原理

（1）电磁式接近觉传感器

　　由于工业机器人的工作对象大多是金属部件，因此电磁式接近觉传感器的应用较广，比如在焊接机器人中可用它来探测焊缝。电磁式接近觉传感器常用于毫米级测距，测量量是电感量，其工作原理如图 5-53 所示。加有高频信号 i_s 的励磁线圈 L 产生的高频电作用于金属板，在其中产生涡流，该涡流又反作用于线圈，涡流大小随金属体表面到线圈的距离而变化，因此通过检测线圈的输出即可获得传感器与被接近金属间的距离。电磁式接近觉传感器又称为涡流式接近觉传感器。

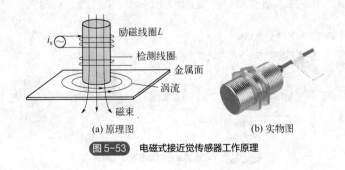

(a) 原理图　　　　　　　　(b) 实物图

图 5-53　电磁式接近觉传感器工作原理

（2）电容式接近觉传感器

电容式接近觉传感器的测量量是电容量，可用于检测任何固体或液体材料。如图 5-54 所示，传感器本身作为电容的一个极板，被接近物作为另一个极板，电容极板距离的变化会导致电容的变化，从而检测出与被接近物的距离。电容式接近觉传感器具有对物体的颜色、构造和表面都不敏感且实时性好的优点。

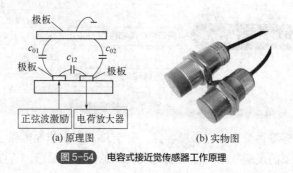

(a) 原理图　　　　(b) 实物图

图 5-54　电容式接近觉传感器工作原理

（3）气压式接近觉传感器

如图 5-55 所示，气压式接近觉传感器由一根细的喷嘴喷出气流，如果喷嘴靠近物体，则内部压力发生变化，这一变化可用压力计测量出来。它可用于检测非金属物体，适用于测量微小间隙。

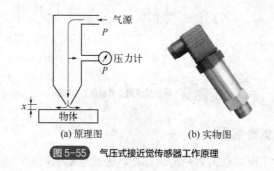

(a) 原理图　　　　(b) 实物图

图 5-55　气压式接近觉传感器工作原理

（4）光电式接近觉传感器

光电式接近觉传感器利用光电效应来检测物体的存在。如图 5-56 所示，光电接近传感器由光源、接收器和处理电路组成，当物体靠近传感器时，光线被物体遮挡，接收器接收到的光信号减弱，处理电路会根据接收到的信号来判断物体是否存在。这种传感器具有非接触性、灵敏度高、反应速度快、可靠性高等优点，广泛应用于自动化生产线、机器人、电子设备等领域。

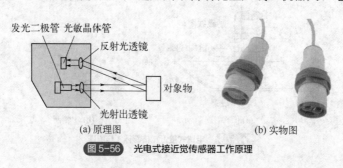

(a) 原理图　　　　　　　　(b) 实物图

图 5-56　光电式接近觉传感器工作原理

（5）红外接近觉传感器

红外接近觉传感器的测量量为光通量。任何物质，只要它本身温度高于绝对零度，都能辐射红外线。红外发光管发射经调制的信号，经目标物反射，红外光敏管接收到红外光强的调制信号，从而判断距离远近。红外线接近觉传感器的发送器和接收器都很小，能够装在机器人手爪上，易于检测出工作空间内是否存在某个物体。

（6）超声波测距仪

距离传感器与接近觉传感器并无本质区别，不同之处在于距离传感器可测量较长距离。超声波测距仪的测量量是时间差，介质是超声波。超声波发射器向某一方向发射超声波，在发射的同时开始计时，超声波在空气中传播，途中碰到障碍物立即返回，超声波接收器收到反射波则立即停止计时。超声波在空气中的传播速度为 340m/s，根据计时器记录的时间 t，就可以计算出发射点距障碍物的距离 $s=340t/2$。这就是所谓的时间差测距法。超声波测距仪常用于远距离测距或避障。

（7）激光测距仪

激光测距仪是利用调制激光的某个参数对目标的距离进行准确测定的仪器。脉冲式激光测距仪在工作时向目标射出一束或一系列短暂的脉冲激光束，由光电元件接收目标反射的激光束，计时器测定激光束从发射到接收的时间，从而计算出从测距仪到目标的距离。当发射的激光束功率足够时，测程可达 40km 甚至更远，激光测距仪可昼夜作业，但空间中有对激光吸收率较高的物质时，测量距离和精度都会下降。

光纤接近传感器因灵敏度低，所以一般应用较少，在此不再展开介绍。

5.3.5　工业机器人的常用传感器

在现代工业中，机器人被用于执行各种作业任务，比较常见的有物料搬运、装配、喷漆、焊接、检验等。表 5-2 列出了常见机器人所需传感器及其作用。

表 5-2　常见机器人工作站所需传感器及其作用

机器人类型	所需传感器类型	传感器的作用
搬运机器人	视觉系统	视觉系统主要用于被拾取零件的粗定位，使机器人能够根据需要寻找应该抓取的零件并获取零件的大致位置；也可以用于检测传送带上工件的有无、识别工件的类别等
	触觉传感器	感知被拾取零件的存在；确定零件的准确位置；确定零件的方向。触觉传感器有助于机器人更加可靠地拾取零件
	力觉传感器	控制手爪夹持力，防止损坏零件
喷漆机器人	光电开关	待喷漆工件一进入喷漆机器人的工作范围，光电开关立即通知机器人进行正常的喷漆作业
	测速码盘	用于传送带等速度的检测
	超声波测距传感器	用于检测待漆工件的到来，同时监视机器人及其周围设备的相对位置变化，以避免发生相互碰撞

续表

机器人类型	所需传感器类型	传感器的作用
喷漆机器人	气动式安全保护器	一旦机器人末端执行器和周围物体发生碰撞，气动式安全保护器会自动切断机器人的动力源，以减少不必要的损失
	阵列触觉传感器	当喷漆机器人须同时对不同种类的工件进行喷漆时，阵列触觉传感器系统用于识别工件（形状较简单），以便调用与工件相应的作业程序
	视觉系统	用于识别形状较复杂的工件，以便调用与工件相应的作业程序
焊接机器人	位置传感器	用于点焊和弧焊机器人，控制位置。传感器主要采用光电式增量码盘，也可以采用较精密的电位器
	速度传感器	用于点焊和弧焊机器人，控制速度。目前主要采用测速发电机，其中交流测速发电机的线性度比较高，且正向和反向输出特性比较对称，比直流测速发电机更适合弧焊机器人使用
	接近传感器	仅用于点焊机器人。检测点焊机器人和待焊工件的接近情况，控制点焊机器人的运动速度
	焊缝跟踪传感器	仅用于弧焊机器人。弧焊机器人要求焊枪沿焊缝自动定位并自动跟踪焊缝，目前完成这个功能的常见传感器有触觉传感器，位置传感器，弧压传感器和视觉系统

5.4　多传感器信息融合

瞎子摸象的典故大家都耳熟能详，它说明即便有多个局部的反馈信息，如果不能站在全局的视角去综合考虑，也很难对事物做出正确全面的认识和评价。

随着机器人的智能化要求越来越高，系统中使用的传感器种类和数量必然越来越多，每种传感器都有一定的使用条件和感知范围，它们都能给出环境或对象的部分信息。为了有效地利用这些传感器信息，需要采用某种形式对传感器信息进行综合、融合。

多传感器信息融合技术通过对多传感器及其观测信息的合理使用，把多个传感器在时间和空间上的冗余或互补信息依据某种准则进行组合，以获取被观测对象的一致性解释或描述。传感器融合类型有很多种，这里举两个例子。

（1）竞争性传感器融合

当利用不同的传感器检测同一环境或同一物体的同一性质时，提供的数据可能是一致的也可能是矛盾的。若有矛盾，则需要系统去裁决，裁决的方法有多种，如加权平均法、决策法等。比如在图 5-57 所示的移动机器人导航系统中，车辆的位置可以通过激光测距传感器、超声波传感器以及视觉传感器等多种方法获得，如果给视觉传感器设定比较高的权值，当通过视觉系统观测路标成功，则采用路标观测的结果，并对其他方法获得的值进行修正。

（2）互补性传感器融合

与竞争性方式不同，互补性方式是指各种传感器提供不同形式的具有互补价值的数据。例如，利用彩色摄像机和激光测距仪确定一段阶梯道路。彩色摄像机提供图像信息（如颜色、阶梯特征等），而激光测距仪提供距离信息，两者融合即可获得三维信息。

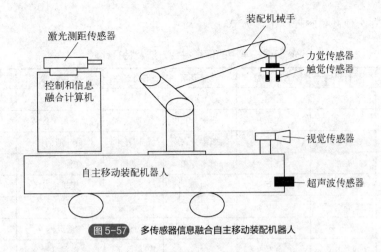

图 5-57　多传感器信息融合自主移动装配机器人

图 5-58 展示了工业机器人中常见的多传感器信息融合系统结构示意图。

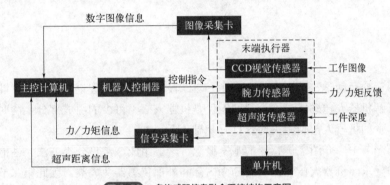

图 5-58　多传感器信息融合系统结构示意图

多传感器要获得关于对象和环境的全面、完整的信息，关键在于融合算法的设计。目前，多传感器数据融合虽然未形成完整的理论体系和有效的融合算法，但在不少应用领域已经提出了许多成熟有效的融合方法。目前多传感器信息融合的常用方法可分为四类，即估计方法、分类方法、逻辑推理方法和人工智能方法，每一类下又发展出多种具体的方法，如图 5-59 所示。其中最简单实用的是加权平均法，该方法的本质是按照每个传感器所占的权值来进行加权平均，将平均值作为融合结果。该方法可以实时处理来自传感器的原始冗余信息，比较适用于动态环境中，但使用该方法时，必须先对系统与传感器进行细致的分析，以获得准确的权值。其他多种信息融合算法这里不做具体介绍，有兴趣可以参阅相关文献。

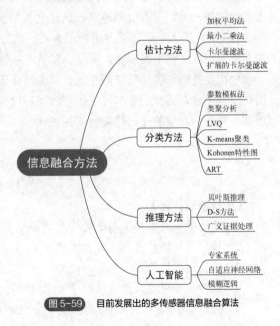

图 5-59　目前发展出的多传感器信息融合算法

常用的信息融合方法及特征比较如表 5-3 供参考，具体选用哪种算法需要根据具体情况确定，通常会用到两种甚至两种以上的方式。

表5-3 常用的信息融合方法及特征比较

融合方法	运行环境	信息类型	信息表示	不确定性	融合技术	适用范围
加权平均	动态	冗余	原始读数值		加权平均	低层数据融合
卡尔曼滤波	动态	冗余	概率分布	高斯噪声	系统模型滤波	低层数据融合
贝叶斯估计	静态	冗余	概率分布	高斯噪声	贝叶斯估计	高层数据融合
统计决策理论	静态	冗余	概率分布	高斯噪声	极值决策	高层数据融合
证据推理	静态	冗余互补	命题		逻辑推理	高层数据融合
模糊推理	静态	冗余互补	命题	隶属度	逻辑推理	高层数据融合
神经网络	动/静态	冗余互补	神经元输入	学习误差	神经元网络	低/高层
生产式规则	动/静态	冗余互补	命题	置信因子	逻辑推理	高层数据融合

本章小结

　　与前面两章的运动学、动力学内容相比，本章没有那么多的理论和公式，主要目的是帮助大家熟悉和了解机器人传感器，因为它们不仅是机器人必不可少的组成部分，同时这部分内容也为学习下一章的机器人控制相关内容打好基础。

　　本章在第一节中，介绍了传感器的基本概念、一般组成、常见分类方法、性能指标以及机器人传感器的要求。机器人传感器主要分为内部和外部传感器两大类，因此第二节主要介绍内部传感器，内部传感器是用于测量机器人自身状态的功能元件，一类是位置传感器，另一类是运动检测传感器，用于检测速度、加速度、角速度等运动量以及倾斜角等。第三节主要介绍外部传感器，机器人外部传感器相当于人类的五官，用来检测机器人所处环境及工作对象的状况，本节主要讲述了典型的视觉、听觉、触觉、接近与距离觉传感器的构造及其工作原理。在最后一节中简要介绍了多传感器信息融合技术，由于机器人使用的传感器越来越多，为了有效地利用传感器信息，需要把多个传感器在时间和空间上的冗余或互补信息依据某种准则进行组合，以获取被观测对象的一致性解释或描述。

 习题

【工程基础问题】

1. 传感器一般由哪几部分组成？各部分的作用是什么？请举例说明。
2. 请简述传感器有哪些分类方式？
3. 请简述传感器的灵敏度、迟滞、重复性、漂移、稳定性等静态性能指标的含义。
4. 简述选择机器人传感器时需要考虑哪些因素？
5. 机器人内部传感器的主要作用是什么？试列举3种内部传感器并说明其用途和基本工作原理。
6. 机器人外部传感器的主要作用是什么？试列举3种外部传感器并说明其用途和基本工作原理。
7. 什么是多传感器信息融合？简述多传感器信息融合的必要性。

【设计问题】

8. 在问题导入中我们介绍了搬运装配机器人的工作任务，并通过二维码展示了该机器人工作站的其工作动画，已知待装配物料和装配母体信息如题图 5-1 和题表 5-1 所示，装配好的母体（题图 5-2）质量为 200g，未给出的其他机器人数据可以根据工作动画估计。问题导入中粗略提到需要用到的一些传感器，但不详细也不全面。请简述该机器人工作站需要哪些传感器？这些传感器需要完成什么功能？然后借助网络资料，为其选定传感器的具体型号。

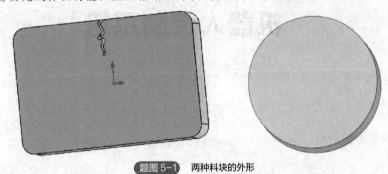

题图 5-1　两种料块的外形

题表 5-1　物料详细信息

工件形状	长/mm	宽/mm	厚/mm	直径/mm	材质	质量/g	颜色
长方形	30	20	5		PVC	4.14	橙色
圆形			5	20	PVC	8.66	黄色

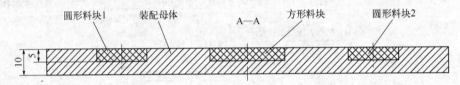

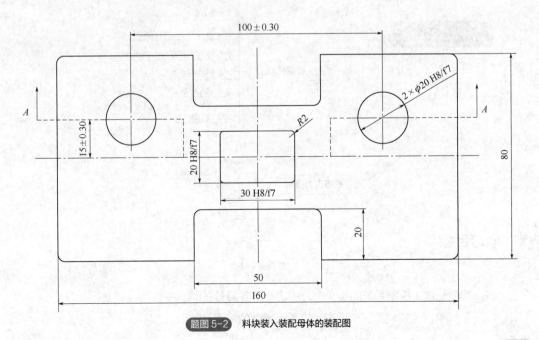

题图 5-2　料块装入装配母体的装配图

第 6 章

机器人控制系统

 思维导图

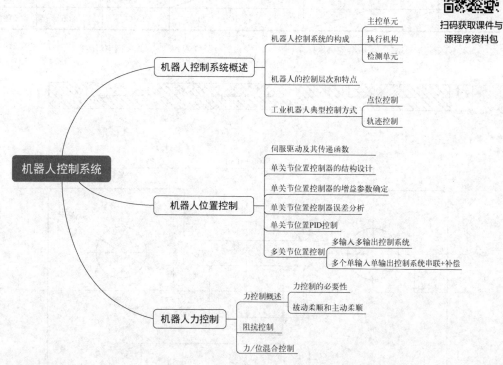

扫码获取课件与
源程序资料包

 学习目标

1. 理解机器人控制系统的三大部分的功能及各部分之间的关系;

2. 了解机器人控制的三个层次和机器人控制的特点;

3. 能对直流伺服电机进行动力学建模并求其传递函数；

4. 理解单关节位置控制器需要位置和速度两个反馈闭环的原因；

5. 能够确定位置控制器的位置和速度两个增益的取值范围；

6. 能够分析和计算位置控制器的稳态误差；

7. 理解 PID 控制中各项作用及 PID 控制特点；

8. 理解多关节位置控制的基本策略；

9. 能够区别被动柔顺和主动柔顺的优势和劣势；

10. 理解阻抗控制的基本原理和适用场合；

11. 理解力/位混合控制的基本原理和适用场合。

 问题导入

　　所谓控制，就是让动的系统按照控制者的意愿运动。在这里，机器人系统就是这个动的系统，而控制者的意愿多种多样。比如搬运机器人的任务是将重物从一点搬运到另一点，需要进行点位控制；焊接机器人则必须沿着焊缝进行焊接，需要进行轨迹控制；研磨机器人要在平行于研磨表面的方向进行轨迹控制，从而可以到达需要研磨的任意点，而在垂直于研磨表面的方向进行力控制，从而确保研磨的顺利进行。如此种种不同的控制意愿应如何实现？这就是本章的研究内容。

6.1　机器人控制系统概述

6.1.1　机器人控制系统的构成

　　图 6-1 为机器人控制系统结构框图，它以功能为主线，清晰展示了构成机器人控制系统的三

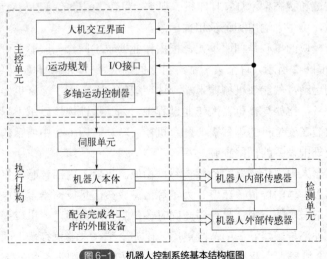

图 6-1　机器人控制系统基本结构框图

大模块以及各部分之间的关系；图 6-2 是机器人控制系统的组成示意图，它兼顾功能与空间位置，直观地展示了机器人控制系统的组成。下面我们结合这两幅图介绍机器人控制系统的构成。

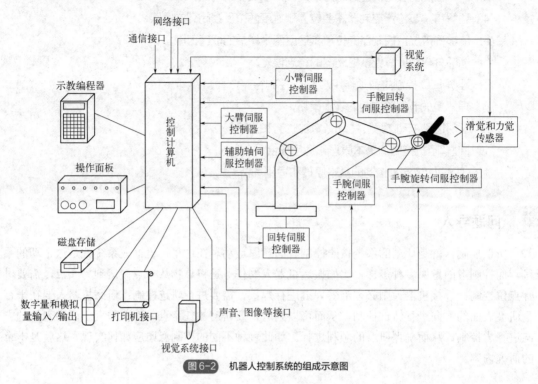

图 6-2　机器人控制系统的组成示意图

机器人控制系统主要由主控单元、执行机构和检测单元三大功能模块组成，如图 6-1 所示。

主控单元是整个控制系统的核心，相当于人的大脑。主控单元既包含软件也包含硬件。软件指控制策略、算法，以及实现算法的程序，负责机器人的运动学计算、运动规划、插补计算等，这些计算由主控计算机完成，多轴运动控制器将计算机的计算结果转变为控制信号，控制多个伺服系统协调运动。主控单元中的人机交互界面负责与控制者交换信息，它有多种形式，比如图 6-2 中的示教编程器（又称示教盒）用于机器人工作轨迹示教、参数设定等；操作面板上提供各种操作按键和状态指示灯；打印机、视觉、声音、图像等接口与对应设备（如打印机、显示屏等）连接后，可用于输出和记录相关信息。

执行机构这个模块的核心是伺服单元，根据作业要求不同，伺服驱动可为气动、液压、电动等多种形式。如图 6-2 所示，每个关节都有自己的伺服系统，控制和驱动各关节移动或转动，多个伺服单元协调运动，就能使机械臂末端到达期望的位置。为了配合机器人完成作业，有时还需要一些外围设备，比如焊接机器人作业过程中，为了保证焊接质量，焊枪与焊缝最好保持垂直关系，因此安装在变位机的焊件需要配合机器人转动。图 6-2 中所示的辅助轴伺服控制器就用于变位机之类外围设备的伺服控制。

检测单元由机器人内部传感器和外部传感器构成。机器人内部传感器集成在机器人各关节中，用于检测机器人本体的位置、速度、力矩等信息。该信息反馈给主控单元，以便主控单元根据实际情况调整下一步的控制信号。与此同时该信息还可以通过人机交互界面以数字或图像的形式展示出来。外部传感器涵盖的范围更广，比如安装在末端执行器上的滑觉、力觉传感器（图 6-2），比如配合机器人作业的各种外设上安装的传感器、视觉系统等都属于这一范畴。外部传感器用于检测机器人和外部环境的状态信息并反馈给主控单元，为其控制决策提供支持。

值得说明的是，图 6-2 中示意性质的"控制计算机"作为机器人的运动控制系统核心，其硬件的主流形式主要有以下三种。

（1）基于"工控机（IPC）+运动控制卡"的控制系统

早期也有基于"PC + 运动控制卡"的控制系统，因为工控机 IPC 比 PC 具有更丰富的硬件接口，几乎兼容所有运动控制板卡，能够更好满足工业控制的需求，所以 PC 模式目前已经逐渐被 IPC 取代。系统中工控机 IPC 负责人机交互以及运动学求解、轨迹规划、插补运算等工作，运动控制卡将计算结果转变为控制信号，实现对驱动单元的控制。

（2）基于 PLC 的控制系统

在人们的印象中，PLC 最擅长的是点对点控制，然而随着 PLC 技术的快速发展，很多 PLC 已具备多种高端功能，比如它们支持各种运动功能指令，能对多轴实现协调控制和闭环控制，从而满足工业机器人对运动控制的精度要求。这类 PLC 的优势在于接线简单，可靠性高，且容易与其他工业设备实现系统集成控制。PLC 基于循环扫描的工作机制，特别适合重复性高的工作场合。

（3）基于"PC +工业实时以太网"的控制系统

机器人控制系统的另一个发展方向是网络化。1994 年，Ken G.提出基于网络的机器人概念。工业以太网技术应具有通信速度快、网络集成度高、价位低的优势，已成为未来现场总线的发展方向。山东大学王云飞在 2015 年提出基于"PC +工业实时以太网"的机器人控制系统，如图 6-3 所示。该系统的通信采用支持标准以太网卡的 EtherMAC，在视觉系统的调度下成功控制 SCARA 和 Delta 并联机械手完成流水线的物料拾取操作。在网络控制中，通过一帧数据就可

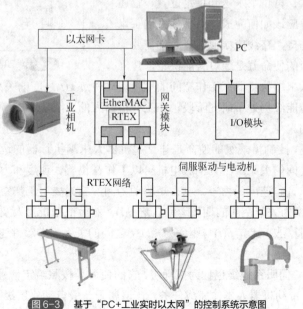

图6-3　基于"PC+工业实时以太网"的控制系统示意图

以对节点内的所有伺服电动机进行控制，并完成参数在线修改及信息采集等操作，因此具有控制效率高、可扩展性强的优点。基于网络的机器人系统可以在不改变硬件结构的基础上集成多个异构机器人，用户可以在统一的平台上对不同的机器人进行控制，所以能够缩短开发时间，有效降低硬件改造成本。此模式将推动异构多机器人协同控制技术的发展。

6.1.2 机器人的控制层次和特点

（1）机器人的控制方法和控制层次

机器人控制方法多种多样，可以简单地分为经典控制、现代控制和智能控制。经典控制以传递函数为工具，主要研究单输入单输出的控制系统，比如常用的 PD、PID 闭环控制；现代控制以状态方程为工具，可以解决多输入多输出系统的控制问题，比如最优控制、解耦控制、变结构控制和自适应控制等。智能控制起源于 1971 年，美籍华人傅京孙教授发表了《学习控制系统与智能控制系统：人工智能与自动控制的交叉》一文，讨论人工智能在控制和自动化中深入且系统化的应用途径，此文正式开启了"智能控制 (intelligent control)"这一崭新的多学科交叉研究领域。智能控制是当今研究的热门领域，是人工智能在机器人控制领域的应用，专家系统控制、模糊控制、神经网络控制、学习控制、进化控制等都属于智能控制范畴。

机器人控制层次分为三级，即人工智能级、控制模式级和伺服系统级，如图 6-4 所示。

① 人工智能级 如果对机器人说"给我冲一杯茶送来"，它要如何执行这个任务？首先它需要过语音识别理解任务，然后将任务分解为几个子任务，比如取茶杯、放茶包、接水、再将茶水送到指定位置。它还需要决定每个子任务应该如何完成，以子任务送茶水为例，茶杯应如何握持，路线应如何选择等都需要一一确定。人工智能级的使命就是通过智能决策，建立起任务指令与机器人末端执行器在工作空间的期望运动轨迹 $x(t)$ 之间的关系。

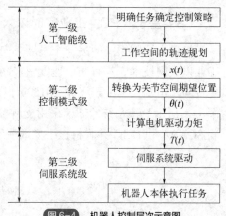

图 6-4　机器人控制层次示意图

事实上，人工智能级仍处于研究阶段，在工业机器人的应用还不多，目前该级别的工作基本还是由人来完成的。

② 控制模式级 控制模式级的使命是建立起机器人末端执行器的运动轨迹 $x(t)$ 与各关节伺服电机驱动信号之间的关系。因为伺服电机可以工作在位置、速度和力矩三种模式下，因此驱动信号也可以是位置、速度或力矩。以力矩驱动为例，首先要将工作空间中的期望运动轨迹 $x(t)$ 通过逆运动学转换为关节空间的期望运动轨迹 $\theta(t)$，然后根据机器人及其驱动系统的动力学模型，结合各种控制算法，建立 $\theta(t)$ 与驱动力矩 $T(t)$ 之间的关系。本章讲述的控制方法，主要以这个层级为主。

③ 伺服系统级 伺服系统级也称为执行层，它的使命是按照给定信号，准确地输出期望的位置、速度或力矩，带动机器人本体完成任务。该层属于一般自动化层级。在 6.2.1 节中，会详细介绍伺服系统的构成及其动力学模型。

（2）机器人的控制特点

与一般的伺服系统或过程控制系统相比，机器人控制系统有如下特点。

① 机器人的控制与机构运动学及动力学密切相关。机器人末端在工作空间中作业，而我们只能控制关节空间中的电动机，所以经常需要求解运动学正问题和逆问题。此外，由于机器人的动力学模型十分复杂，要获得高质量的控制，必须考虑惯性力、向心力和科氏力、外力等多种因素的影响。

② 机器人一般都有多个自由度，每一个自由度均包含一个伺服系统，从而构成一个多变量的控制系统。把多个独立的伺服系统有机地协调起来，使其按照人的意志运动，甚至赋予机器一定的智能，这个任务必须由计算机来完成。

③ 描述机器人状态和运动的动力学模型具有非线性，随着机械臂位姿和外力的变化，模型中各参数也在变化，而且各变量之间还存在耦合，因此仅仅利用位置闭环是不够的，还需要利用速度闭环甚至加速度闭环，系统中经常使用重力补偿、前馈解耦或自适应控制等方法提高控制精度。

④ 机器人的动作往往可以通过不同的方式和路径来完成，因此存在一个最优的问题，较高级的机器人可以用人工智能的方法，用计算机建立起庞大的信息库，借助信息库进行控制、决策、管理和操作，根据传感器和模式识别的方法获得对象及环境的工况，按照给定的指标要求自动地选择最佳控制规律。

总而言之，机器人控制系统是一个与运动学和动力学紧密相关的、有耦合的、多输入多输出的非线性控制。机器人控制理论至今还不完善，但在实践中，最简单的控制策略是把机器人每个关节作为一个单输入单输出系统来控制，将其他关节运动引起的耦合则当作干扰来处理。这种独立关节控制方法是工程实际中常用的近似方法，也是本章主要介绍的方法。

6.1.3 机器人典型控制方式

根据控制目标的不同，机器人控制可分为位置控制和力控制两类，前者是最基本的控制形式，目前已形成比较成熟的控制方法在业界广泛使用，后者也已探索出一些较为有效的方法，但其中还有些问题尚处在研究之中。本章将对位置控制做比较详细的定量分析，对力控制主要做定性的讨论。

机器人作业时如果不与环境接触，通常采用位置控制，它主要有以下两种形式。

① 点位控制（PTP，point to point） 点位控制实现机器人末端从一个给定点运动到另一个给定点的控制，而点与点之间的轨迹却无关紧要。点焊机器人、搬运机器人主要采用这种控制方式。

② 轨迹控制（CP，continuous path） 轨迹控制要确保机器人末端的运动轨迹严格遵循给定的曲线进行。机器人在进行弧焊、喷漆、切割等作业时需要采用这种控制方式。

在位置控制中，有时要求机器人的运行速度遵循一定的变化曲线，即在位置控制的同时还要进行速度控制，要处理好快速与平稳的矛盾。尤其是要注意启动加速和停止前的减速这两个运动阶段，避免加速度过大对机器人产生冲击。

机器人作业时如果需要与环境接触，就需要控制机器人与环境之间的作用力，避免机器人本体或者环境遭到磨坏，这种控制称为力控制，比如去毛刺、研磨、组装等作业，都需要对机器人进行力控制。

6.2 机器人位置控制

在第 4 章中，我们推导了串联机器人的动力学模型如下：

$$\tau = D(q)\ddot{q} + H(q,\dot{q}) + G(q)$$

如果该模型完全精确，也能精确确定模型中各参数的值，且系统没有扰动存在，那么将式中 q、$\dot{q}$、$\ddot{q}$ 替换为轨迹生成器计算出的理想关节位置 θ_d、$\dot{\theta}_d$、$\ddot{\theta}_d$，就可以计算出沿着期望轨迹运动所需要的关节驱动力矩，按照该力矩直接驱动电动机就可以得到机器人末端的期望运动，这种单向的没有反馈的控制方式称为开环控制。

然而，推动机器人动力学模型时是有一些理想假设的，比如机器人各部分均为刚体、摩擦力不存在等，而且该模型中有大量参数难以准确确定，此外还有无法预知的干扰存在，因此这样计算出来的力矩并非期望的关节力矩。实际上，机器人的位置控制并不使用这种开环控制的方式，而是会利用传感器反馈的信号进行闭环控制。

由图 6-5 可以看出，通过传感器可以测量出机器人实际的关节位置和关节速度，利用各个关节期望位置和实际位置之差，以及期望速度和实际速度之差来计算伺服误差，即：

$$\begin{cases} e = \theta_d - \theta \\ \dot{e} = \dot{\theta}_d - \dot{\theta} \end{cases} \tag{6-1}$$

控制系统根据伺服误差计算出所需控制量 u_1，将经放大器放大后的控制量 u_2 输入伺服驱动器，驱动器则会输出合适的力矩 τ 带动关节运动，从而减小各关节与期望位置之间的误差。系统的控制作用是通过给定量与反馈量的差值进行的，这种控制方式称为按偏差控制或反馈控制，这种利用反馈的控制系统称为闭环系统。

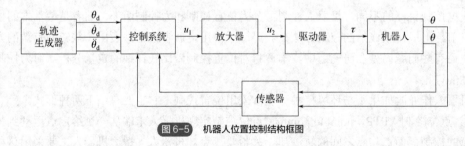

图 6-5　机器人位置控制结构框图

机器人控制的基础是单关节控制，而机器人关节最常见的驱动器是伺服电动机，所以下面我们首先讨论伺服驱动的动力学模型，然后讨论单关节的位置控制方式，最后探讨多关节的位置控制。

6.2.1 伺服驱动及其传递函数

伺服系统也叫随动系统，以精确运动控制和力矩输出为目的，综合运用机电能量变换与驱动控制、信号检测、自动化、计算机控制等技术，实现执行机构对位置指令的精确跟踪。

机械驱动的动力源一般有电动机、液压及气动三种形式，常用于机器人关节驱动的是电动和液压驱动。本节主要介绍采用直流电机驱动的方式。

（1）关节伺服系统的组成

机器人关节是机器人运动的动力源，主要包括电动机、减速器、传感器及机构，通过关节伺服驱动器实现机器人的行为控制。现在经常将关节伺服系统各部分整合在一起，形成关节模组，可以非常方便地组装成多轴机械臂。

图6-6为某品牌的关节模组外观图和内部构造图。该模组电动机采用了无框力矩电机，它具有中空大孔径结构，方便走线；谐波减速器用于增加驱动力矩，降低运动速度；传感器有三个，其中增量式编码器用于电机侧的角位移检测，绝对编码器用于关节侧（减速后）角位移检测，力传感器用于检测关节扭矩；抱闸机构即为制动器，机器人待机时抱闸为抱紧状态，只有工作时抱闸才会打开，确保使用安全。

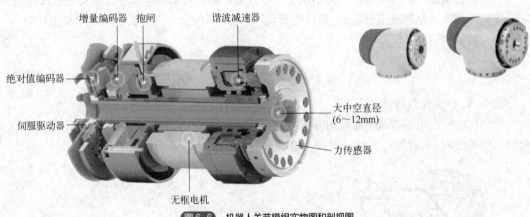

图6-6 机器人关节模组实物图和剖视图

伺服驱动器也称为驱动控制器或驱动电路，如图6-7所示。伺服驱动器主要包括两个单元，即功率驱动单元和算法控制单元。伺服电动机正常工作时需要的电流较大，一般为几安培到几十安培，因此电动机需要使用大功率的驱动电路，这就是功率驱动单元也称为放大器的原因。为了实现机器人关节跟随指令进行伺服运动，电动机必须输出精确的位置、速度或力矩，这就要求其根据传感器反馈的检测信息进行位置环、速度环和电流环的三环闭环控制，这就是算法控制单元的作用。

(a) 伺服驱动器正面　　　　　　　(b) 安装在关节模组中的伺服驱动器

图6-7 伺服驱动器

（2）直流电动机驱动的动力学模型

目前机器人驱动系统中应用最多的是直流伺服电动机驱动和交流伺服电动机驱动。由于广泛采用的交流伺服电动机矢量变换控制原理与直流伺服电动机类似，本节以直流电动机为例，讨论其动力学建模与控制。建模时假设关节各组成部分均为理想刚体，且忽略电动机内部的摩擦和间隙。

如图 6-8 所示，直流电动机由固定的定子和旋转的转子组成，转子也称为电枢（armature）。永磁定子产生径向磁通，通电的转子位于磁场中，会因洛伦兹力产生一个使其自身旋转的输出转矩，该输出转矩 T_m 与电枢电流 i_m 成正比，即：

$$T_m = K_t i_m \tag{6-2}$$

式中，K_t 称作电动机电磁转矩常数。

为了表达清晰，图 6-8 中转子只绘制了一个线圈，但在真实的电机中，很多电枢线圈按一定的规律连接在一起构成电枢绕组。电动机转动时，电磁感应会在电枢上产生一个反电动势 v_{ef}，其大小与转子的转速 $\dot{\theta}$ 成正比，即：

$$v_{ef} = K_e \frac{\mathrm{d}\theta_m}{\mathrm{d}t} \tag{6-3}$$

式中，K_e 称作反电动势常数。

电动机电枢绕组的等效电路如图 6-9 所示，其中电路部分由输入电压 $e(t)$、电枢电感 L_m、电枢电阻 R_m 和反电动势 v_{ef} 几部分构成，电动机的输出扭矩 T_m 带动机械部分运动。

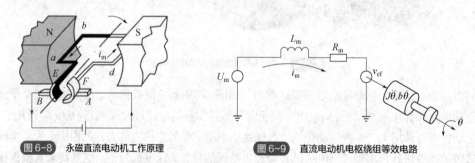

图 6-8　永磁直流电动机工作原理　　图 6-9　直流电动机电枢绕组等效电路

以机器人单个关节为例，其机械部分的传动原理图如图 6-10 所示。左侧为电动机传动轴，其转动惯量包含两部分，即电动机转子的转动惯量 J_a 和传动机构（比如齿轮）的转动惯量 J_m；传动过程存在摩擦，起到阻尼作用，阻尼系数为 B_m；电动机传动轴输出的力矩和角位移为 T_m 和 θ_m。图的右侧为负载轴，负载（load）相对其自身转轴的转动惯量为 J_l，阻尼系数为 B_l，拖

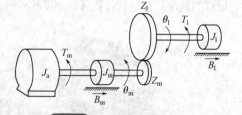

图 6-10　单关节等效传动原理图

动负载需要克服的力矩为 T_l。通过齿轮传动机构，两根轴耦合在一起，齿轮的传动比为主动轮齿数与被动轮齿数之比，即 $n = Z_m / Z_l$。机器人关节中的传动机构用于减速，所以 n 总是小于 1 的。

对电动机进行受力分析时，必须将各负载轴上的转动惯量和阻尼均等效到电动机传动轴上，从而获得等效转动惯量 J_T 和等效阻尼系数 B_T，具体算法如下：

$$J_T = J_a + J_m + n^2 J_l \tag{6-4}$$

$$B_{\mathrm{T}} = B_{\mathrm{m}} + n^2 B_{\mathrm{l}} \tag{6-5}$$

思考：等效到电动机传动轴的转动惯量 $n^2 J_{\mathrm{l}}$ 和阻尼系数 $n^2 B_{\mathrm{l}}$ 与原来的 J_{l} 和 B_{l} 相比，增大了还是减小了？变化的幅度大吗？扫描二维码看思考题答案。

扫码获取答案

根据上面的分析可以看出，直流伺服电机动力学模型包含电气、机械及机电耦合三部分。

1）电气部分

根据基尔霍夫定律，参考图 6-9，电动机电枢绕组内的电压平衡方程为：

$$u_{\mathrm{m}} = R_{\mathrm{m}} i_{\mathrm{m}} + L_{\mathrm{m}} \frac{\mathrm{d} i_{\mathrm{m}}}{\mathrm{d}t} + v_{\mathrm{ef}} \tag{6-6}$$

2）机械部分

根据牛顿定理，参考图 6-10，电动机力矩平衡方程为：

$$T_{\mathrm{m}} = J_{\mathrm{T}} \frac{\mathrm{d}^2 \theta_{\mathrm{m}}}{\mathrm{d}t^2} + B_{\mathrm{T}} \frac{\mathrm{d}\theta_{\mathrm{m}}}{\mathrm{d}t} \tag{6-7}$$

3）机电耦合部分

前面的分析中已经得出式（6-2）和式（6-3）。将电气、机械和机电耦合三个部分的四个公式联立，则有：

$$\begin{cases} u_{\mathrm{m}} = R_{\mathrm{m}} i_{\mathrm{m}} + L_{\mathrm{m}} \dfrac{\mathrm{d} i_{\mathrm{m}}}{\mathrm{d}t} + v_{\mathrm{ef}} \\[2mm] T_{\mathrm{m}} = J_{\mathrm{T}} \dfrac{\mathrm{d}^2 \theta_{\mathrm{m}}}{\mathrm{d}t^2} + B_{\mathrm{T}} \dfrac{\mathrm{d}\theta_{\mathrm{m}}}{\mathrm{d}t} \\[2mm] T_{\mathrm{m}} = K_{\mathrm{t}} i_{\mathrm{m}} \\[2mm] v_{\mathrm{ef}} = K_{\mathrm{e}} \dfrac{\mathrm{d}\theta_{\mathrm{m}}}{\mathrm{d}t} \end{cases} \tag{6-8}$$

对其做拉氏变换，可得：

$$\begin{cases} U_{\mathrm{m}}(s) = R_{\mathrm{m}} I_{\mathrm{m}}(s) + L_{\mathrm{m}} s I_{\mathrm{m}}(s) + V_{\mathrm{ef}}(s) \\[1mm] T_{\mathrm{m}}(s) = J_{\mathrm{T}} s^2 \Theta_{\mathrm{m}}(s) + B_{\mathrm{T}} s \Theta_{\mathrm{m}}(s) \\[1mm] T_{\mathrm{m}}(s) = K_{\mathrm{t}} I_{\mathrm{m}}(s) \\[1mm] V_{\mathrm{ef}}(s) = K_{\mathrm{e}} s \Theta_{\mathrm{m}}(s) \end{cases} \tag{6-9}$$

为了绘制系统方框图并求得传递函数，可以对上面四个公式稍加整理，使得从输入 $U_{\mathrm{m}}(s)$ 一步步走向输出 $\Theta_{\mathrm{m}}(s)$。直流电动机驱动系统的输入为电压 $U_{\mathrm{m}}(s)$，输出为电机传动轴角速度 $s\Theta_{\mathrm{m}}(s)$。

$$\begin{cases} U_{\mathrm{m}}(s) \to I_{\mathrm{m}}(s) : I_{\mathrm{m}}(s) = \dfrac{U_{\mathrm{m}}(s) - V_{\mathrm{ef}}(s)}{L_{\mathrm{m}} s + R_{\mathrm{m}}} \\[3mm] I_{\mathrm{m}}(s) \to T_{\mathrm{m}}(s) : T_{\mathrm{m}}(s) = K_{\mathrm{t}} I_{\mathrm{m}}(s) \\[3mm] T_{\mathrm{m}}(s) \to s\Theta_{\mathrm{m}}(s) : s\Theta_{\mathrm{m}}(s) = \dfrac{T_{\mathrm{m}}(s)}{J_{\mathrm{T}} s + B_{\mathrm{T}}} \\[3mm] s\Theta_{\mathrm{m}}(s) \to V_{\mathrm{ef}}(s) : V_{\mathrm{ef}}(s) = K_{\mathrm{e}} s \Theta_{\mathrm{m}}(s) \end{cases} \tag{6-10}$$

根据式（6-10）很容易绘制系统框图。如果将负载轴角位移看作系统输出，则在对角速度 $s\Theta_{\mathrm{m}}(s)$ 做积分 $\dfrac{1}{s}$ 转变为电机传动轴角位移 $\Theta_{\mathrm{m}}(s)$，再经过传动比 n 转换为负载轴角位移 $\Theta_{\mathrm{l}}(s)$，如图 6-11 所示。

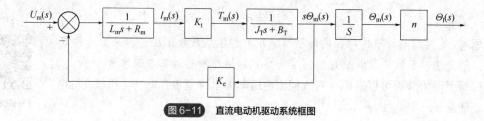

图 6-11　直流电动机驱动系统框图

由此很容易求得几个传递函数。

① 以电压为输入，以电动机传动轴角速度为输出，这部分对应系统框图中 $U_m(s) \rightarrow s\Theta_m(s)$ 一段，令角速度 $\Omega(s) = s\Theta_m(s)$，参考上图容易求出该段开环传递函数为：

$$G_k(s) = \frac{1}{L_m s + R_m} K_t \frac{1}{J_T s + B_T} \tag{6-11}$$

则闭环传递函数为：

$$G(s) = \frac{\Omega(s)}{U_m(s)} = \frac{G_k(s)}{1 + K_e G_k(s)} =$$

$$\frac{K_t}{(L_m s + R_m)(J_T s + B_T) + K_e K_t} = \frac{\dfrac{K_t}{L_m J_T}}{s^2 + \dfrac{R_m J_T + L_m B_T}{L_m J_T} s + \dfrac{R_m B_T + K_e K_t}{L_m J_T}} \tag{6-12}$$

可见这是一个二阶系统，但实际上电动机的电感 L_m 要远远小于 J_T，所以上面两个公式中的 $L_m s$ 项可以忽略，改写传递函数为：

$$G(s) = \frac{\Omega(s)}{U_m(s)} = \frac{K_t}{(0s + R_m)(J_T s + B_T) + K_e K_t} = \frac{\dfrac{K_t}{R_m J_T}}{s + \dfrac{1}{J_T}\left(B_T + \dfrac{K_e K_t}{R_m}\right)} = \frac{b}{s + a} \tag{6-13}$$

式中，$a = \dfrac{1}{J_T}\left(B_T + \dfrac{K_e K_t}{R_m}\right)$；$b = \dfrac{K_t}{R_m J_T}$。由于各参数均为正，所以 a 和 b 也为正。

综上，系统的输出角速度 $\Omega(s)$ 与输入电压 $U_m(s)$ 之间的传递函数如式（6-13）所示，这是一个一阶系统。

② 以电压为输入，以电动机传动轴角位移为输出，如图 6-11 所示，角速度经过积分环节即变为角位移，因此传递函数只要在式（6-13）基础上乘以 $\dfrac{1}{s}$ 即可，所以有：

$$G(s) = \frac{\Theta_m(s)}{U_m(s)} = \frac{b}{s(s + a)} \tag{6-14}$$

③ 以电压为输入，以负载轴角位移为输出，如图 6-11 所示，电动机传动轴的角位移经过减速比为 n 的减速后，即变为负载轴的角位移，因此传递函数只要在式（6-14）基础上乘以 n 即可，所以有：

$$G(s) = \frac{\Theta_l(s)}{U_m(s)} = \frac{nb}{s(s + a)} \tag{6-15}$$

下面通过例题来分析直流电机驱动系统的动态特性和稳态误差。

例 6.1　图 6-9 所示系统的输入电压为阶跃函数 $Pu(t)$，求直流电动机速度响应及其稳态值。

解：以电压为输入以电动机传动轴角速度为输出时，直流电机驱动系统是可以近似为一阶系统，传递函数如式(6-13)所示。

已知输入为阶跃函数 $Pu(t)$，将其做拉氏变换则有：

$$U_\text{m}(s) = \frac{P}{s}$$

所以，直流电动机速度 $\Omega(s)$ 为：

$$\Omega(s) = G(s)U_\text{m}(s) = \frac{bP}{s(s+a)}$$

为了方便做拉普拉斯反变换求得速度响应，需要将上式分解为 $\frac{a_1}{s} + \frac{a_2}{s+a}$ 的形式，其中待定系数 a_1、a_2 的确定方式如下：

$$a_1 = \left| s\left[\frac{bP}{s(s+a)} \right] \right|_{s=0} = \frac{bP}{a}, a_2 = \left| (s+a)\left[\frac{bP}{s(s+a)} \right] \right|_{s=-a} = \frac{bP}{-a}$$

所以：

$$\Omega(s) = \frac{a_1}{s} + \frac{a_2}{s+a} = \frac{bP}{a}\left(\frac{1}{s} - \frac{1}{s+a} \right)$$

$\frac{1}{s+a}$ 的拉普拉斯反变换为 e^{-at}，所以对上式进行拉式反变换可得：

$$\omega(t) = \frac{bP}{a}\left(\text{e}^{-0t} - \text{e}^{-at} \right) = \frac{bP}{a}\left(1 - \text{e}^{-at} \right)$$

上式即为直流电动机对阶跃输入电压 $Pu(t)$ 的速度响应，响应过程如图 6-12 所示。

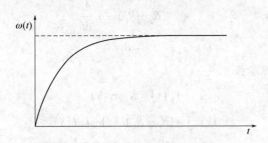

图 6-12　直流电动机对阶跃电压的近似速度响应

电动机的稳态速度输出为：

$$\omega_\text{ss} = \lim_{t \to \infty} \omega(t) = \lim_{t \to \infty} \frac{bP}{a}\left(1 - \text{e}^{-at} \right) = \frac{bP}{a}$$

稳态速度输出也可以通过终值定理求得，即：

$$\omega_\text{ss} = \lim_{s \to 0} sG(s) = \lim_{s \to 0} \frac{sbP}{s(s+a)} = \frac{bP}{a}$$

拓展练习：

① 以电压为输入、以电动机传动轴角速度为输出时，直流电机驱动系统可以近似为一阶系统。为了证明这个近似的合理性，可以通过真实的电机参数进行验证。程序 NCUT6_1a.m 对比了保留和忽略电感 L_m 分别建立的两个传递函数，并分别绘制出它们对应的伯德图和阶跃响应图，可以看出二者是非常接近的。

② 参考图 6-11 直流电动机驱动系统框图建立直流电动机的 Simulink 模型 NCUT6_1b.slx。利用此例可以学习 Simulink 模型的基本建模方式，同时观察输入及各参数变化对输出的影响。

输入和参数一致时，①和②两种方式产生输出是一致的。扫描二维码可获得程序、模型以及相关讲解。

例 6.2 在图 6-9 所示系统中增加一个转速计作为反馈传感器，此时该系统成为一个闭环速度反馈系统，如图 6-13 所示。转速计的输入为转速 $\dot{\theta}$，输出为电压 v_o，试求该转速计的传递函数，并绘制闭环系统的完整结构方框图。

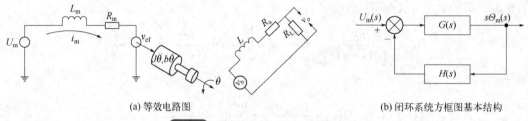

(a) 等效电路图　　　　　　(b) 闭环系统方框图基本结构

图 6-13 带有转速计的直流电动机驱动系统

解： 根据转速计的工作原理有：

$$v_b = K_v \dot{\theta}$$

式中，K_v 为转速计常数。

根据基尔霍夫定律，转速计电路的电压平衡方程为：

$$v_b = (R_a + R_L)i + L\frac{\mathrm{d}i}{\mathrm{d}t}$$

$$v_o = R_L i$$

以上三式做拉普拉斯变换可得：

$$V_b(s) = K_v s\Theta(s)$$

$$V_b(s) = (R_a + R_L)I(s) + LsI(s)$$

$$V_o(s) = R_L I(s)$$

转速计的输入为 $\Omega(s) = s\Theta(s)$，输出为 $V_o(s)$，所以其传递函数：

$$H(s) = \frac{V_o(s)}{\Omega(s)} = \frac{V_o(s)}{s\Theta(s)} = \frac{K_v R_L}{R_a + R_L + Ls} = \frac{m}{s+n}$$

式中 $m = \dfrac{K_v R_L}{L}$，$n = \dfrac{R_a + R_L}{L}$。

已知不带转速计的直流电机传递函数为 $G(s) = \dfrac{b}{s+a}$，所以带转速计的直流电动机闭环系统

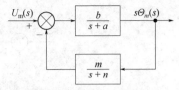

的系统方框图如图 6-14 所示。但实际因为 L 的值都很小可忽略，$H(s)\approx\dfrac{m}{n}$，类似比例环节。

拓展练习：

① 程序 NCUT6_2a.m 建立了反馈回路的传递函数 $H(s)=\dfrac{m}{s+n}$，以及近似传递函数 $H(s)=\dfrac{m}{n}$，并分别绘制出

图 6-14 带有转速计的直流电动机闭环系统方框图

它们伯德图和阶跃响应图，请观察异同。

② Simulink 模型 NCUT6_2b.slx 建立了带转速计的直流电动机的两个模型，反馈回路传递函数分别采用 $H(s)=\dfrac{m}{s+n}$ 和 $H(s)=\dfrac{m}{n}$，观察两种情况下闭环系统的输出是否十分接近。

扫描二维码可获得程序、模型以及相关讲解。

6.2.2　单关节位置控制器的结构设计

请你来参加一个木桶灌水大赛，该比赛决定胜负的指标有两项。

① 水要正好注满木桶，溢出或者未满均要扣分；

② 木桶灌满水的速度越快，得分越高。

那么，你应该如何控制水龙头来赢得比赛？

我们自然会想到的一个策略就是，水面距离桶沿较远时（误差较大），就尽量开大水龙头，快速注水；当水面接近桶沿时（误差较小），水龙头就要调小，避免溢出。

这就是比例控制的基本思想，即控制量（水龙头开度）与误差成正比。

现在回到单关节位置控制中来。如果关节的期望(desired)角位移 θ_d 是一个常数，则 θ_d 相当于桶沿，其实际角位移 θ_l（即电动机负载轴角位移）则相当于水面高度。控制器的作用就是让实际角位移尽量准确而快速地接近期望角位移。由于期望角位移 θ_d 是时间的函数，并非总是常数，因此准确地说单关节控制器的目的就是让其实际角位移能够跟踪其期望角位移。

（1）位置偏差比例控制

借鉴木桶注水的控制策略，可以将位置偏差作为控制信号，通过比例放大产生适当电压作为电动机的输入量，从而构成一个闭环的控制系统。该思想用公式表示为：

$$e(t)=\theta_d(t)-\theta_l(t) \tag{6-16}$$

$$u_m(t)=K_p e(t)=K_p[\theta_d(t)-\theta_l(t)] \tag{6-17}$$

其中 K_p 是位置偏差增益系数，合理确定该系数的大小是控制器设计的重要任务之一，后面我们还会专门讨论。对上面两式做拉普拉斯变换可得：

$$E(s)=\theta_d(s)-\theta_l(s) \tag{6-18}$$

$$U(s)=K_p[\theta_d(s)-\theta_l(s)] \tag{6-19}$$

根据以上分析即可绘制出单关节位置偏差比例控制器结构方框图，如图 6-15 所示。

为了讨论分析该控制器的稳定性、准确性和快速性，需要计算其闭环传递函数。首先求出其开环传递函数为：

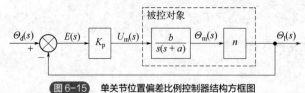

图 6-15 单关节位置偏差比例控制器结构方框图

$$G_k(s) = K_p G(s) = \frac{K_p nb}{s(s+a)} \qquad (6\text{-}20)$$

则闭环传递函数为:

$$G_b(s) = \frac{G_k(s)}{1+G_k(s)} = \frac{K_p nb}{s^2 + as + K_p nb} = \frac{\omega_n^2}{s^2 + 2\zeta\omega_n s + \omega_n^2} \qquad (6\text{-}21)$$

上式说明单关节机器人的位置偏差比例控制器是一个二阶系统,固有频率 $\omega_n = \sqrt{K_p nb}$,阻尼比 $\zeta = \dfrac{a}{2\sqrt{K_p nb}}$,其中 $a = \dfrac{1}{J_T}\left(B_T + \dfrac{K_e K_t}{R_m}\right), b = \dfrac{K_t}{R_m J_T}$。

例 6.3 请分析位置偏差增益系数 K_p 对单关节机器人位置偏差比例控制器稳定性、稳态误差和快速性的影响。

解:

1)稳定性分析

式(6-21)给出了单关节机器人位置偏差比例控制器的闭环传递函数,令其特征方程

$$s^2 + as + K_p nb = 0$$

容易求得系统极点为:

$$s_{p1,2} = \frac{-a \pm \sqrt{a^2 - 4K_p nb}}{2}$$

由于各参数均为正,可以确保两极点的实部均为负,所以该控制系统总是稳定的。也就是说 K_p 的大小不影响系统的稳定性。

2)稳态误差分析

参考图 6-15,若以误差 $E(s)$ 为输入,$\theta_l(s)$ 为输出,其传递函数即为式(6-20)所示的 $G_k(s)$,所以:

$$\theta_l(s) = G_k(s) E(s)$$

根据误差的定义有:

$$E(s) = \theta_d(s) - \theta_l(s) = \theta_d(s) - G_k(s) E(s)$$

所以:

$$E(s) = \frac{\theta_d(s)}{1 + G_k(s)}$$

根据终值定理,可求得稳态误差:

$$e_{ss} = \lim_{t \to \infty} e(t) = \lim_{s \to 0} sE(s) = \lim_{s \to 0} \frac{s\theta_d(s)}{1 + G_k(s)}$$

如果期望角位移 θ_d 为单位阶跃信号,做拉普拉斯变换可得 $\theta_d(s) = \dfrac{1}{s}$,代入上式可求得:

$$e_{ss} = \lim_{s \to 0} \frac{1}{1 + G_k(s)} = \lim_{s \to 0} \frac{1}{1 + \dfrac{K_p nb}{s(s+a)}} = 0$$

如果期望角位移 θ_d 为单位斜坡信号，做拉普拉斯变换可得 $\theta_d(s) = \dfrac{1}{s^2}$，代入上式可求得：

$$e_{ss} = \lim_{s \to 0} \frac{1}{s[1 + G_k(s)]} = \lim_{s \to 0} \frac{1}{s\left[1 + \dfrac{K_p nb}{s(s+a)}\right]} = \frac{a}{K_p nb}$$

可见对于阶跃输入系统无稳态误差，对于斜坡输入，K_p 越大则稳态误差越小。

3）快速性分析

以期望角位移 θ_d 为单位阶跃信号为例进行分析。前面已经推导出该控制器为一个二阶系统，固有频率 $\omega_n = \sqrt{K_p nb}$，阻尼比 $\zeta = \dfrac{a}{2\sqrt{K_p nb}}$。容易看出，增大 K_p，固有频率 ω_n 增大，响应速度加快，但随着 K_p 的增大，阻尼比 ζ 减小，又会增加响应的振荡，如图 6-16 所示。

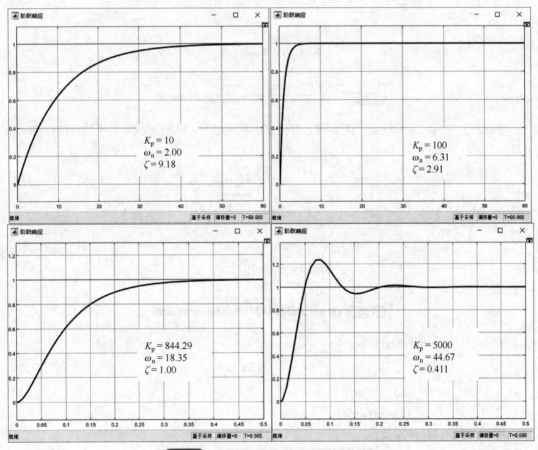

图 6-16　位置偏差增益 K_p 对系统阶跃响应的影响

拓展练习：建立单关节位置偏差比例控制器的模型 NCUT6_3b.slx，其中参数由 NCUT6_3a.m 提供。修改参数 K_p，观察系统阶跃响应的变化。读者可以将输入改为斜坡信号，再观察 K_p 对其响应的影响。扫描二维码可获得程序、模型以及相关讲解。

思考：比例控制中，调节唯一的参数 K_p 会同时影响 ω_n 和 ζ 两个指标，所以难以同时让多个控制指标达到理想效果，那么应如何改进控制系统获得更多的控制灵活性？这就是下面要讨论的问题。

（2）测速反馈

为了提高系统的快速性，单关节位置偏差比例控制器应引入速度负反馈。电动机传动轴的速度可以通过速度传感器测定，也可以通过角位移的微分得到。在位置偏差比例控制器结构方框图的基础上再添加一个速度负反馈之后的方框图如图 6-17 所示。其中 K_v 为转速计传递系数（传感器硬件引入的系数），K_{vp} 是速度反馈信号放大器增益。综合位置反馈环和速度反馈环，我们就有了 K_p 和 K_{vp} 两个参数可以调节，所以更有希望获得理想的跟踪效果。

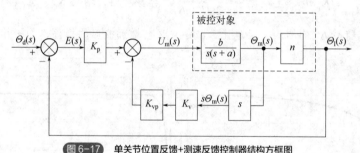

图 6-17 单关节位置反馈+测速反馈控制器结构方框图

绘制出上图的等效方框图（图 6-18）方便求出传递函数，从而对控制系统的性能做进一步分析。

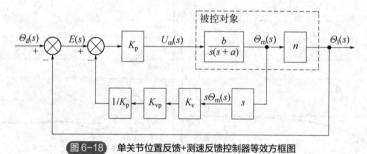

图 6-18 单关节位置反馈+测速反馈控制器等效方框图

图中内环的开环传递函数为：

$$G_1(s) = K_p G(s) \tag{6-22}$$

此处的 $G(s) = \dfrac{\Theta_m(s)}{U_m(s)} = \dfrac{b}{s(s+a)}$。

内环的反馈回路传递函数为：

$$H_1(s) = \frac{K_{vp}K_v}{K_p}s \tag{6-23}$$

所以内环的闭环传递函数为：

$$G_{1b}(s) = \frac{G_1(s)}{1+H_1(s)G_1(s)} \qquad (6\text{-}24)$$

外环的开环传递函数即：

$$G_k(s) = nG_{1b}(s) \qquad (6\text{-}25)$$

所以可以求得整个系统的闭环传递函数：

$$G_b(s) = \frac{G_k(s)}{1+G_k(s)} = \frac{nK_pG(s)}{1+K_{vp}K_vsG(s)+nK_pG(s)} \qquad (6\text{-}26)$$

将 $G(s) = \dfrac{b}{s(s+a)}$ 代入上式可得：

$$G_b(s) = \frac{nK_pb}{s^2+(a+K_{vp}K_vb)s+nK_pb} = \frac{\omega_n^2}{s^2+2\zeta\omega_ns+\omega_n^2} \qquad (6\text{-}27)$$

式中，$a = \dfrac{1}{J_T}\left(B_T+\dfrac{K_eK_t}{R_m}\right)$；$b = \dfrac{K_t}{R_mJ_T}$。

上式说明单关节机器人的位置反馈+测速反馈控制器仍然是一个二阶系统，其固有频率 $\omega_n = \sqrt{K_pnb}$，与未加测速反馈时一致；阻尼比 $\zeta = \dfrac{a+K_{vp}K_vb}{2\sqrt{K_pnb}}$，与未加测速反馈时相比，分子多出 $K_{vp}K_vb$ 一项，其中包含可以独立调节的速度反馈增益 K_{vp}。与例 6.3 中关于稳定性的分析类似，由于该二阶系统的各系数也均为正，所以系统总是稳定的。下面的关键在于如何确定 K_p 和 K_{vp} 两个增益的值，才能获得更好的快速性和准确性，这正是下面两节要探讨的问题。

6.2.3 单关节位置控制器的增益参数确定

（1）位置偏差增益 K_p 的确定

18 世纪的法国里昂，一支部队经过一座长 102m 的桥梁时导致桥梁倒塌，226 人死亡。类似的事件还曾在多个国家都发生过。事故中部队人员的总重均远未达到桥梁的最大负载，桥梁也并未老化，灾难究竟因何而起？经过调查，原来是士兵齐步走的频率与桥梁本身的固有频率相同，引发了桥梁的共振从而导致了灾难的发生。

我们给单关节驱动系统建模时，假设各部分均为刚体。刚体是指在运动中和受力后均不发生任何变形的物体，这只是一种理想模型，因为任何物体在受力作用后，都会或多或少地变形，如果变形的程度相对于物体本身几何尺寸来说极为微小，在研究物体运动时变形就可以忽略不计，从而简化模型。刚度是指材料或结构在受力时抵抗弹性变形的能力，刚体的刚度就是无限大的，共振频率也是无限高的。然而构成机械臂的齿轮、轴承、连杆等零件受力都会产生变形，其刚度都是有限的。如果建模时将其刚度都考虑进去，就会得到高阶的数学模型，将问题复杂化；但不考虑刚度的有限性，模型又无法体现系统结构的共振问题。因此，在确定位置偏差增益 K_p 时要将避免共振的问题单独提拿出来讨论。

控制系统就相当于要过桥的部队，而被控制的机械臂就相当于桥梁，为了避免共振现象损毁机械臂的结构，就必须确保控制系统的固有频率远低于机械臂的固有频率。机械臂的固有频率与其结构、刚度、尺寸、质量分布和制造装配质量均有关。关节结构的共振频率计算式为：

$$\omega_r = \sqrt{\frac{K_T}{J_T}} \qquad (6\text{-}28)$$

式中，K_T 为关节的等效刚度；J_T 为关节的等效转动惯量，$J_T = J_a + J_m + n^2 J_l$。

一般来说 K_T 大致不变，电枢转动惯量 J_a 和减速器转动惯量 J_m 均为常数，但负载转动惯量 J_l 与机械臂的位姿和负载均有关，这导致 J_T 也成为一个变量，所以共振频率 ω_r 也时刻处于变化之中。获得 ω_r 的常用方法是，在已知等效转动惯量为 J_0 的时刻，测量出关节结构的共振频率 ω_0，结合式(6-28)则有：

$$\omega_r = \sqrt{\frac{K_T}{J_T}} = \sqrt{\frac{\omega_0^2 J_0}{J_T}} = \omega_0 \sqrt{\frac{J_0}{J_T}} \qquad (6\text{-}29)$$

为了避免共振，建议将控制系统的无阻尼固有频率 ω_n 限制在关节结构固有频率 ω_r 的一半以内，即：

$$\omega_n \leqslant \frac{\omega_r}{2} \qquad (6\text{-}30)$$

上一节我们已经求出，单关节位置控制系统的固有频率 $\omega_n = \sqrt{K_p nb}$，$b = \sqrt{\dfrac{K_t}{R_m J_T}}$，所以有：

$$\sqrt{K_p n \frac{K_t}{R_m J_T}} \leqslant \frac{\omega_0}{2} \sqrt{\frac{J_0}{J_T}} \qquad (6\text{-}31)$$

由于系统是负反馈，所以 $K_p > 0$。综上，位置偏差增益 K_p 的取值范围是：

$$0 < K_p \leqslant \frac{1}{4} \omega_0^2 \frac{J_0 R_m}{n K_t} \qquad (6\text{-}32)$$

（2）速度反馈信号放大器增益 K_{vp} 的确定

对于一个欠阻尼二阶系统，其瞬态响应会出现振荡。为了保证机器人安全运行，一般希望控制系统具有临界阻尼或过阻尼，即要求系统阻尼比：

$$\zeta = \frac{a + K_{vp} K_v b}{2\sqrt{K_p nb}} \geqslant 1 \qquad (6\text{-}33)$$

即：

$$a + K_{vp} K_v b \geqslant 2\sqrt{K_p nb} \qquad (6\text{-}34)$$

所以可以求出 K_{vp} 的范围：

$$K_{vp} \geqslant \frac{2\sqrt{K_p nb} - a}{K_v b} \qquad (6\text{-}35)$$

已知 $a = \dfrac{1}{J_T}\left(B_T + \dfrac{K_e K_t}{R_m}\right)$，$b = \dfrac{K_t}{R_m J_T}$，另外将根据式(6-32)，$K_p$ 的最大取值为 $K_p = \dfrac{1}{4}\omega_0^2 \dfrac{J_0 R_m}{n K_t}$，将这几项代入式（6-35）有：

$$K_{vp} \geqslant \frac{R_m \omega_0 \sqrt{J_T J_0} - R_m B_T - K_e K_t}{K_t K_v} \tag{6-36}$$

可以看出，K_{vp} 的值随 J_T 的变化而变化。为简化控制器设计并保证系统始终工作在临界阻尼或过阻尼状态，将最大的 J_T 值代入上式计算出 K_{vp}，这样可以保证系统在任何负载下都不会出现欠阻尼的情况。

6.2.4　单关节位置控制器误差分析

在建立单关节驱动模型时，已经推导出机械部分的力矩 T_m 为

$$T_m = J_T \frac{d^2 \theta_m}{dt^2} + B_T \frac{d\theta_m}{dt} \tag{6-7}$$

容易看出，该式并未考虑机械臂所受外部负载力矩 T_L 和自身重力矩 T_g；此外，虽然考虑了传动机构和负载端的阻尼，但未考虑电动机-测速机组的平均摩擦力矩 F_m；再加上一些随机因素也会产生一定的力矩，所有这些都构成了控制系统的干扰。将这些干扰力矩经拉普拉斯变换后表示为：

$$D(s) = T_L(s) + T_g(s) + F_m(s) \tag{6-37}$$

在分析误差时，应该在位置控制器结构图的输出力矩 $T_m(s)$ 的节点上，将 $D(s)$ 插入，如图 6-19 所示。

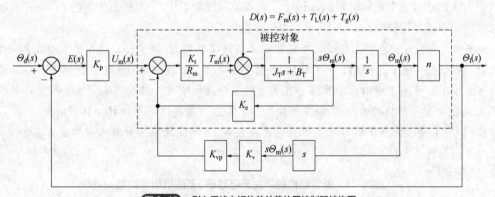

图 6-19　引入干扰力矩的单关节位置控制器结构图

与例 6.3 中的稳态误差分析方法类似，只要推算出 $E(s)$ 的表达式，再利用终值定理即可求出稳态误差。但由于加入了干扰力矩，系统传递函数发生了变化，需要重新推导。

根据上图可列出下面四个方程。

$$\begin{cases} (J_T s + B_T) s \Theta_m(s) = T_m(s) - D(s) \\ T_m(s) = \frac{K_t}{R_m} \left[U_m(s) - s(K_e + K_v K_{vp}) \Theta_m(s) \right] \\ U_m(s) = K_p \left[\Theta_d(s) - \Theta_l(s) \right] \\ \Theta_m(s) n = \Theta_l(s) \end{cases} \tag{6-38}$$

对上式整理可得：

$$\Theta_1(s) = \frac{n\left[K_p K_t \Theta_d(s) - R_m D(s)\right]}{N(s)} \tag{6-39}$$

其中：

$$N(s) = R_m J_T s^2 + \left[R_m B_T + K_t\left(K_e + K_v K_{vp}\right)\right]s + nK_p K_t \tag{6-40}$$

所以：

$$E(s) = \Theta_d(s) - \Theta_1(s) = \frac{\left\{R_m J_T s^2 + \left[R_m B_T + K_t\left(K_e + K_v K_{vp}\right)\right]s\right\}\Theta_d(s) + nR_m D(s)}{N(s)} \tag{6-41}$$

一般来说干扰时刻都在变化中，但为了看出大致的规律，不妨假设干扰力矩为常数 C_d，那么其拉氏变换为 $D(s) = C_d/s$。又假设输入为阶跃信号，即 $\Theta_d(s) = 1/s$，将其代入上式可得：

$$E(s) = \frac{\left\{R_m J_T s^2 + \left[R_m B_T + K_t\left(K_e + K_v K_{vp}\right)\right]s\right\}\Theta_d(s) + nR_m C_d/s}{N(s)} \tag{6-42}$$

根据终值定理，可求得稳态误差：

$$e_{ss} = \lim_{t \to \infty} e(t) = \lim_{s \to 0} sE(s) = \frac{R_m C_d}{K_p K_t} \tag{6-43}$$

可以看出该位置控制器的阶跃响应存在稳态误差，通过增大位置偏差增益 K_p 可以减小误差，但为了避免共振的发生，K_p 是有上限的。如果希望消除或减小稳态误差，控制器是否还有改进方法？这就是下一节的讨论内容。

下面我们通过一个实际的案例，进一步巩固位置控制器中两个增益的确定方式，并观察它们对系统稳态误差的影响。

例6.4 机器人的参数由制造厂家提供或者通过实验测定。斯坦福机械手的关节 1 和关节 2 关节驱动系统分别包含 U9M4T 和 U12M4T 型直流电动机以及 030/105 型测速发电机，其参数如表 6-1 所示，表 6-2 中给出了机械手各关节的等效转动惯量、有效刚度，以及等效转动惯量为 J_0 时测出的关节结构共振频率 ω_0。另外已知关节 2 负载端阻尼系数 $B_1 = 100\mathrm{Nm \cdot s/rad}$。请为关节 2 的单关节位置控制器确定位置偏差增益 K_p 和速度反馈信号放大器增益 K_{vp} 的合适大小，并求出稳态误差。

表 6-1　斯坦福机械手关节电动机-测速机组参数值

参数名称	参数代号	参数单位	关节 1（U9M4T）	关节 2（U12M4T）
电枢电阻	R_m	Ω	1.025	0.91
电枢电感	L_m	μH	100	100
电动机电磁转矩常数	K_t	oz·in[①]/A	6.1	14.4
反电动势常数	K_e	V·s/rad	0.04297	0.10123
传动端阻尼系数	B_m	oz·in·s/rad	0.01146	0.04297
电枢转动惯量	J_a	oz·in·s²/rad	0.08	0.033
转速计传递系数	K_v	V·s/rad	0.02149	0.05062
传动比	n	无	0.01	0.01
电机测速机组平均摩擦力矩	f_m	oz·in	6.0	6.0

①使用时注意单位转换，$1\mathrm{oz \cdot in} = 0.00706\mathrm{N \cdot m}$。

表6-2　斯坦福机械手各关节等效转动惯量和共振频率

关节号	J_1 最小值（空载）$/(kg \cdot cm^2)$	J_1 最大值（空载）$/(kg \cdot cm^2)$	J_1 最大值（满载）$/(kg \cdot cm^2)$	J_0 $/(kg \cdot cm^2)$	$\omega_0 = 2\pi f$ $/(rad/s)$	f/Hz
1	1.417	6.176	9.570	5	25.1327	4
2	3.590	6.590	10.300	5	37.6991	6
3	7.257	7.257	9.057	7	125.6636	20
4	0.108	0.123	0.234	0.1	94.2477	15
5	0.114	0.114	0.225	0.1	94.2477	15
6	0.040	0.040	0.040	0.04	125.6636	20

解:

① 为了避免关节的位置控制器与关节结构产生共振，根据位置偏差增益 K_p 的范围计算式（6-32）所示，可求得 K_p 允许的最大值为

$$\max \_ K_p = \frac{1}{4}\omega_0^2 \frac{J_0 R_m}{K_t} = 158.99$$

因为 K_p 越大，响应速度越快，且有利于减小稳态误差，所以 K_p 就取允许的最大值。根据式（6-29）和式（6-31），此时控制器的固有频率为 $\omega_n = \sqrt{K_p n \dfrac{K_t}{R_m J_T}} = 13.13$，是关节结构固有

频率 $\omega_r = \omega_0 \sqrt{\dfrac{J_0}{J_T}} = 26.26$ 的一半，确保不会发生共振。

② 为了确保控制器工作在临界阻尼或过阻尼状态下，根据式(6-36)，可求得速度反馈信号放大器增益 K_{vp} 的最小值。式中 $B_T = B_m + n^2 B_l$，J_T 应选择满载时的最大等效转动惯量。

$$\min \_ K_{vp} = \frac{R_m \omega_0 \sqrt{J_T J_0} - R_m B_T - K_e K_t}{K_t K_v} = 0.9617$$

取 $K_{vp} = 1$，此时阻尼比 $\zeta = 1.008$，瞬态响应不会出现振荡，确保运行安全。

③ 由于电机测速机组平均摩擦力矩 f_m 的存在，给系统带来了稳态误差，根据式（6-43）可求得稳态误差:

$$e_{ss} = \frac{R_m f_m}{K_p K_t} = 0.0024 (rad)$$

该控制器的参数及对应阶跃响应、稳态误差如图6-20所示。

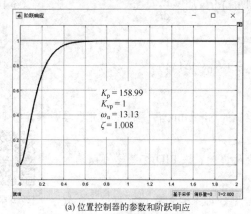

(a) 位置控制器的参数和阶跃响应

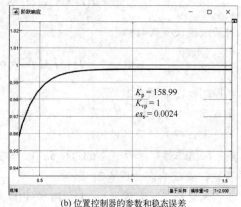

(b) 位置控制器的参数和稳态误差

图6-20　斯坦福机械手关节2位置控制器的参数确定和阶跃响应

拓展练习：为斯坦福机械手的关节 2 建立单关节位置控制器模型 NCUT6_4b.slx，其中参数由 NCUT6_4a.m 提供。修改参数 K_p、K_{vp}，观察系统响应速度以及稳态误差的大小。扫描二维码可获得程序、模型以及相关讲解。

扫码获取视频

6.2.5 单关节位置 PID 控制

PID 是 proportion、integration、differentiation 三个词的首字母，代表比例、积分和微分。

PID 控制是非常符合人类直觉的控制方法，它的起源来自对水手掌舵的观察。为了增加对 PID 控制的感性认识，我们也先来观察一下水手是如何掌舵的。

船计划向正东航行，行驶中如果水手发现船向东南偏离 10°，那么他需要稍加打舵调整方向，让船重回正东方向；如果水手发现船向东南偏离 50°，那么他打舵的角度就需要更大。也就是说，控制量（舵盘的调整角度）与当前误差（偏离正东的角度）成正比，这就是 PID 控制中比例控制项 P 的纠偏作用。

航行中水手又发现，自己虽然一直按误差比例打舵，但是航向相对正东总有一些小偏差，为了解决这个问题，他就等小偏差积累一段时间就做一次额外的修正。这就是 PID 控制中积分项 I 的作用，它代表过去一段时间内的误差累积，只有通过积分作用才能消除系统的稳态误差。

航行继续，船又一次向东南偏转，水手正常打舵调整航向，然而他发现船正以很快的速度转向东方，如果不做控制就会转过头（超调），偏到东北方向去，所以必须对这个趋势加以抑制，减小原定舵盘的调整角度。这就是 PID 控制中微分项 D 的作用，即对误差求导得出误差变化率，以便预测未来的误差走向并进行超前控制。

水手打舵调整航向时，并没有对船、海浪、海风等进行建模，也就是说虽然他并不知道被控对象的传递函数，仍旧能用 PID 的思想有效调整航向。也就是说即便不了解被控对象的数学模型，大多数情况下 PID 也能获得比较满意的控制效果，这正是 PID 控制的一大优势。由于简单易用，PID 控制是迄今为止在工业界中应用最为普遍的控制器类型。在工业生产过程中，PID 控制算法占比高达到 85%～90%，并且 PID 控制的自动调节器早已商品化，使用非常方便。

综上所述，PID 中的比例项 P 代表当前误差项（现在），积分项 I 代表误差累计项（过去），微分项 D 代表误差变化率（未来）。PID 控制思想的数学表达式如下：

$$u(t) = K_P e(t) + K_I \int e(t) \mathrm{d}t + K_D \frac{\mathrm{d}e(t)}{\mathrm{d}t} \tag{6-44}$$

对其做拉氏变换有：

$$U(s) = \left(K_P + K_I \frac{1}{s} + K_D s \right) E(s) \tag{6-45}$$

其控制框图如图 6-21 所示。

例 6.5 请为例 6.4 中的关节 2 设计 PID 控制的 Simulink 仿真模型，并做参数整定获取最佳控制效果，观察是否可以消除稳态误差。

解：扫描二维码可获得 NCUT6_5a.slx 模型及视频，该 PID 控制器可以消除稳态误差，阶跃响应如图 6-22 所示。

根据实际情况，可以选择 PD、PI 或 PID 控制。如果我们将前面讨论的位置比例加测速反馈的控制结构称为 PV 控制，PV 与 PD 控制是十分相似的，不同之处在于 PD 控

扫码获取视频

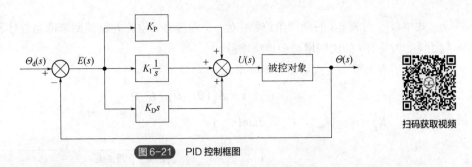

图 6-21　PID 控制框图

扫码获取视频

制中的微分是相对于位置误差的，而 PV 控制中的微分是相对于位置本身的，可以说 PV 控制也是一种 PD 控制。通过给 PV 控制添加积分环节，也有助于消除稳态误差（扫描二维码可获得 NCUT6_5b.slx），但如果积分系数增益太大会影响系统的稳定性。应用 PID 控制时的主要问题是参数整定，也就是对比例、微分以及积分增益系数的选取，增益系数选取合适即可获得稳定性、快速性、准确性都令人满意的控制效果。关于参数整定人们已经总结出很多有效的方法和经验，有兴趣可以参考相关书籍。

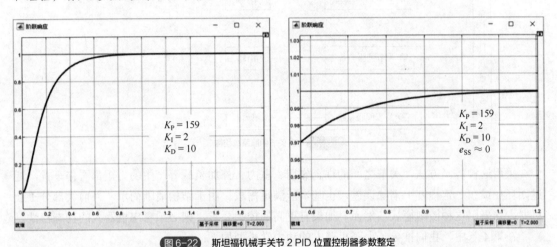

图 6-22　斯坦福机械手关节 2 PID 位置控制器参数整定

6.2.6　多关节位置控制

学习本节前请先做个实验。右臂平举不动，感受肌肉的发力情况，为了增加感受手里可以拿一个哑铃。显然，即便手臂处于静止状态，为保持平衡克服自身重力，肌肉依旧处于紧张状态。接着大臂保持不动，小臂逐渐由水平位置转动到竖直位置，体会大臂肌肉的发力情况。可以发现，虽然大臂未动，但小臂的运动会改变大臂肌肉的发力大小，体现了大臂小臂之间的耦合作用。

机器人一般由多关节组成，在机器人运动过程中，各关节需要按照轨迹规划的结果同时运动，这时各关节之间的力和力矩会产生耦合作用。要消除各关节之间的耦合作用，则需要分析其动态特性，进行补偿调整。

但是，也可以选择忽略机器人的动态特性，将多输入多输出系统简化为由多个单输入输出的伺服控制系统串联而成。比如对于 n 关节机械臂，就直接使用 n 个相互独立的单关节控制器，如图 6-23 所示。如果采用前面讨论过的单关节位置控制器的控制方式，各关节的驱动力矩可以直接给出：

$$\tau_i = k_{\mathrm{p}i}\left(\theta_{\mathrm{d}i} - \theta_i\right) - k_{\mathrm{v}\mathrm{p}i}\dot{\theta}_i \qquad (6\text{-}46)$$

式中，θ_{di} 为关节 i 的期望角位移；θ_i、$\dot{\theta}_i$ 为传感器检测并反馈回来的角位移和角速度信号；k_{pi} 和 k_{vpi} 为关节 i 的比例增益和速度增益。

对于所有关节，上式可写为矩阵形式：

$$\boldsymbol{\tau} = \boldsymbol{K}_p\left(\boldsymbol{\theta}_d - \boldsymbol{\theta}\right) - \boldsymbol{K}_{vp}\dot{\boldsymbol{\theta}} \tag{6-47}$$

式中，$\boldsymbol{K}_p = \mathrm{diag}\left(k_{pi}\right)$，$\boldsymbol{K}_{vp} = \mathrm{diag}\left(k_{vpi}\right)$。

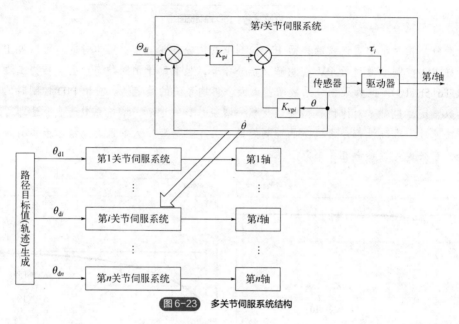

图 6-23 多关节伺服系统结构

采用这种控制方法，关节之间的耦合作用、重力、外加负载等产生的力矩都看作干扰，通过闭环反馈在一定程度上消除误差，也基本能满足需求。由于结构清晰简单，目前大部分工业机器人均采用这种控制模式。然而，如果有更高的控制要求，则必须考虑机器人的动态特性。

在第 4 章中，我们推导了串联机器人的动力学模型如下：

$$\boldsymbol{\tau} = \boldsymbol{D}(\boldsymbol{q})\ddot{\boldsymbol{q}} + \boldsymbol{H}(\boldsymbol{q},\dot{\boldsymbol{q}}) + \boldsymbol{G}(\boldsymbol{q})$$

其中惯性力项 $\boldsymbol{D}(\boldsymbol{q})\ddot{\boldsymbol{q}}$ 和向心力科式力项 $\boldsymbol{H}(\boldsymbol{q},\dot{\boldsymbol{q}})$ 涉及参数众多，参数值难以精确确定。此外，当机器人运动时，其位置、速度和加速度的变化均会对这两项产生影响，因此要加入这两项补偿，计算任务极为艰巨，必须有足够高的算力才能保证伺服控制所需运算速度。参数识别和提高算力这两个难点目前还都在研究之中。

然而值得庆幸的是，绝大多数机械臂的运行速度和加速度都比较小，所以 $\boldsymbol{D}(\boldsymbol{q})\ddot{\boldsymbol{q}}$ 和 $\boldsymbol{H}(\boldsymbol{q},\dot{\boldsymbol{q}})$ 这两项的影响不是很大，而重力项相对容易计算（只与位置有关，且方向总是垂直向下），因此可在 PD 控制（反馈）基础上加上重力补偿项（前馈），此时关节驱动力矩为：

$$\boldsymbol{\tau} = \boldsymbol{K}_p\left(\boldsymbol{\theta}_d - \boldsymbol{\theta}\right) - \boldsymbol{K}_{vp}\dot{\boldsymbol{\theta}} + \boldsymbol{G}(\boldsymbol{\theta}) \tag{6-48}$$

其中 $\boldsymbol{G} = \mathrm{diag}\left(G_i\right)$。

这样干扰项中就少了重力矩这一项，从而改善控制精度。同时，这也能确保即便机械臂处于静止状态，驱动系统也会输出一定力矩克服自身重力。

由于机械臂动力学建模时忽略了摩擦力，摩擦力产生的力矩就被视为干扰，如果能对摩擦力矩建模并作为前馈项对驱动力矩进行补偿，则可以进一步提高控制精度。摩擦是一种复杂的非线性物理现象，目前仍是科研的前沿阵地，摩擦力矩的准确计算是非常困难的。但由于还有反馈项的存在，前馈项只要主流是正确的，有一些误差也没关系。摩擦力矩建模方式之一是将其分解为黏性摩擦（与速度成正比）和库仑摩擦（方向与速度相反）两部分，即：

$$\tau_f = K_1\dot{\theta} + K_2\text{sign}(\dot{\theta}) \tag{6-49}$$

其中 $\tau_f = \text{diag}(\tau_{fi})$。

黏性摩擦系数 K_1 和库仑摩擦系数 K_2 可以通过实验测定。所以在重力补偿的基础上再加上摩擦力矩补偿，有利于进一步提高控制精度。调整后的关节驱动力矩为：

$$\tau = K_p(\theta_d - \theta) - K_{vp}\dot{\theta} + G(\theta) + \tau_f \tag{6-50}$$

6.3　机器人力控制

6.3.1　力控制概述

（1）力控制的引入

完成喷漆、焊接、搬运作业的工业机器人，工作过程中不需要与环境接触，因此其控制系统只要能完成精确的位置控制即可。然而完成研磨、打毛刺、拧螺钉、装配、擦玻璃等任务时，机器人的末端执行器不得不与环境接触，如果只考虑位置而无视机器人与环境之间的作用力，那么环境或者机器人本身就会遭到破坏。

比如我们要控制机器人用刮刀去刮除玻璃上的油漆，玻璃表面并非绝对平整，如果只有位置控制，那么可能出现两种问题——要么刮刀接触不到玻璃，要么刮刀深入玻璃过多导致玻璃破碎。解决该问题可以借鉴人类手持刀片刮漆的经验。人类的眼睛其实也不能精确判定刀片与玻璃的距离，但触觉可以帮助我们确定接触力的大小。如果感觉力太小，就压紧一些，如果感觉力太大，就松开一些，通过对外力的顺应性来完成任务。机器人要想成功地完成该任务也必须引入力控制。通过传感器测量出刀片与玻璃之间的接触力，控制系统设法将该接触力保持在合适范围之内。如果机器人能够根据检测到的接触力大小决定进退，那么即便玻璃表面有起伏（即目标位置不确定），也能保证刮漆工作顺利进行。

机器人与环境接触后，即便是中等硬度的环境，位置上的微小变化都会产生很大的接触力，所以利用接触力进行控制能够提高位置控制的精确度。因此机器人具备力控制功能之后，在一定程度上放宽了其位置控制的精度指标，从而可以降低对整个机器人体积、质量，以及制造精度方面的要求。

机器人的力控制使其对外力有一定的顺应性，因此力控制有时也称为顺应控制或柔顺控制。

（2）被动柔顺和主动柔顺

一块石头高速向你飞来，你想抓住它，但又要避免手受伤，该用什么办法？我们通常会采用两种策略：一种是戴上防护手套，手套里面的弹簧、软垫等材料可以对冲击力起到缓冲作用；

第二种策略是当石头接触到手后，手主动与石块同方向移动一段距离，就好像弹簧受力压缩一般，也能缓解石块对手的冲击力。这两种策略就是获得柔顺性的两种基本思路。

柔顺性可分为主动柔顺和被动柔顺两类。机器人凭借一些辅助的柔顺机构，使其在与环境接触时能够对外力产生自然顺从的性质，称为被动柔顺性。机器人利用力的反馈信息，采用一定的控制策略主动控制其对外力顺从的性质，称为主动柔顺性。

1）被动柔顺

轴孔装配是需要柔顺控制的典型场合。很多轴孔装配要求为过渡配合或者微小的间隙配合，所以装配时轴与孔的中心线允许的误差范围非常小。如果采用位置控制的刚性机器人，这个精度要求往往超出了机器人的重复定位精度，而定位稍有偏差，轴就会卡在孔的边沿装不进去。即便有孔口倒角的导向作用，由于机器人刚度很大，轴也不能在倒角的作用下进入孔中。如果机器人有柔顺性，轴的末端就能顺应倒角的调整力而顺利入孔。图 6-24 所示为 RCC(remote center compliance)柔性机构，这是一种典型的被动柔顺机构，它安装在机器人末端与末端执行器之间，根据接触力对末端执行器的位置和姿态自适应地进行调整。以图 6-24（b）为例，轴相对孔的定位有一个向左的误差，轴碰到孔的倒角，此时末端执行器继续向下压，轴受到垂直于倒角锥面方向的力 F，该力可分解为水平和竖直方向的分力 F_x 和 F_y，于是柔性机构的平行导杆在 F_x 的作用下向右侧平移，从而使轴顺利进入孔中，如图 6-24（c）所示。与此类似，如果轴的中心线与孔的中心线不平行，柔性机构的相交导杆也能提供旋转调整量，从而使轴顺利入孔。不过，依靠这种柔性机构进行的调整范围不可能太大，轴至少要进入倒角的范围，否则调整也无法发生。

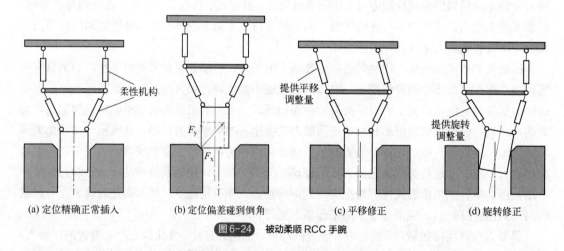

(a) 定位精确正常插入   (b) 定位偏差碰到倒角   (c) 平移修正   (d) 旋转修正

图6-24 被动柔顺 RCC 手腕

被动柔顺的方法，不需要昂贵的力传感器，所以成本很低，还不必改变既定的轨迹规划，且响应速度很快，这些都是它的优势。但是柔性机构的弹性系数及其几何学上的方向性限制了它的调整范围，而且针对不同的作业必须设计不同的柔顺机构，所以被动柔顺有调整范围小且缺乏通用性的缺点。

2）主动柔顺

主动柔顺控制中，机器人的柔顺性主要由控制系统决定，通常是由力传感器测量接触力的大小并反馈到控制器中，控制器据此计算机器人的运动轨迹。最著名的主动柔顺控制是阻抗控制和力/位混合控制。

1981 年，Railbert 和 Craig 提出了力/位混合控制。他们指出，在很多特定的任务中并不需要机器人末端六个方向全部具有柔顺性，而是某些方向要保持位置精度，另一些方向需要一定的柔顺性。所以可以将自由度分为控制力的自由度和控制位置的自由度，独立组成跟踪各自目标值的伺服系统，这就是力/位混合控制的基本思想。例如，我们希望打磨机器人沿着被打磨工件表面的切线方向可以自由运动，而在该表面法向施加一定的作用力来确保打磨质量。为了让机器人分辨这些有不同要求的方向，就需要建立任务的数学模型，清楚地描述机器人工作中的运动和力的约束条件，即任务描述。控制机器人进行作业时，控制算法中就要考虑这些任务描述。所以，机器人作业的场景越复杂，工序越多，任务描述就越复杂。

1985 年，Hogan 提出的阻抗控制在力控制算法中有极其重要的作用，该方法成功地把运动控制和力控制容纳到一个动态框架之中。通过建立阻抗函数确定力与运动之间的动态关系，从而将对力的控制转变为对运动控制。又因为阻抗函数中惯性系数、阻尼系数、刚度系数可以根据具体情况选择，所以可使机器人获得应用场合需要的理想柔顺性。

主动柔顺控制需要使用力传感器，最常用的是安装在机器人腕部和末端执行器之间的六维力传感器。有了力传感器，主动柔顺控制能够更精确地控制力的大小；由于主动柔顺的实现利用算法而非实体，很容易调整参数获得不同的顺应性，因此具有更强的适应性和更大的调整范围。但是，它的响应速度比被动柔顺控制慢，而且成本也更高。

近年来，以阻抗控制和力/位混合控制为中心，结合力学、现代控制理论和计算机科学的研究，机器人的力控制有了更为智能的算法，比如自适应控制、模糊控制、滑模控制和神经网络控制等智能控制方法，极大地丰富了柔顺控制的研究。此外，也有相当多的学者分析了工业生产中具体任务的几何学、力学特点，建立相关作业的任务描述，为工业机器人应用力控制完成此类工艺提供了更精确的模型。

由于多种智能力控制的思想往往来源于阻抗控制和力/位混合控制，所以下面对这两种控制专门进行介绍。

6.3.2　阻抗控制

（1）阻抗控制的基本思想

当机器人末端与环境接触时，给接触力一个适当的抗性，使其既能与环境保持接触，又能缓冲接触力，避免过大的接触力造成严重后果，这就是阻抗控制的基本思想。

减轻两刚体碰撞的常用策略就是加入缓冲，比如弹簧、橡胶、充气垫等。本节以弹簧为例进行讨论。将弹簧一端固定，另一端连接一块钢板。当你用力推这块钢板，弹簧就会收缩，带动钢板产生一个位移，该位移的大小与推力成正比。当你的手离开钢板，弹簧反弹，钢板又会回到原位。假如让一个反应很快的人手持钢板，当你的手推钢板时，他就让钢板后移一个与推力成正比的位移，当你放手，他就让钢板恢复原位。从钢板的运动情况来看，其效果与弹簧连接时完全一致。如果这时让你闭着眼睛推钢板，你能区分钢板后面到底是弹簧还是人吗？显然是无法区分的。

现在把这个反应很快的人换成机器人，就可以实现机器人的主动力控制。具体方法是，首先检测接触力，然后据此快速计算机器人该采用何种避让方式对外力产生顺应运动，让机器人末端表现得好像安装了弹簧一样，如图 6-25 所示。这就是阻抗控制的基本思想。

所谓阻抗控制，就是让机器人表现出对外力的阻抗特性，阻抗无限大即纯刚性，此时会完全无视外力产生硬碰撞；如果阻抗小一些，机器人就有了一定的柔顺性。那么现在问题的关键是，该如何设计阻抗力与运动之间的关系？

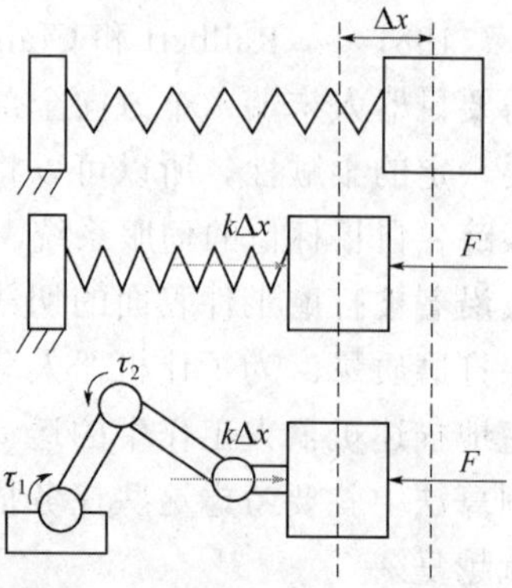

（2）一维阻抗控制

阻抗控制中，机器人末端六个方向的阻抗特性相互正交，互不干扰。因此，研究机器人末端在其灵活工作空间中的全方位阻抗控制，其基础就是一维阻抗控制。

图 6-25 真实弹簧和机器人模拟出来的弹簧

设计阻抗力时能以各种类型的力为原型，比如磁力、摩擦力、气体压力等，原型不同，设计出的数学模型就不同。这里设计的阻抗力以弹簧弹力为原型，弹力与变形成正比，即

$$F = k(x - x_r) \tag{6-51}$$

其中，x_r 为弹簧平衡位置坐标；x 为弹簧当前位置坐标；k 为弹簧刚度；F 为外力。

该公式的含义是，当外力 F 施加于该弹簧上时，弹簧会发生一个变形 $(x - x_r)$，该变形会激发出阻抗力，即弹力 $k(x - x_r)$，并与外力 F 达成平衡。弹簧变形并产生阻抗力的过程就给外力提供了缓冲，使机器人获得一定的顺应性。

然而，这个模型的问题在于一旦外力去除，弹簧就会来回振荡，而不是像我们希望的那样迅速返回平衡点。这说明我们设计的阻抗力模型还不完善，改善的办法是在模型中加入阻尼器，以便消耗振动能量。阻尼力与速度成正比，所以模型修正为：

$$F = k(x - x_r) + b\dot{x} \tag{6-52}$$

式中，b 为阻尼系数；$\dot{x}$ 为速度。

这时的阻抗力由弹力和阻尼力两部分构成，只要为 k 和 b 选定合适的值，就会使机器人对外力产生期望的顺应效果，并且不会来回振荡。然而这个模型还有一个问题。如果一个外力突然施加于连接有弹簧和阻尼的轻质刚体上，因为系统没有质量或者质量忽略不计，系统就会毫无延迟地立即加速，从而产生很大甚至无穷大的加速度。如果采用这个模型，那么机器人的期望速度就会经常发生突变，导致很强的运动冲击。要解决这个问题，需要给模型再添加一个惯性力项，即：

$$F = k(x - x_r) + b\dot{x} + m\ddot{x} \tag{6-53}$$

式中 m 为质量；$\ddot{x}$ 为加速度。

上式可变形为：

$$\ddot{x} = \frac{F - k(x - x_r) + b\dot{x}}{m} \tag{6-54}$$

所以只要选定合适的 m，就不会再出现加速度过大的情况了。

这样阻抗力的数学模型（阻抗函数）就建立好了，如式(6-53)所示，它代表一个用算法模拟出来的弹簧-阻尼-质量系统，如图 6-26 所示。当外力 F 作用于该系统时，求解该二阶微分方程，就可以算出相应的位移、速度和加速度，机器人据此做出运动，对于外力 F 而言，就好像作用在一个真实的弹簧-阻尼-质量系统上一样。由于这个弹簧-阻尼-质量系统是算法模拟出来的，所

以我们可以方便地调整 k、b、m 三个参数来获得期望的阻抗特性。

值得注意的是，式(6-53)中还包含一个平衡点位置 x_r。如图 6-27 所示，如果弹簧一端固连在固定桩上，则平衡点位置是固定不变的；如果桩子可以沿着 X 轴方向移动，那么平衡点 x_r 的位置必然跟随其移动。当外力 $F=0$ 时，如果改变式(6-53)中的 x_r，方程的平衡就会被打破，质量块的位移 x、速度 $\dot{x}$、加速度 $\ddot{x}$ 就会跟随 x_r 变化以便达到新的平衡。质量块跟随桩子一起运动，这就实现了一种位置控制。当然，由于惯量和阻尼的存在，在移动桩子的过程中，无法保证质量块与桩子之间的距离始终不变，所以这种位置控制就没有纯刚性机械臂的精确。如果该虚拟弹簧-阻尼-质量系统的刚度大，则位置控制就相对精确，但顺应性就会差一些；如果系统刚度小，则位置控制的精确度降低，但顺应性会好一些。因此，根据应用需求调整 k、b、m 和 x_r 四个参数，可以决定位置控制和力控制的权重，机器人就可以获得很强的适应性和大范围的柔顺性，充分发挥主动柔顺控制的优势。阻抗控制是通过调整假想弹簧-阻尼-质量系统的运动状态来控制其与环境之间的作用力的，所以属于间接力控制。

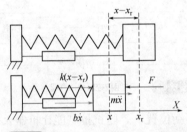

图 6-26　算法模拟的弹簧-阻尼-质量系统

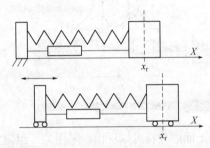

图 6-27　移动桩子改变弹簧-阻尼-质量系统的平衡位置

下面通过一个例子介绍一维阻抗控制的具体应用。鸡蛋夹持机器人手爪如图 6-28 所示，电动机带动正反牙丝杠旋转时，安装于其上的两个滑块就会相互靠近，形成一对可以夹起鸡蛋的手爪。手爪和鸡蛋为刚性接触，若要抓起鸡蛋只有位置控制显然不行，必须通过力控制将接触力控制在合适的范围内，确保既不能压碎鸡蛋，又能成功将其抓起。

开始手爪距离鸡蛋还有一定距离，此时传感器感受到的外力 $F=0$。此时如果改变规划的平衡点位置，即式(6-53)中的 x_r，就会打破平衡，为了达到新的平衡，x、$\dot{x}$、$\ddot{x}$ 就会跟着变化。所以，只要将设定的 x_r 不断向鸡蛋方向移动，手爪就会按照弹簧-阻尼-质量系统的运动规律向新的平衡位置不断靠近，如图 6-29 所示。平衡点（x_{r2}）接触到鸡蛋之后，假如就此停止，那么弹簧-阻尼-质量系统稳态下并不会产生任何夹持力，自然无法夹起鸡蛋。

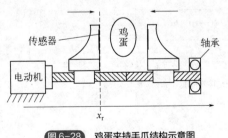

图 6-28　鸡蛋夹持手爪结构示意图

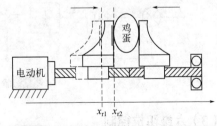

图 6-29　平衡位置在鸡蛋之外则无法产生夹持力

要想产生夹持力，就必须继续移动 x_r 到鸡蛋内部，如图 6-30 所示。此时手爪努力向平衡点靠近但又无法达到平衡点，其实际位置 x 与平衡位置 x_r 就产生了 Δx 的差，阻抗控制中假想的弹簧则被压缩产生夹持力,因此就可以将鸡蛋抓起了。

那么如何设定平衡点 x_r 的位置就是关键,尤其考虑到鸡蛋大小不一。平衡点进入鸡蛋太深,Δx 就会变大,进而导致夹持力过大压碎鸡蛋;平衡点进入鸡蛋太浅,又会导致夹持力不足。

幸运的是,我们可以根据实验确定出大致的夹持力和 x_r 的位置,然后根据式(6-53)计算出大致的弹簧刚度。一组合适的阻抗参数和平衡位置规划就能够抓取很多不同尺寸的鸡蛋,甚至是其他刚性物体。这体现了阻抗控制的简便性,不需要对环境和机器人的位置关系进行非常精确的描述,具有很强的适应性。阻抗控制框图如图6-31所示。传感器从环境中测得接触力 F,我们根据需要确定平衡位置 x_r,将这两项输入算法模拟的弹簧-阻尼-质量系统,就可以计算出该系统下一时刻的位置 x、速度 $\dot{x}$ 和加速度 $\ddot{x}$,调整对环境的阻抗力,产生对环境具有顺应性的控制效果。

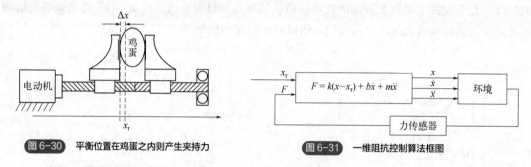

图6-30　平衡位置在鸡蛋之内则产生夹持力　　　图6-31　一维阻抗控制算法框图

从上面的分析可以看出,采用同一组阻抗参数和平衡位置 x_r,阻抗控制能让机器人夹起大小不同的鸡蛋。x_r 固定不变时,鸡蛋大则 Δx 大(图6-30),对应的夹持力也大;鸡蛋小则 Δx 小,对应的夹持力也小。从一方面看这是优点,因为这说明阻抗控制具有很强的适应性;但从另一方面看这也是缺点,因为阻抗控制无法精确控制夹持力。

如果能够改变 x_r 的位置,比如鸡蛋大则 x_r 位置深一些,鸡蛋小则 x_r 位置浅一些,也就是说让 Δx 基本恒定,那么就可以保证夹持力保持在期望值附近。对于需要精确控制接触力的场合,常用的做法就是将力测量并反馈回来(图6-32),然后利用实际力 F 与期望力 F_r 的偏差 F_e 控制平衡位置 x_r 动起来,使偏差 F_e 尽量小,从而确保实际力稳定在期望力附近。这种控制属于直接力控制。该控制思想其实就是给阻抗控制添加了一个外环,将直接力控制与间接力控制结合起来。需要说明的是,因为 $F=ma$,所以力与加速度等价,需要经过两次积分才能变成位移,因此这里首先使用了包含积分环节的PID控制获得 $\dot{x}_r$,然后再经过一个积分环节获得 x_r。

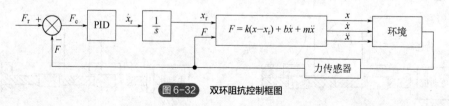

图6-32　双环阻抗控制框图

(3)六维阻抗控制

机器人末端6个方向(三轴平移和绕三轴旋转)相互正交,互不影响,每个方向的阻抗控制方法都与一维的阻抗控制相同,6个方向就有6组阻抗参数和6组运动参数。其阻抗函数可以写成矩阵的形式,即:

$$F = K(X - X_r) + B\dot{X} + M\ddot{X} \tag{6-55}$$

式中，K 为刚度矩阵；B 为阻尼矩阵；M 为惯性矩阵。

令 $E = X - X_r$，则 $\dot{E} = \dot{X}$，$\ddot{E} = \ddot{X}$，式（6-55）可写为：

$$F = KE + B\dot{E} + M\ddot{E} \tag{6-56}$$

对上式做拉式变换，可得阻抗控制器的传递函数：

$$G(s) = \frac{F(s)}{E(s)} = \frac{1}{K + Bs + Ms^2} \tag{6-57}$$

六维力的测量通常采用六维腕力传感器，该传感器安装在机器人腕部与末端执行器之间，这样就可测出末端执行器与环境接触产生的 6 个维度的力和力矩。只要测量到力 F，就可以根据式(6-57)中的传递函数求出假想弹簧-阻尼-质量系统的变形量 E，进而根据 $X = E + X_r$ 求出位移 X（如图 6-33 所示），这个位移 X 指的是机械臂末端在工作空间的位移，而要对机器人做控制，需要将其映射为关节空间的位移 θ。这种映射有两种方式，一是利用逆运动学根据末端位置计算关节转角，二是利用逆速度雅可比矩阵 J^{-1}，根据末端速度 $\dot{X}$ 计算关节转速 $\dot{\theta}$，再通过积分环节获得关节转角 θ。第二种算法会涉及机器人奇异位形问题，解决方案是轨迹规划时尽量避开奇异点，实在避不开就做特殊处理。

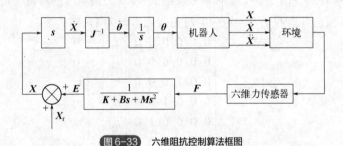

图 6-33　六维阻抗控制算法框图

6.3.3　力/位混合控制

在上一节的讨论中，我们假设机器人末端的 6 个自由度都需要采用柔顺控制，但现实中往往并非如此。比如，机器人的任务是刮除玻璃表面的油漆。如图 6-34 所示，为确保刮刀精确到达需要刮漆的位置，在 X 和 Y 方向应采用位置控制，

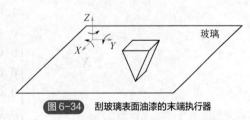

图 6-34　刮玻璃表面油漆的末端执行器

而在 Z 方向必须有一定的柔顺性，既要保证刀片与玻璃接触，又要防止玻璃被压碎。如果绕 X、Y、Z 三轴的力矩太大，同样有压碎玻璃的风险。所以该机器人应该在 X、Y 两方向上进行位置控制，其他 4 个方向均采用力控制，这就是力/位混合控制。

图 6-35 为基于阻抗控制的力/位混合控制框图，它与图 6-33 很相似，主要不同之处在于图中的通道选择器 S 和 S'（均为 6×6 的对角阵），通道选择器的作用是区分位置控制方向和力控制方向不同的期望位移。

通过轨迹规划可以得到机器人在工作空间的期望位移 X_r，它是一个 6 行 1 列的列向量，即：

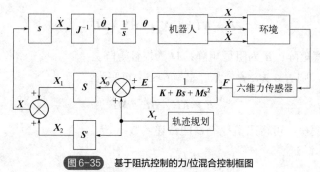

图 6-35 基于阻抗控制的力/位混合控制框图

$$
X_r = \begin{bmatrix} x_r \\ y_r \\ z_r \\ \alpha_r \\ \beta_r \\ \gamma_r \end{bmatrix} \tag{6-58}
$$

X_r 兵分两路，一路要进行力控制，因此与假想的弹簧-阻尼-质量系统的变形量 E（6×1 的列向量）求和，从而获得假想系统的期望位移 X_0。由于需要做力控制的只有 4 个方向，所以我们就用通道选择器 S 屏蔽掉不需要做力控制的 X、Y 两个方向。其中通道选择器 S 的 6 行分别对应 X、Y、Z、α、β、γ 六个方向，所以需要屏蔽的 X、Y 方向对应的对角线元素 $S(1,1)$ 和 $S(2,2)$ 均为 0，而需要保留的其他四个方向对应的对角线元素均为 1，即：

$$
X_1 = SX_0 = \begin{bmatrix} 0 & 0 & 0 & 0 & 0 & 0 \\ 0 & 0 & 0 & 0 & 0 & 0 \\ 0 & 0 & 1 & 0 & 0 & 0 \\ 0 & 0 & 0 & 1 & 0 & 0 \\ 0 & 0 & 0 & 0 & 1 & 0 \\ 0 & 0 & 0 & 0 & 0 & 1 \end{bmatrix} \begin{bmatrix} x_0 \\ y_0 \\ z_0 \\ \alpha_0 \\ \beta_0 \\ \gamma_0 \end{bmatrix} = \begin{bmatrix} 0 \\ 0 \\ z_0 \\ \alpha_0 \\ \beta_0 \\ \gamma_0 \end{bmatrix} \tag{6-59}
$$

X_r 的另一路要进行位置控制，做位置控制的只有 X、Y 两个方向，所以要用通道选择器 S' 屏蔽掉其他四个方向。很明显，S 与 S' 正好互补。

$$
X_2 = S'X_r = \begin{bmatrix} 1 & 0 & 0 & 0 & 0 & 0 \\ 0 & 1 & 0 & 0 & 0 & 0 \\ 0 & 0 & 0 & 0 & 0 & 0 \\ 0 & 0 & 0 & 0 & 0 & 0 \\ 0 & 0 & 0 & 0 & 0 & 0 \\ 0 & 0 & 0 & 0 & 0 & 0 \end{bmatrix} \begin{bmatrix} x_r \\ y_r \\ z_r \\ \alpha_r \\ \beta_r \\ \gamma_r \end{bmatrix} = \begin{bmatrix} x_r \\ y_r \\ 0 \\ 0 \\ 0 \\ 0 \end{bmatrix} \tag{6-60}
$$

两路综合后有：

$$
X = X_1 + X_2 = \begin{bmatrix} x_r \\ y_r \\ z_0 \\ \alpha_0 \\ \beta_0 \\ \gamma_0 \end{bmatrix} \tag{6-61}
$$

这个 X 就是机器人在工作空间的期望位移，其中 X、Y 方向直接采用了轨迹规划给出的期望位移 x_r 和 y_r，而 Z 方向的期望位移为 z_0，也就是在 z_r 的基础上加上了假想的弹簧-阻尼-质量系统在 Z 方向的变形量，根据阻抗函数该变形量对应着一个阻抗力，所以虽然我们控制的是期望位移，但间接地实现了力的控制。其他三个转动方向的期望位移算法与 Z 方向类似。

期望位移 X 经过微分、逆雅可比和积分几个环节后，转换为期望的关节角位移 $\boldsymbol{\theta}$，然后对机器人进行位置控制，就可以在 X、Y 获得精确的位置控制，而在其他方向上进行力控制并获得一定的柔顺性。

本章小结

控制是机器人技术中十分核心的内容。本章第一节为机器人控制系统概述，讲解了构成机器人控制系统的三大功能模块，即主控单元、执行机构和检测单元；从机器人执行任务的流程来看，控制又可分为三个层次，即人工智能级、控制模式级和伺服系统级。根据作业时机器人是否与环境接触，机器人控制又分为位置控制和力控制。

本章第二节是机器人位置控制，也是本章的重点。由于伺服电动机是大部分机器人的驱动机构，所以本节首先介绍了直流伺服电动机的工作原理，然后分析了其动力学模型并推导出传递函数；接下来设计单关节位置控制器，确定了位置偏差比例控制+测速反馈的控制器结构，然后讨论了如何选定位置偏差增益 K_p 和速度反馈信号放大器增益 K_{vp}，其主旨就是为了避免控制器与关节结构发生共振，并确保控制器工作在临界阻尼或过阻尼状态。此外，还分析了干扰存在时位置控制器的稳态误差。为了减小或消除稳定误差，又引入了 PID 控制器，介绍了 PID 的基本原理和特点。在多关节位置控制一节中指出，虽然机器人是一个多输入多输出系统，但实践中经常将其简化为多个单输入单输出系统进行独立控制，将其他关节的耦合作用当作干扰，然后通过闭环反馈以及前馈补偿等方法来减小误差，提高控制精度。

本章第三节是机器人力控制。当机器人与环境接触时必须使其具有一定的柔顺性，主要有主动柔顺和被动柔顺两种策略。被动柔顺的典型代表就是 RCC 柔性手腕，通过柔性机构的自身固有特性获得柔顺性；主动柔顺的代表就是阻抗控制，其基本思想就是通过算法模拟出一个弹簧-阻尼-质量系统，让机器人的运动好像安装了弹簧一样，从而获得对外力的顺应性。在实际应用中，有时在某些方向需要位置控制，而在另外一些方向需要一定的柔顺性，这就是力/位混合控制要解决的问题，其基本思想是通过通道选择器将位置控制方向的期望位移和力控制方向的期望位移进行合成，然后对其进行位置控制，从而满足不同方向的控制要求。

 习题

【工程基础问题】

1. 简述机器人控制系统由哪几部分构成？各部分之间又有什么关系？

2. 简述机器人的三个控制层次和控制特点。

3. 请参照图 6-9 和图 6-10 建立直流伺服电动机驱动的单关节机械传动系统的动力学模型，

并推导电枢电压输入与关节角位移输出之间传递函数。

4. 位置控制器中为什么需要位置和速度两个反馈闭环?

5. 简述位置控制器的位置和速度两个增益的确定方法。

6. 简述 PID 的控制原理和 PID 控制的优势。

7. 实践中通常是如何进行多关节位置控制的?

8. 举例说明哪些应用场合需要使用位置控制,哪些应用场合需要使用力控制。

9. 主动柔顺与被动柔顺有什么区别?它们各有什么优劣?

10. 简述阻抗控制的基本原理。

11. 简述力/位混合控制的基本原理和适用场合。

【设计问题】

12. 在第 4 章的设计问题中,我们首次接触了 Puma-560 仿真模型,那时我们尝试直接给机器人各轴输入重力矩(常数),观察它是否可以稳定在某个位置。这次我们要利用本章学习的控制方法,在本题的提示下,一步步将该机械臂控制起来,而且可以通过机器人运动动画观察控制效果,非常有趣。

① 模型 NCUTxt6_12b.slx 设计了对 Puma-560 机器人关节 2 的位置控制器,各部分含义如题图 6-1 所示,该模型需要的参数由 NCUTxt6_12a.m 提供。首先运行 NCUTxt6_12a.m,然后运行模型,观察机器人动画以及关节 2 的位置响应曲线,如题图 6-2 所示,不但有振荡,而且稳态误差也不小。这是因为 NCUTxt6_12a.m 中 K_p、K_{vp} 是随便给定的。通过命令 p560.dyn 可以得到各关节的动力学参数,比如关节 2 的质量 m=17.4kg,其绕 Z 轴的转动惯量 $J_0 = I(3,3) = 0.539\,\text{kg} \cdot \text{cm}^2$,我们假设其共振频率 f=10Hz,则 $\omega_0 = 2\pi f = 62.8$。请你根据这些参数确定合理的增益值 K_p、K_{vp}。

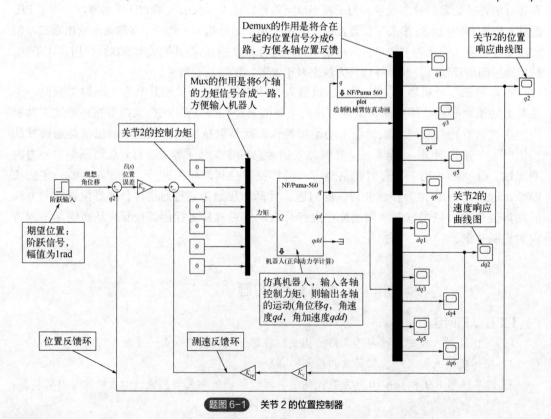

题图 6-1 关节 2 的位置控制器

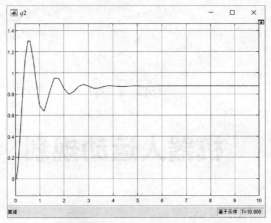

题图6-2 关节2的位置响应曲线

② K_p、K_{vp} 确定之后观察关节 2 的响应效果，如果稳态误差依旧不令人满意，那么可以尝试两个方案：一是在输入力矩中再添加一项重力矩补偿，由于关节 2 还肩负着关节 3 到关节 6，重力矩的公式推导有些繁琐；另一种方案是，在控制器中再添加一个积分项（请参考NCUT6_5c.slx），并选取积分项系数 K_i 的合适大小，确保其既能减小稳态误差，又不影响系统的稳定性，以及响应的快速性。

③ 如果以上两步获得满意的控制效果，请为关节 1 和 3 设计类似的位置控制器，注意其中的 K_p、K_{vp}、K_i 等参数与关节 2 的不同，要使用不同的变量名，避免相互覆盖。我们假设关节 1、2、3 的共振频率均为 f=10Hz。如果这一步成功完成，给定各轴的期望输入（即阶跃信号的幅值），动画中的机械臂就可以运动到并稳定在我们指定的任意位置上。

第7章

机器人运动规划

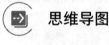 **思维导图**

扫码获取课件与
源程序资料包

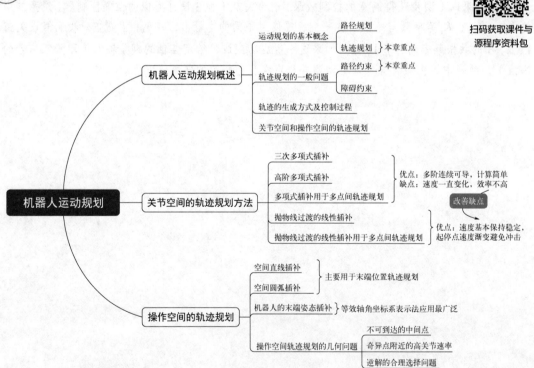

1. 掌握轨迹规划的概念；
2. 理解轨迹的生成方式及其与控制的关系；
3. 理解关节空间和操作空间两种轨迹规划方式的优劣，能够根据实际情况选择合适的规划方式；
4. 掌握多项式和抛物线过渡的线性插补轨迹规划方式，能够根据实际情况选择合适的插补函数进行两点间的轨迹规划；
5. 掌握空间直线插补方式，能够进行空间两点间的直线轨迹规划；
6. 掌握空间圆弧插补方式，能够进行过空间三点间的圆弧轨迹规划；
7. 了解姿态插补方式；
8. 熟悉操作空间轨迹规划的几何问题，能够判断何时会出现问题并了解基本的应对方案；
9. 掌握利用 MATLAB 及其 Robotics Toolbox 进行轨迹规划的方法。

问题导入

回顾一下第 6 章关于控制器结构方框图的所有图片，你会发现每一个方框图的输入都是 $\theta_\mathrm{d}(s)$，其中 d 代表 desired，也就是说上一章一直默认期望轨迹是已知的。然而，如果要求搬运机器人将重物从 A 点搬运到 B 点，应该如何在两点间确定一条合理的轨迹？如果要求焊接机器人焊接一条焊缝，应该如何确保焊枪的末端一直沿着焊缝运动？这就是本章要讨论的问题。

7.1　机器人运动规划概述

7.1.1　运动规划的基本概念

机器人的运动控制是一个十分复杂的问题，常分为三个阶段进行，第一个阶段是路径规划（path planning），第二个阶段是轨迹规划（trajectory planning），第三个阶段是路径跟踪（path tracking）或轨迹跟踪（trajectory tracking）。我们在上一章探讨机器人控制问题时默认已经获得了期望轨迹，实际研究的就是轨迹跟踪问题。机器人的运动规划指的是前两个阶段，即路径规划和轨迹规划，因此机器人的运动规划也是广义的机器人控制的一部分。

在机器人学中，路径与轨迹是两个不同的概念，经常被混淆。机器人的工作环境中往往分布着一些障碍物，为了使机器人顺利地从起点运动到终点，需要规划出一条避开障碍物的安全路径，这就是路径规划。路径规划得到一系列离散的路径点，需要将其拟合成一条光滑连续的路径，然后对其进行轨迹规划，如图 7-1（a）所示。路径是一个几何概念，或者说是一个空间概念，它描述的是机器人位姿随空间的变化。路径规划给出的是机器人运动的路线，是任务层级的机器人运动路径，信息中不涉及运动速度、运动时间等变量，是纯几何层面的运动路径。

路径规划有很多方法，包括各种人工智能算法。

轨迹则是在路径这个空间概念的基础上引入了时间概念，即在确定空间路径之后，还要确定在什么时间到达什么位置，如图7-1（b）所示。所以轨迹是一个时空概念，描述的是机器人位姿随时间的变化。由于轨迹规划中机器人位姿是时间的函数，其对时间的一阶和二阶导数即速度和加速度。通过第4章的学习可知，机器人各关节的位置、速度和加速度都会影响其动态性能，因此轨迹规划的好坏影响重大。如果规划的轨迹不够光滑，就会产生不平稳的运动，进而导致机器人产生振动和冲击，使机械零部件的磨损和破坏加剧。轨迹规划生成的是机器人各关节的运动执行指令，是属于执行层级的运动路径。轨迹规划是本章讨论的重点。

(a) 路径规划　　　　　　　　　　　　　　(b) 轨迹规划

图 7-1　路径规划与轨迹规划

7.1.2　轨迹规划的一般问题

图 7-2 是一个上下料机器人，需要配合数控机床工作。首先将传送带上送来的毛坯抓起并放到机床内工作台的特定位置，接着机械臂退出舱门关闭，等机床完成加工任务舱门重新打开，机械臂再将加工好的零件取出，放在工件台上。整个过程中，机械臂运行路径不能与环境中的任何部位发生碰撞，而且其轨迹必须连续光滑确保运动平稳，此外还要与传送带送料、舱门开合节奏协调。

图 7-2　工作中的上下料机器人

通常将机械臂的运动看作是工具坐标系相对于工件坐标系的一系列运动，这种描述方法既适用于各种机械臂，也适用于同一机械臂上装卡的各种工具。大多数情况下，工件坐标系是固定的，但对于移动工作台，例如传送带，这种方法同样适用，区别仅在于这时工件坐标系位姿随时间而变化。用工具坐标系相对于工件坐标系的运动来描述作业路径是一种通用的作业描述方法。这种方法将作业路径描述与具体的机器人、手爪或工具分离开来，形成了模型化的作业描述方法。在轨迹规划中，为叙述方便也常用点来表示机器人的状态，或用它来代表工具坐标系的位姿。例如起始点、终止点就分别表示工具坐标系的起始位姿及终止位姿。

第 6 章介绍过机器人的控制有点位控制和连续轨迹控制两种方式，前者对中间路径没有限制，称为无路径约束，而后者则称为有路径约束。此外还要考虑路径中是否有障碍物，称为障碍约束的有无。路径约束和障碍约束的组合将机器人的轨迹规划与控制方式划分为以下四类，如表 7-1 所示。

表 7-1　机器人的轨迹规划与控制方式

项目		障碍约束	
		有	无
路径约束	有	离线无碰撞轨迹规划+在线轨迹跟踪	离线轨迹规划+在线轨迹跟踪
	无	位置控制+在线障碍探测和避障	位置控制

图 7-2 中上下料机器人环境中显然有很多障碍，但它并不需要沿着特定轨迹运动，其作业属于有障碍约束无路径约束的情况，因此关键在于做好起始点和终止点的位置控制。如果环境中的障碍处于不可预期的运动状态，则还需要增加在线障碍探测功能，从而精准避障。如果机器人的任务是焊接一条焊缝，其作业环境中必然有传送带、焊接台等设备，此时作业为既有障碍约束又有路径约束，通常需要在离线状态下完成无碰撞的轨迹规划，在作业过程中再进行在线轨迹跟踪。理想环境下机器人工作环境中没有障碍物，与前一种情况类似同样要做离线轨迹规划，以及在线轨迹跟踪，只是可以不考虑避障问题。最简单的就是既无路径约束又无障碍约束，这时只要做好位置控制即可。本章主要研究的是无障碍物的两种情况。

7.1.3　轨迹的生成方式及控制过程

在第 6 章的图 6-5 即机器人位置控制结构框图中，为控制系统提供期望轨迹 θ_d、$\dot{\theta}_d$ 以及 $\ddot{\theta}_d$ 的是轨迹生成器。那么轨迹生成器是如何生成轨迹的？

运动轨迹的描述或生成主要有以下几种方式。

① 示教-再现运动：这种运动由人手把手示教，机器人定时记录各关节变量，得到沿路径运动时各关节的位移时间函数。再现时，按内存中记录的各点的值产生序列动作。

② 关节空间运动：这种运动直接在关节空间里进行，由于动力学参数及其极限值直接在关节空间里描述（比如关节的转角范围，关节允许的最大转速、加速度等），所以这种方式求最短时间运动很方便。

③ 空间直线运动：这是一种操作空间中的运动，它便于描述空间操作，计算量小，适合简单的作业。

④ 空间曲线运动：这是一种在操作空间中用明确的函数表达的运动，如圆周运动、螺旋运动等。

为描述一个完整的作业，往往需要将上述轨迹生成方式进行组合，通常需要下面几个步骤。

① 对工作对象及作业进行描述，并给出轨迹上的若干关键节点。这些节点可以通过示教获得，也可以通过考察机器人与工作对象的相对位置并通过几何计算获得。

② 用一条轨迹通过或逼近节点，这条轨迹有多种选择，可以是直线、圆弧、多项式曲线等，该轨迹可按一定的原则优化，比如时间最短原则、加速度平滑原则等。如果是在关节空间做轨迹规划，此时就可以直接获得各关节的位移时间函数 $q(t)$。如果是在操作空间做轨迹规划，此时就可以得到操作空间的位移时间函数 $X(t)$。节点之间的中间点可用插补算法获得，即根据轨迹表达式在每一个采样周期实时计算轨迹上各点的位姿 $X(t_i)$ 或各点关节变量值 $q(t_i)$。如果求得的是 $X(t_i)$，则还需要通过机器人逆向运动学算法求出对应逆解 $q(t_i)$。

③ 以上生成的轨迹 $q(t_i)$ 就是机器人位置控制的期望值，可以据此及机器人的动态参数设计机器人轨迹控制。

机器人的轨迹控制过程如图 7-3 所示。

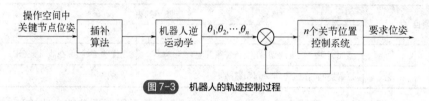

图 7-3　机器人的轨迹控制过程

7.1.4　关节空间和操作空间的轨迹规划

机器人从起始位姿 T_1 移动到终止位姿 T_2 的过程有两种实现方式，一种是关节空间的轨迹规划，这种方式可以确保机械臂起始点和终止点位姿为 T_1、T_2，但插补点的位姿则不确定；另一种是操作空间的轨迹规划，这种方式可以确保机械臂末端沿着指定轨迹运动，即在所有插补点上的位姿都是确定的。

关节空间的规划过程如图 7-4（a）所示，首先对初始位姿与终止位姿求逆解，获得对应的初始关节角和终止关节角，然后在初始关节角与终止关节角之间进行插补，从而获得足够密集的插补关节角时间序列 $\theta(t)$，并基于此控制机器人运动。由于运动学逆解只在初始点和终止点进行过两次，因此这种方式计算简单，而且轨迹规划过程不会出现奇异点问题（在 7.3.4 节中会对此详细介绍）。但关节空间规划的劣势也很明显，比如我们期望机械臂末端沿着两点间的直线运动，但在关节空间做规划的结果却如图 7-4（a）所示，轨迹类似一条弧线。这还只是一个 2 关节机械臂，如果关节数更多，其空间轨迹的不确定性会更强。

操作空间的轨迹规划过程如图 7-4（b）上所示，在操作空间对机器人的初始位姿和结束位姿之间进行插补，从而获得足够密集的插补位姿时间序列 $X(t_i)$，然后对得到的所有插补位姿求逆解，规划出对应的插补关节角时间序列 $\theta(t_i)$。由于运动学逆解要对所有插补点进行，因此这种方式计算量很大，而且容易碰到奇异点问题。但由于轨迹规划在操作空间进行，可以保证机器人末端按照预定轨迹运动，如图 7-4（b）所示，机械臂按预期沿两点间直线运动。

鉴于两种轨迹规划方式长短互补，在实际生产中则应根据具体情况选择适合的轨迹规划方式。比如，搬运机器人需要将货物从 A 点运至 B 点，对其在空中划过的路径并无特殊要求，这时就可以选择关节空间的轨迹规划；而焊接机器人作业时，必须沿着焊缝运动，这时就必须选择操作空间的轨迹规划。

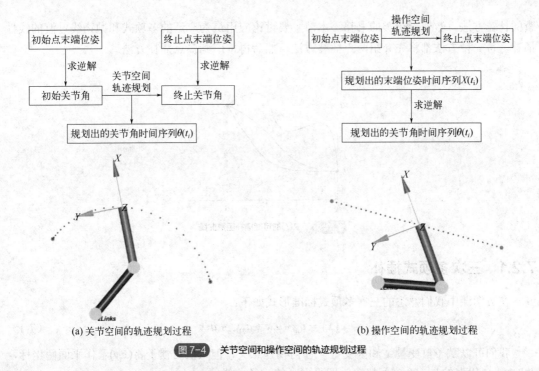

(a) 关节空间的轨迹规划过程　　　　　　(b) 操作空间的轨迹规划过程

图 7-4　关节空间和操作空间的轨迹规划过程

　　无论是关节空间轨迹规划还是操作空间轨迹规划，最终都会转化为多个标量的轨迹规划，因此标量的轨迹规划方法是机器人轨迹规划的基础。这里所说的标量，可以是某个关节的转角，也可以是机械臂末端的 X 坐标。标量的轨迹规划就是指某个标量按照某种插补函数从初始位置变化到最终位置，并且经过给定的中间点，在数学上称之为插补。比如六轴机械臂在关节空间做轨迹规划时，实质上就是分别为 6 个关节变量规划从初始位置到达最终位置的轨迹，而每个关节变量的轨迹规划都基于标量的插补方法。

　　下面将分别介绍关节空间和操作空间常用的轨迹规划方法。

7.2　关节空间的轨迹规划方法

　　关节空间的轨迹规划就是关节变量的插补问题。虽然机械臂有多个关节，但各个关节的插补过程是互相独立的，所以只要理清单一关节变量（即标量）的插补方法即可。

　　由于不平稳的运动会导致机器人关节产生振动和冲击，加剧机械零部件的磨损和破坏。因此轨迹规划的原则是加速度为有限值且尽量连续，速度与位置则必须连续。也就是说，如果某关节转角的轨迹函数为 $\theta(t)$，则 $\theta(t)$ 必须光滑连续，其一阶导数 $\dot{\theta}(t)$ 也必须光滑连续，对于一些特殊要求，甚至需要其二阶导数 $\ddot{\theta}(t)$ 也是光滑连续的。因此，关节空间的轨迹规划的关键在于如何构造满足上述条件的插补函数。显然，这样的函数有无数种，图 7-5 展示了几种可能的函数曲线。

　　因为多项式多阶连续可导，而且计算比较简单，因此很容易想到用多项式做插补函数。另外，以恒定的速度从一点运动到另一点也是常见的选择，匀速意味 $\dot{\theta}(t)$ 为常数，那么 $\theta(t)$ 必然是线性的，所以用线性函数做插补函数也很普遍。标量插补有很多种方法，有兴趣的读者可以查阅计算方法、数值分析类的书籍。本节主要讨论应用最为广泛的多项式和抛物线过渡的线性插补，每一种方法都将先介绍两点插补方法，然后再推广到多点插补方法。

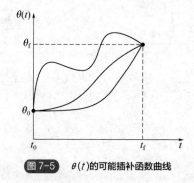

图 7-5 $\theta(t)$ 的可能插补函数曲线

7.2.1　三次多项式插补

在数学课中我们熟悉的三次多项式标准形式如下：

$$y(x) = a_0 + a_1 x + a_2 x^2 + a_3 x^3 \tag{7-1}$$

我们可以赋予自变量 x 和因变量 y 任何物理意义，但人们习惯于将(x,y)看作平面两坐标，此时 $y(x)$ 代表的是一个空间概念，即平面上的一条曲线。

做轨迹规划时，自变量为时间 t，对于转动关节而言因变量是转角 θ，所以 $\theta(t)$ 代表转角随时间的变化规律，为了强调这一点，本节将三次多项式插补函数写为。

$$\theta(t) = a_0 + a_1 t + a_2 t^2 + a_3 t^3 \tag{7-2}$$

但不要因此认为 7.2 节介绍的插补方法仅适用于关节空间轨迹规划，事实上这些方法可以用于所有标量的插补。

要确定该插补函数（7-2），关键在于确定 4 个多项式系数 $a_0 \sim a_3$。即需要 4 个约束条件获得 4 个联立方程。已知起点（t=0）和终点（$t=t_f$）的关节角为 θ_0 和 θ_f，另外起点和终点的关节角速度均为 0，因此可得下面 4 个方程：

$$\begin{cases} \theta(0) = \theta_0 \\ \theta(t_f) = \theta_f \\ \dot{\theta}(0) = 0 \\ \dot{\theta}(t_f) = 0 \end{cases} \tag{7-3}$$

由式（7-2）求导可得：

$$\dot{\theta}(t) = a_1 + 2a_2 t + 3a_3 t^2 \tag{7-4}$$

因此式（7-3）可写为：

$$\begin{cases} a_0 = \theta_0 \\ a_0 + a_1 t_f + a_2 t_f^2 + a_3 t_f^3 = \theta_f \\ a_1 = 0 \\ a_1 + 2a_2 t_f + 3a_3 t_f^2 = 0 \end{cases} \tag{7-5}$$

解该线性方程组可得：

$$\begin{cases} a_0 = \theta_0 \\ a_1 = 0 \\ a_2 = 3(\theta_f - \theta_0)/t_f^2 \\ a_3 = -2(\theta_f - \theta_0)/t_f^3 \end{cases} \tag{7-6}$$

将式（7-6）代入式（7-2）即可得到插补函数表达式：

$$\theta(t) = \theta_0 + 3(\theta_f - \theta_0)t^2/t_f^2 - 2(\theta_f - \theta_0)t^3/t_f^3 \tag{7-7}$$

例 7.1 具有转动关节的单杆机器人，处于静止状态时 $\theta_0 = 15°$，期望在 3s 内平滑地运动至关节角 $\theta_f = 75°$ 停止。

① 求出满足该运动要求的三次多项式轨迹函数及其速度、加速度函数；

② 画出关节的位置、速度和加速度随时间变化的曲线，并描述其特点。

解： a. 将已知条件代入式（7-6）可得：

$$\begin{cases} a_0 = 15 \\ a_1 = 0 \\ a_2 = 3 \times (75 - 15)/3^2 = 20 \\ a_3 = -2 \times (75 - 15)/3^3 = -4.44 \end{cases}$$

所以满足该运动的三次多项式轨迹插补函数为：

$$\theta(t) = 15 + 20t^2 - 4.44t^3$$

对上式求一阶和二阶导数即可得该轨迹的速度和加速度函数：

$$\dot{\theta}(t) = 40t - 13.32t^2$$

$$\ddot{\theta}(t) = 40 - 26.63t$$

b. 根据 $\theta(t)$、$\dot{\theta}(t)$ 和 $\ddot{\theta}(t)$ 表达式，很容易绘制出关节的位置、速度和加速度随时间变化的函数曲线，从图 7-6 可以看出，位置曲线光滑连续递增；速度曲线为抛物线，也是光滑连续

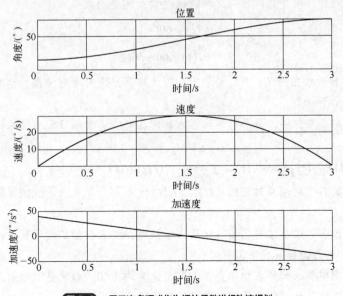

图 7-6 用三次多项式作为插补函数进行轨迹规划

的，初始点速度为 0，然后逐渐增大，运行到半程（$t=1.5s$）时速度达到极大值，然后逐渐减小，到终止点时速度降为 0；加速度相对时间 t 的变化为一条直线，初始点加速度为最大，然后逐渐减小，运行到半程（$t=1.5s$）时加速度为 0，然后反向加速度逐渐增大，直到终止点的加速度达到负向最大。

拓展练习：读者可以尝试自己编写代码求解该题，或者扫描二维码获得该程序 NCUT7_1.m 及其讲解。

扫码获取视频

例 7.2 具有 2 个转动关节的两连杆机器人如图 7-7 所示。期望在 3s 内，关节 1 由静止时 $\theta_0 = 15°$ 平滑地运动至 $\theta_f = 75°$ 并停止；关节 2 由静止时 $\theta_0 = 0°$ 平滑地运动至 $\theta_f = 90°$ 并停止。

① 求出满足关节 2 运动要求的三次多项式轨迹函数及速度、加速度函数；并分别画出关节 1 和关节 2 的位置、速度和加速度随时间变化的曲线。

② 在这 3s 内，两关节从 $\boldsymbol{\theta}_0 = \begin{bmatrix} 15° & 0° \end{bmatrix}$ 沿多项式插补函数运行到 $\boldsymbol{\theta}_f = \begin{bmatrix} 75° & 90° \end{bmatrix}$，该机器人的末端轨迹是如何随时间变化的？

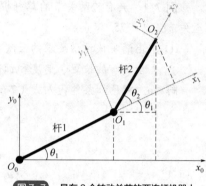

图 7-7 具有 2 个转动关节的两连杆机器人

解：将关节 2 的已知条件代入式（7-7）可得：

$$\begin{cases} a_0 = 0 \\ a_1 = 0 \\ a_2 = 3 \times (90-0)/3^2 = 30 \\ a_3 = -2 \times (90-0)/3^3 = -6.67 \end{cases}$$

所以满足关节 2 运动的三次多项式轨迹插补函数为：

$$\theta_2(t) = 30t^2 - 6.67t^3$$

对上式求一阶和二阶导数即可得运动的速度和加速度函数：

$$\dot{\theta}_2(t) = 60t - 18t^2$$

$$\ddot{\theta}_2(t) = 60 - 36t$$

关节 1 的插补函数在例 7.1 中已经求出。据此可画出两关节的位置、速度和加速度随时间变化的函数曲线如下。

已知关节角求末端位姿，需要用到机器人正向运动学。在例 3.5 中已经推导出该机械臂末端的坐标为：

$$x = \cos\left[\theta_1(t) + \theta_2(t)\right] + \cos\theta_1(t), \quad y = \sin\left[\theta_1(t) + \theta_2(t)\right] + \sin\theta_1(t)$$

将插补出来的各个时间点对应的 $\theta_1(t)$、$\theta_2(t)$ 代入上式即可求得机械臂末端运行轨迹，如图 7-8 所示。

拓展练习：读者可以尝试自己编写代码求解该题，或者扫描二维码获得该程序 NCUT7_2.m、运行动画及程序讲解。

扫码获取视频

思考：在上例中要求起始点和终止点的关节速度均为 0，如果要求起始点和终止点的关节速度为某给定值，是否仍旧可以通过三次多项式插补得到符合要求的运动曲线？

由图 7-9 可以看出，两关节在起始点和终止点的加速度都比较大，如果要在这两点指定期望的加速度，三次多项式插补是否还适用？

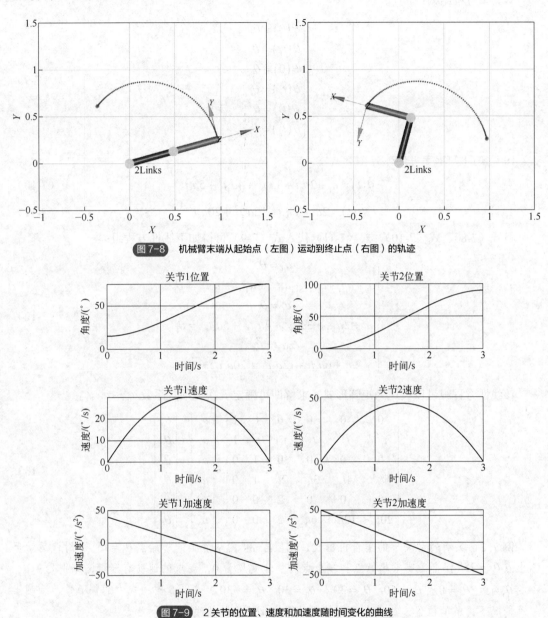

图 7-8　机械臂末端从起始点（左图）运动到终止点（右图）的轨迹

图 7-9　2 关节的位置、速度和加速度随时间变化的曲线

7.2.2　高阶多项式插补

用三次多项式做插补函数时，由于共有 4 个待定系数，要获得唯一解就只能有 4 个约束。如果对运动轨迹有更为严格的要求，约束条件必然增多，三次多项式就不能满足需求，此时高阶多项式就有了用武之地。

例如，对某关节运动的起始点和终止点的位置、速度和加速度均有明确要求，则有 6 个约束条件，这时就可以选用 5 次多项式做插补函数（有 6 个系数），即：

$$\theta(t) = a_0 + a_1 t + a_2 t^2 + a_3 t^3 + a_4 t^4 + a_5 t^5 \tag{7-8}$$

其约束方程组为：

$$\begin{cases} \theta(0) = \theta_0 \\ \theta(t_f) = \theta_f \\ \dot{\theta}(0) = \dot{\theta}_0 \\ \dot{\theta}(t_f) = \dot{\theta}_f \\ \ddot{\theta}(0) = \ddot{\theta}_0 \\ \ddot{\theta}(t_f) = \ddot{\theta}_f \end{cases} \tag{7-9}$$

由式（7-8）求导可得：

$$\dot{\theta}(t) = a_1 + 2a_2 t + 3a_3 t^2 + 4a_4 t^3 + 5a_5 t^4 \tag{7-10}$$

$$\ddot{\theta}(t) = 2a_2 + 6a_3 t + 12a_4 t^2 + 20a_5 t^3 \tag{7-11}$$

将式（7-8）、式（7-10）、式（7-11）代入式（7-9）可得如下线性方程组：

$$\begin{cases} a_0 = \theta_0 \\ a_0 + a_1 t_f + a_2 t_f^2 + a_3 t_f^3 + a_4 t_f^4 + a_5 t_f^5 = \theta_f \\ a_1 = \dot{\theta}_0 \\ a_1 + 2a_2 t_f + 3a_3 t_f^2 + 4a_4 t_f^3 + 5a_5 t_f^4 = \dot{\theta}_f \\ 2a_2 = \ddot{\theta}_0 \\ 2a_2 + 6a_3 t_f + 12a_4 t_f^2 + 20a_5 t_f^3 = \ddot{\theta}_f \end{cases} \tag{7-12}$$

该线性方程组可以表达为矩阵形式，求解即可确定五次多项式系数 $a_0 \sim a_5$。

$$\begin{bmatrix} 0 & 0 & 0 & 0 & 0 & 1 \\ t_f^5 & t_f^4 & t_f^3 & t_f^2 & t_f & 1 \\ 0 & 0 & 0 & 0 & 1 & 0 \\ 5t_f^4 & 4t_f^3 & 3t_f^2 & 2t_f & 1 & 0 \\ 0 & 0 & 0 & 2 & 0 & 0 \\ 20t_f^3 & 12t_f^2 & 6t_f & 2 & 0 & 0 \end{bmatrix} \cdot \begin{bmatrix} a_5 \\ a_4 \\ a_3 \\ a_2 \\ a_1 \\ a_0 \end{bmatrix} = \begin{bmatrix} \theta_0 \\ \theta_f \\ \dot{\theta}_0 \\ \dot{\theta}_f \\ \ddot{\theta}_0 \\ \ddot{\theta}_f \end{bmatrix} \tag{7-13}$$

例 7.3 具有转动关节的单杆机器人，期望在 3s 内从静止的起始点 $\theta_0 = 15°$ 平滑地运动至终止点 $\theta_f = 75°$ 停止，要求起始点和终止点的加速度均为 0，要求的速度有三组，分别是：

$\dot{\theta}_0 = 0$, $\dot{\theta}_f = 0$；$\dot{\theta}_0 = 50$, $\dot{\theta}_f = 30$；$\dot{\theta}_0 = 30$, $\dot{\theta}_f = -30$。请以 5 次项式为插补函数，绘制出三种情况下关节的位置、速度和加速度随时间变化的函数曲线。

解： 将 $t_f = 3$ 代入式（7-13）可求得线性方程组系数矩阵 A；根据第一组已知条件可以得常数向量 $b = [15\ 75\ 0\ 0\ 0\ 0]^T$，用 MATLAB 命令 $a = A\backslash b$ 即可求得 5 次多项式的系数数组 a。

对于第 2 组和第 3 组情况，分别有 $b = [15\ 75\ 50\ 30\ 0\ 0]^T$ 和 $b = [15\ 75\ 30\ -30\ 0\ 0]^T$，同样用 $a = A\backslash b$ 可求得对应 5 次多项式的系数。

多项式系数确定后，根据式（7-8）、式（7-10）、式（7-11）即可得出 $\theta(t)$、$\dot{\theta}(t)$ 和 $\ddot{\theta}(t)$ 的函数表达式，据此很容易绘制出三种情况下关节的位置、速度和加速度随时间变化的曲线如下图 7-10 所示。扫描二维码获得该程序 NCUT7_3.m 以及三组运行动画及程序讲解。

扫码获取视频

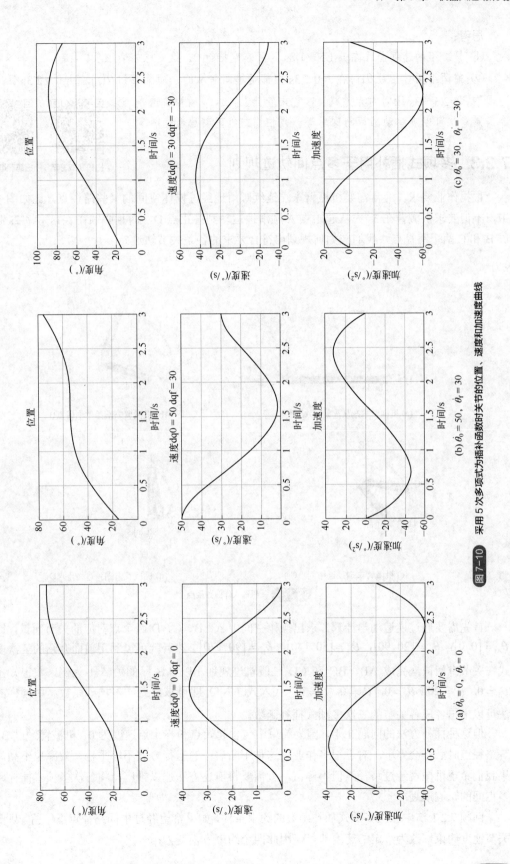

图7-10 采用5次多项式为插补函数时关节的位置、速度和加速度曲线

思考：

① 第二组的速度曲线在 $t=1.5\sim1.8s$ 区间速度接近 0，这意味着什么？

② 前两组插补函数 $\theta(t)$ 在 $t=0\sim3s$ 内都是单调递增的，而第三组 $\theta(t)$ 在 $t=0\sim2.3s$ 区间内为递增，$t=2.3\sim3s$ 区间内为递减。这意味着什么？这个插补轨迹是否令人满意？可以观察动画帮助你思考，或扫描二维码看思考题答案。

扫码获取答案　　扫码获取视频

7.2.3 多项式插补用于多点间轨迹规划

根据作业要求，经常需要机械臂末端连续顺滑地经过操作空间的某些路径点，比如图 1-11 中，不但要求机械臂在 3s 内从起始点 A 顺滑地运动到终止点 D，而且必须在 $t=1s$ 和 $t=2s$ 时经过 B 和 C 两个路径点，我们应如何规划出符合要求的各条关节轨迹？

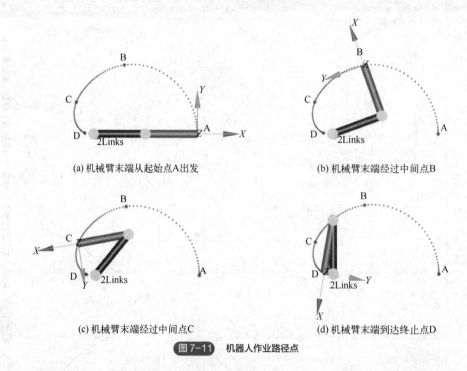

(a) 机械臂末端从起始点A出发　　　　　　(b) 机械臂末端经过中间点B

(c) 机械臂末端经过中间点C　　　　　　(d) 机械臂末端到达终止点D

图 7-11　机器人作业路径点

首先需要通过逆运动学计算，求出操作空间中 A、B、C、D 四个点对应的关节向量，比如 $\theta_A=[0\ \ 0]$，$\theta_B=[20\ \ 90]$，$\theta_C=[50\ \ 140]$，$\theta_D=[90\ \ 170]$。然后就可以利用前面介绍的三次多项式在关节空间依次完成 AB、BC 和 CD 三段轨迹规划。以 AB 段的关节 1 为例，将已知条件 $\theta_0=0$，$\theta_f=20$，$\dot{\theta}_0=0$，$\dot{\theta}_f=0$，$t_f=1$，代入式（7-7）即可求出三次多项式系数。用同样的方法可以求出各段各关节的三次多项式插补函数。

但这种插补方法的问题在于，因为约束中包含起始点和终止点速度为 0，机械臂经过 B、C 等路径点时必然会停下。对于很多作业，这种不断启停的运行方式不够平稳，效率也不高。如果我们希望机械臂经过路径点但不停留，就需要将前述方法加以推广，将三次多项式插补用于多点间的轨迹规划。

回顾 7.2.1 节中三次多项式插补函数的约束条件，如果希望经过中间路径点不停留，只要将关节速度约束修改为给定的速度即可，因此四个约束方程变为：

$$\begin{cases} \theta(0) = \theta_0 \\ \theta(t_{\mathrm{f}}) = \theta_{\mathrm{f}} \\ \dot{\theta}(0) = \dot{\theta}_0 \\ \dot{\theta}(t_{\mathrm{f}}) = \dot{\theta}_{\mathrm{f}} \end{cases} \text{即} \begin{cases} a_0 = \theta_0 \\ a_0 + a_1 t_{\mathrm{f}} + a_2 t_{\mathrm{f}}^2 + a_3 t_{\mathrm{f}}^3 = \theta_{\mathrm{f}} \\ a_1 = \dot{\theta}_0 \\ a_1 + 2a_2 t_{\mathrm{f}} + 3a_3 t_{\mathrm{f}}^2 = \dot{\theta}_{\mathrm{f}} \end{cases} \tag{7-14}$$

解该线性方程组可得：

$$\begin{cases} a_0 = \theta_0 \\ a_1 = \dot{\theta}_0 \\ a_2 = 3(\theta_{\mathrm{f}} - \theta_0)/t_{\mathrm{f}}^2 - 2\dot{\theta}_0/t_{\mathrm{f}} - \dot{\theta}_{\mathrm{f}}/t_{\mathrm{f}} \\ a_3 = -2(\theta_{\mathrm{f}} - \theta_0)/t_{\mathrm{f}}^3 + 2(\dot{\theta}_0 + \dot{\theta}_{\mathrm{f}})/t_{\mathrm{f}}^2 \end{cases} \tag{7-15}$$

从上式可以看出，$\dot{\theta}_0$、$\dot{\theta}_{\mathrm{f}}$ 的取值会直接影响多项式系数，对插补函数的走向有重大影响。那么，应该如何合理确定机械臂经过路径点时各关节的过渡速度？

目前主要有以下三种方式。

（1）根据机械臂末端在操作空间的瞬时线速度和角速度来确定路径点的关节速度

利用机械臂末端在该路径点上的速度逆雅可比矩阵，可将其在该点在瞬时线速度和角速度映射为所要求的关节速度。该方法生成的轨迹虽然能满足用户设置速度的需求，但是逐点设置速度工作量很大，而且如果某个路径点是奇异点，还无法任意设置速度值，因此这种方法并不常用。

（2）系统采用适当的启发式方法，自动选择合理的过渡速度

图 7-12 展示了一种简单而合理的过渡速度选择方式，图中短小直线段的系列代表各路径点的速度。首先用直线把路径点连接起来，如果路径点两侧的直线的斜率正负发生变化，则将该点速度设定为零，图中路径点 θ_1、θ_2、θ_4 的速度均属于这种情况；如果路径点两侧的直线的斜率正负没有改变，则选取两条直线的平均斜率作为该点的速度，图中路径点 θ_3、θ_5 的速度均属于这种情况。

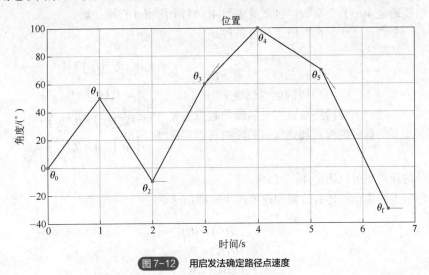

图 7-12　用启发法确定路径点速度

如图 7-13 所示，启发法规划出的轨迹是连续光滑的，不难看出路径点的速度正好是轨迹曲线在该点的切线斜率。从速度图可以发现在路径点处速度曲线出现尖点，导致加速度在该点出

现突变，而且起始点和终止点的加速度也都比较大，这显然不是我们希望看到的。因此还需要进一步优化算法。

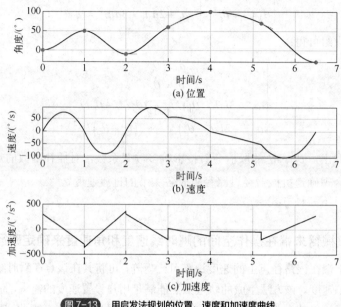

图 7-13 用启发法规划的位置、速度和加速度曲线

（3）以路径点处加速度连续为原则选取各点的速度

确定插补多项式的约束条件时，这种方法并不直接指定路径点速度，而是要求路径点处的位置、速度、加速度均连续。仍以图 7-12 为例，假设 θ_0 与 θ_1 之间的插补函数为 $\theta_1(t)$，θ_1 与 θ_2 之间的插补函数为 $\theta_2(t)$，θ_{i-1} 与 θ_i 之间的插补函数为 $\theta_i(t)$，每一段三次多项式 $\theta_i(t)$ 有 4 个待定系数，图 7-12 中共有 5 个路径点，6 段曲线，所以需要确定 $4 \times 6 = 24$ 个系数，如果有 n 个路径点，则需要确定 $4(n+1)$ 个系数，也就是需要 $4(n+1)$ 个约束才有唯一解。

对于每一个路径点 θ_i，都有四个约束条件。

$$\begin{cases} 前段的终点位置 = \theta_i \\ 后段的起点位置 = \theta_i \\ 前段的终点速度 = 后段的起点速度 \\ 前段的终点加速度 = 后段的起点加速度 \end{cases} 即 \begin{cases} \theta_{i-1}(t_{\theta_i}) = \theta_i \\ \theta_i(t_{\theta_i}) = \theta_i \\ \dot{\theta}_{i-1}(t_{\theta_i}) = \dot{\theta}_i(t_{\theta_i}) \\ \ddot{\theta}_{i-1}(t_{\theta_i}) = \ddot{\theta}_i(t_{\theta_i}) \end{cases}$$

有 n 个路径点则可以确定 $4n$ 个约束。

另外起始点和终止点还有位置和速度约束，即：

$$\begin{cases} \theta(0) = \theta_0 \\ \theta(t_f) = \theta_f \\ \dot{\theta}(0) = 0 \\ \dot{\theta}(t_f) = 0 \end{cases}$$

这样我们就确定了 4(n+1)个线性方程，求解该线性方程组就可以获得 4(n+1)个待定系数的唯一解。

以上正是构造三次样条函数的基本思想。由于三次样条函数使用非常广泛，各种数学软件一般都会提供相关函数方便大家调用，比如 MATLAB 中的 spline 函数。

例 7.4　要求单关节机械臂在以下时间点，以静止状态从起始点出发，经过 5 个路径点，最后在终止点停下，如图 7-12 所示。各路径点的角度及经过它们的时间为：

$$\theta = \begin{bmatrix} 0° & 50° & -10° & 60° & 100° & 70° & -30° \end{bmatrix}$$

$$t = \begin{bmatrix} 0 & 1 & 2 & 3 & 4 & 5.2 & 6.5 \end{bmatrix}$$

借助软件用加速度连续法（三次样条函数）规划出符合要求的轨迹，绘制出轨迹的位置、速度、加速度曲线，该方法规划出的轨迹比启发法的规划轨迹（图 7-13）有何优势？

解：MATLAB 函数 spline 可用于求过多点的三次样条函数。主要命令如下。

t=[0 1 2 3 4 5.2 6.5]';

q=[0 50 −10 60 100 70 −30]';

pp = spline(t,[0; q; 0]);　　　% 求各段三次样条多项式系数

tt=linspace(0,tf,N); tt=tt';　% 均分时间

q = fnval(pp,tt);　　　　　　　% 将时间 tt 代入多项式 pp 求位置（转角）插补点

dq= fnval(fnder(pp,1),tt);　　% 将时间 tt 代入多项式 pp 的一阶导数求插补点速度

ddq= fnval(fnder(pp,2),tt);　% 将时间 tt 代入多项式 pp 的一阶导数求插补点加速度

其中 pp = spline(t,[0; q; 0])表示三次样条曲线需要经过的路径点坐标为(t,q)，且起始点和终止点的速度为 0，计算出的各段三次多项式的系数等信息存储在结构 pp 中。函数 fnval 用于将时间点 tt 代入多项式 pp，求出对应的角度值存入变量 q；fnder(pp,1)用于求 pp 的一阶导数 $\dot{\theta}(t)$，dq=fnval(fnder(pp,1),tt)表示将时间点 tt 代入 $\dot{\theta}(t)$ 求出对应的速度；ddq= fnval(fnder(pp,2),tt)表示将时间点 tt 代入 $\ddot{\theta}(t)$ 求出对应的加速度。有了 q、dq、ddq 就很容易画出插补轨迹的位置、速度和加速度的曲线，如图 7-14 所示。

对比启发法的轨迹规划图 7-13 可以发现，以加速度连续为原则的插补方法，其速度曲线更加光滑，加速度曲线连续，也就是说通过各个路径点时不会出现加速度突变。扫描二维码可以获得程序 NCUT7_4a 和 NCUT7_4b 及其讲解视频。

扫码获取视频

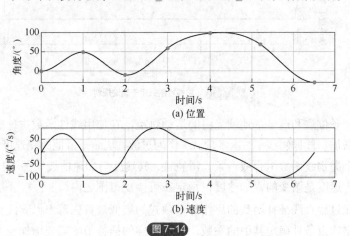

图 7-14

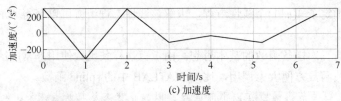

图 7-14　以加速度连续为原则规划的位置、速度和加速度曲线

不论三次还是五次多项式插补都有一个缺点，即其速度一直在变化中。为了提高效率，我们希望机器人各关节的允许速度尽量稳定在允许范围之内的高位上，这就是下一种的插补方法闪亮登场的原因。

7.2.4　抛物线过渡的线性插补

采用多项式函数插补的优点是，在区间内速度和加速度永远是连续的，五次多项式甚至可以指定区间端点处加速度的值，但是区间内的速度是变化的。显然，这对于机器人的工作效率是一个很大的限制，机器人必须持续地高速运动，才能获得更高的工作效率。所以可以尝试线性插补。比如让关节在 3s 内以恒定的速度从 15°运转到 75°，则其轨迹是一条直线，如图 7-15 所示。但这里有个明显的问题，由于起始点要求速度从 0 瞬间上升到 20，理论上加速度无穷大，势必会造成很大的冲击，在终止点也有类似的问题，这就需要对线性插补函数做一些改进。

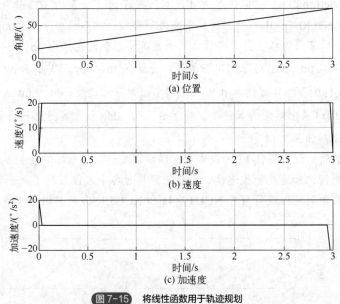

图 7-15　将线性函数用于轨迹规划

为了生成一条位置和速度都连续光滑的运动轨迹，在使用线性函数进行插补时，需要在启动和停止时各增加一段抛物线（二次多项式）作为过渡，从而平滑地改变速度。如图 7-16 所示，直线函数和两个抛物线函数组合成一条光滑轨迹，其速度与加速曲线如图 7-17 所示，此时在起始点和终止点，速度是渐变的，加速度也稳定在可接受范围之内。

构造抛物线过渡直线插补函数的思路与多项式的类似，首先写出抛物线和直线的标准表达式，然后再根据约束条件确定其中的系数。构造这样的插补函数需要增加一个约束条件，即两段抛物线关于中点（t_h, θ_h）中心对称，这意味两段抛物线具有相同的持续时间且加速度大小相等符号相反。

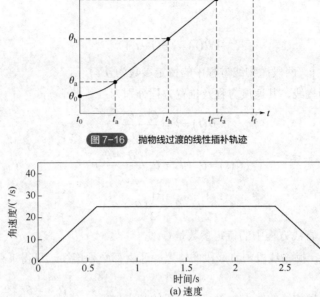

图 7-16　抛物线过渡的线性插补轨迹

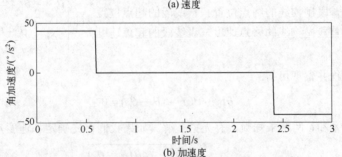

图 7-17　抛物线过渡的线性插补轨迹的速度和加速度

首先写出首段抛物线方程，即二次多项式的标准表达式：

$$\theta(t) = a_0 + a_1 t + a_2 t^2 \tag{7-16}$$

求导可得其速度方程：

$$\dot{\theta}(t) = a_1 + 2a_2 t \tag{7-17}$$

由于抛物线在起始点的位置为 θ_0，速度为 0，所以有：

$$\begin{cases} \theta_0 = a_0 + a_1 \times 0 + 2a_2 \times 0 \\ 0 = a_1 + 2a_2 \times 0 \end{cases} \tag{7-18}$$

容易求得 $a_0 = \theta_0$，$a_1 = 0$，但 a_2 尚无法确定。为了突出 a_2 代表角加速度，后面都用 $\ddot{\theta}$ 代替 a_2。所以第一段抛物线方程写为：

$$\theta(t) = \theta_0 + \frac{1}{2}\ddot{\theta}t^2 \tag{7-19}$$

其速度方程为：

$$\dot{\theta}(t) = \ddot{\theta}t \tag{7-20}$$

其中 $t = [0, t_a]$。根据两段抛物线的对称性可知，第二段抛物线方程为：

$$\theta(t) = \theta_f - \frac{1}{2}\ddot{\theta}(t - t_f)^2 \tag{7-21}$$

其速度方程为：

$$\dot{\theta}(t) = -\ddot{\theta}(t - t_f) \tag{7-22}$$

其中 $t = [t_f - t_a, t_f]$。两段抛物线方程中的待定参数为 $\ddot{\theta}$。

中间部分轨迹为直线，其速度方程及位置方程分别为：

$$\dot{\theta}(t) = k = \frac{\theta_h - \theta_a}{t_h - t_a} \tag{7-23}$$

$$\theta(t) = \theta_0 + kt = \theta_0 + \frac{\theta_h - \theta_a}{t_h - t_a}t \tag{7-24}$$

$$t_h = \frac{1}{2}t_f, \quad \theta_h = \frac{1}{2}(\theta_0 + \theta_f) \tag{7-25}$$

其中 $t = [t_a, t_f]$。直线方程中的待定参数是 t_a。

由于要求在 t_a 点，抛物线段与直线段的位置、速度都必须连续，可得下列约束方程：

$$\begin{cases} \text{首段抛物线的终点位置} = \text{直线段的起点位置} \\ \text{首段抛物线的终点速度} = \text{直线段的起点速度} \end{cases} \text{即} \begin{cases} \theta_0 + \dfrac{1}{2}\ddot{\theta}t_a^2 = \theta_a \\ \ddot{\theta}t_a = \dfrac{\theta_h - \theta_a}{t_h - t_a} \end{cases} \tag{7-26}$$

联立两个方程并整理可得

$$\ddot{\theta}t_a^2 - \ddot{\theta}t_f t_a + (\theta_f - \theta_0) = 0 \tag{7-27}$$

该方程包含 $\ddot{\theta}$ 和 t_a 两个未知数，有无穷多解。如果我们首先确定加速度 $\ddot{\theta}$，则可求得：

$$t_a = \frac{1}{2}t_f - \frac{\sqrt{\ddot{\theta}^2 t_f^2 - 4\ddot{\theta}(\theta_f - \theta_0)}}{2\ddot{\theta}} \tag{7-28}$$

为了保证 t_a 有解根号内必须为正，因此 $\ddot{\theta}$ 加速度必须足够大，即：

$$\ddot{\theta} \geqslant \frac{4(\theta_f - \theta_0)}{t_f^2} \tag{7-29}$$

当上式取等号时，$t_a = \frac{1}{2}t_f$，这意味着直线段的长度缩减为 0，整个轨迹由两段抛物线组成。

当然我们也可以首先确定过渡时间 t_a 来求解加速度，则有

$$\ddot{\theta} = \frac{\theta_f - \theta_0}{t_a(t_f - t_a)} \tag{7-30}$$

给定的 t_a 必须在 $[0, \frac{1}{2}t_f]$ 之间。当 $t_a = 0$ 时过渡时间为 0，则轨迹回归为一条简单直线；当 $t_a = \frac{1}{2}t_f$，求得的过渡抛物线加速度最小，轨迹直线段长度缩减为 0。

例 7.5 本题要求与例 7.1 类似。具有转动关节的单杆机器人，处于静止状态时 $\theta_0 = 15°$，

期望在 3s 内平滑地运动至关节角 $\theta_f = 75^\circ$ 停止。

① 如果采用抛物线过渡的线性函数插补，轨迹允许的最小加速度是多少？

② 请设计三条不同的带有抛物线过渡的线性轨迹。

解： a. 根据式（7-29）有：

$$\ddot{\theta} \geqslant \frac{4(\theta_f - \theta_0)}{t_f^2} = \frac{4 \times (75 - 15)}{3^2} = 26.67(^\circ / s^2)$$

即加速度最小为 $26.67^\circ / s^2$。

b. 将 $\ddot{\theta} = 27/30/33$ 分别代入式（7-28）即可得到三组 t_a：

$$t_a = 1.33/110.84$$

代入式（7-19）、式（7-24）和式（7-21）可以得到三组插补函数，每组插补函数分为三段，分别是第一段抛物线方程，第二段直线方程，第三段抛物线方程。

第一组
$$\begin{cases} \theta(t) = 15 + \dfrac{27}{2}t^2 & 0 \leqslant t \leqslant 1.33 \\ \theta(t) = 45 + 36(t - 1.5) & 1.33 \leqslant t \leqslant 1.67 \\ (t) = 75 - \dfrac{27}{2}(t - 3)^2 & 1.67 \leqslant t \leqslant 3 \end{cases}$$

第二组
$$\begin{cases} \theta(t) = 15 + \dfrac{30}{2}t^2 & 0 \leqslant t \leqslant 1 \\ \theta(t) = 45 + 30(t - 1.5) & 1 \leqslant t \leqslant 2 \\ \theta(t) = 75 - \dfrac{30}{2}(t - 3)^2 & 2 \leqslant t \leqslant 3 \end{cases}$$

第三组
$$\begin{cases} \theta(t) = 15 + \dfrac{33}{2}t^2 & 0 \leqslant t \leqslant 0.84 \\ \theta(t) = 45 + 27.81(t - 1.5) & 0.84 \leqslant t \leqslant 2.16 \\ \theta(t) = 75 - \dfrac{33}{2}(t - 3)^2 & 2.16 \leqslant t \leqslant 3 \end{cases}$$

三条轨迹对应的位置、速度、加速度图如图 7-18 所示。

拓展练习： 读者可以尝试自己编写代码求解该题，或者扫描二维码获得该程序 NCUT7_5a.m 及其讲解。

扫码获取视频

思考： 观察图 7-18，当过渡抛物线加速度变大时，轨迹中的直线段如何变化？过渡时间 t_a 如何变化？平台速度如何变化？如果加速度无穷大，轨迹会有什么变化？扫描二维码可以查看答案及轨迹随加速度变化的动画。

扫码获取答案　　扫码获取视频

7.2.5　抛物线过渡的线性插补用于多点间轨迹规划

在 7.2.3 节中，我们将多项式插补用于多点间轨迹规划，本节研究如何用抛物线过渡的线性插补解决多路径点的轨迹规划问题。

求解多路径点的抛物线过渡的线性插补曲线的核心思想是，首先用直线连接各路径点，相邻两条直线之间用抛物线过渡，如图 7-19 所示。这种轨迹规划的关键在于如何确定过渡抛物线函数的各个系数。抛物线函数的标准形式为：

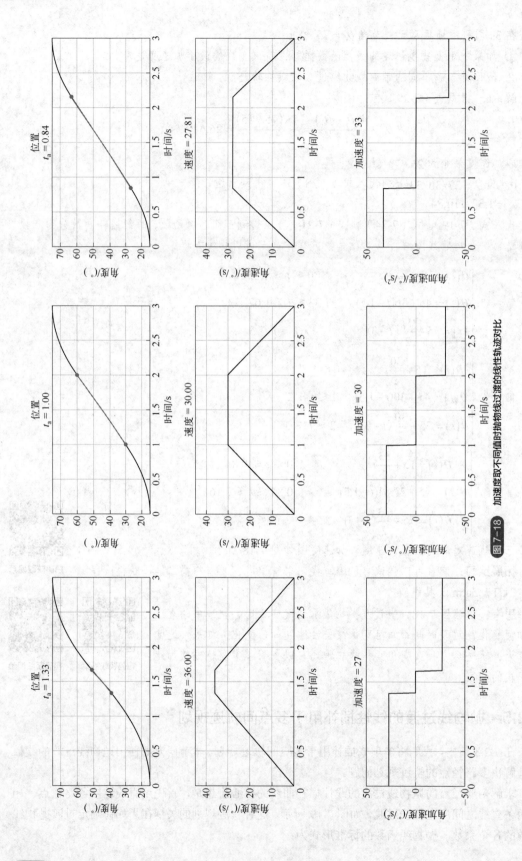

图7-18 加速度取不同值时抛物线过渡的线性轨迹对比

$$\theta(t) = a_0 + a_1 t + a_2 t^2 \qquad\qquad (7\text{-}31)$$

其中有三个待定系数。如果轨迹需要经过 n 个路径点，则需要 n 个路径点过渡区，加上起始点和终止点，轨迹中共需要 $n+2$ 段抛物线，待定系数则有 $3(n+2)$ 个。下面再看看有多少约束。首先，为保证速度连续，每个路径点都有两个约束，即：

$$\begin{cases} \text{前段直线的速度} = \text{过渡抛物线起点速度} \\ \text{后段直线的速度} = \text{过渡抛物线终点速度} \end{cases}$$

起点和终点也各有两个约束：

$$\begin{cases} \text{起点位置} = \theta_0 \\ \text{起点速度} = 0 \end{cases} \qquad \begin{cases} \text{终点位置} = \theta_f \\ \text{终点速度} = 0 \end{cases}$$

以上共有约束 $2(n+2)$ 个，少于 $3(n+2)$ 个待定系数，因此轨迹有无穷多解。与上一节的思路类似，我们必须指定各段抛物线的加速度或者过渡时间 t_a，轨迹才会被唯一确定下来。

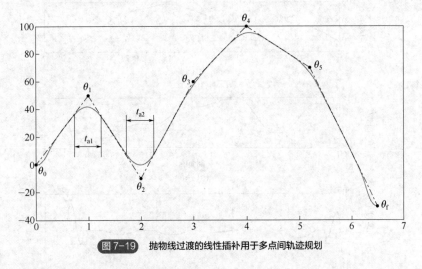

图 7-19 抛物线过渡的线性插补用于多点间轨迹规划

例 7.6 本题基本条件与例 7.4 完全一致。

① 取过渡时间为 0.8s，请用抛物线过渡的线性函数规划出符合要求的轨迹，并绘制出轨迹的位置、速度、加速度曲线，请借助软件完成。

② 上一问绘制出的轨迹是否通过各路径点？如果希望轨迹尽量接近路径点，应该加大还是减小过渡时间？此时对应的加速度是增大还是减小了？

解： a. Robotics Toolbox 提供的 mstraj 这个函数可以求过多个路径点的抛物线过渡的线性轨迹。完成本题目的主要程序如下，核心语句只有最后三句，前面语句都在为其参数做准备，阅读注释即可理解各参数的含义。

```
% 已知各点位置及经过各点的时间
Pt=[0 1 2 3 4 5.2 6.5]';        % 时间
Pq=[0 50 −10 60 100 70 −30]';   % 位置(角度)
% 为调用 mstraj 准备参数
q0=Pq(1);         % 起始点位置
wp=Pq(2:end);     % 路径点和终止点位置
```

```
tseg=diff(Pt);    %  经过各点的时间间隔
qdmax=[];          %  最大速度，与过渡时间 tacc 二选一
dt=0.01;           %  定时插补，两插补点之间的时长
tacc=0.8;          %  设定各段抛物线过渡时间均为该值
%  tacc=0.2;
%  调用 mstraj 生成过多路径点的抛物线过渡的直线插补轨迹，插补点存在 traj 中
traj=mstraj(wp,qdmax,tseg,q0,dt,tacc);
dq=diff(traj)/dt;   %  通过对位置微分求速度
ddq=diff(dq)/dt;    %  通过对速度微分求加速度
```

函数计算出位置曲线插补点存放在变量 traj 中，并通过微分求得速度和加速度，这样就很容易绘制出插补轨迹的位置、速度和加速度曲线，如图 7-20 所示。

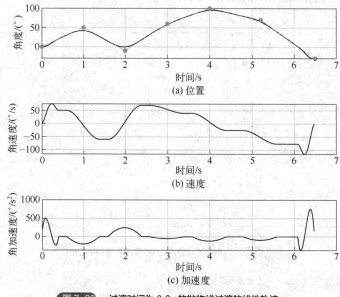

(a) 位置

(b) 速度

(c) 加速度

图 7-20 过渡时间为 0.8s 的抛物线过渡的线性轨迹

b. 由图 7-20 可以看出，由于过渡区的存在轨迹并没有经过路径点，如果希望轨迹尽量接近路径点，应该减小过渡时间，此时对应的加速度必然会增大。修改上面程序中的过渡时间为 *tacc*=0.2；再次绘制图形如图 7-21 所示。可以看出此时轨迹非常接近路径点，但轨迹基本也类似简单直线，起始点和终止点的加速度非常大。当然我们也可以逐一设定适合各点的过渡时间，从而达到最佳轨迹规划效果。扫描二维码可以获得该程序 NCUT7_6.m 及其讲解视频。

扫码获取视频

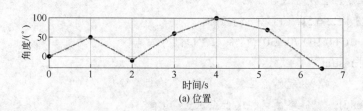

(a) 位置

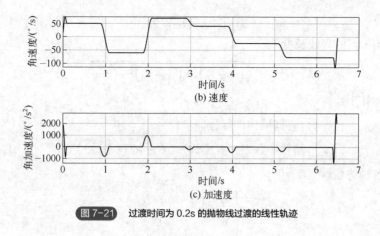

(b) 速度

(c) 加速度

图 7-21　过渡时间为 0.2s 的抛物线过渡的线性轨迹

7.3　操作空间的轨迹规划

操作空间的轨迹规划有很多方法，最常用的是空间直线插补和空间圆弧插补，其他非直线和圆弧轨迹都可以用空间直线和圆弧去逼近，并通过合适的算法将误差控制在允许范围之内。如果仅从位置插补的角度讲，机器人操作空间的插补方式与数控加工的插补方式类似，但机器人除了末端位置，还需要对其末端姿态进行插补。操作空间的轨迹规划可以保证机器人末端在操作空间的运动轨迹符合期望，但有一些问题需要小心避免。

本节将依次介绍操作空间中的直线插补、圆弧插补，以及姿态插补算法，最后还会讨论操作空间轨迹规划中的几何问题。

7.3.1　空间直线插补

在操作空间中，机械臂末端轨迹上的每个节点包含了三个位置变量和三个姿态变量，关于姿态的插补在 7.3.3 节中会详细介绍，这里先假设机械臂沿直线运动的过程中姿态不变，所以只关心三个位置变量的直线插补即可，如图 7-22 所示。假设机械臂沿直线做匀速运动，操作空间的直线轨迹插补方法如下。

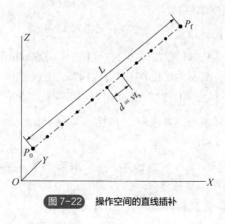

图 7-22　操作空间的直线插补

① 首先确定机械臂末端在操作空间的运动速度 v 和插补时间 t_s。插补时间是机器人的伺服

控制周期决定的，通常为毫秒级，比如 10ms，20ms 等。

② 计算始末点的直线长度

$$L = |P_0 P_f| = \sqrt{\left(x_f - x_0\right)^2 + \left(y_f - y_0\right)^2 + \left(z_f - z_0\right)^2} \tag{7-32}$$

③ 计算插补步数

t_s 间隔内的行程即步长为： $d = v t_s \tag{7-33}$

插补步数为（取整数）： $N = \text{int}\left(L/d\right) + 1 \tag{7-34}$

④ 计算各轴的增量

$$\begin{cases} \Delta x = \left(x_f - x_0\right)/N \\ \Delta y = \left(y_f - y_0\right)/N \\ \Delta z = \left(z_f - z_0\right)/N \end{cases} \tag{7-35}$$

⑤ 计算各插补点坐标

$$\begin{cases} x_{i+1} = x_0 + i\Delta x \\ y_{i+1} = y_0 + i\Delta y \\ z_{i+1} = z_0 + i\Delta z \end{cases} \tag{7-36}$$

其中 $i = 0，1，2，\cdots, N$。

⑥ 最后根据机械臂 D-H 参数求逆解，获得插补点对应的关节角时间序列。

例 7.7　Puma-560 机械臂要用于喷漆，要求其末端沿着一条直线匀速运动，且末端姿态始终与参考坐标系方向一致。直线起点和终点的坐标为 $P_0 = [247, 538, 600]$，$P_f = [-726, -424, 243]$，单位为 mm。已知机械臂末端的运行速度 $v=1\text{m/s}$，插补时间 $t_s = 10\text{ms}$。

① 求直线上各插补点的坐标；

② 借助 Robotics Toolbox 求插补点逆解，求出插补点对应的 6 个关节角时间序列，并绘制出 Puma-560 沿着该直线运动的动画。

解：a. 首先根据式（7-32）～式（7-34）计算直线长度、步长，以及插补步数。

$$L = |P_0 P_f| = \sqrt{\left(-0.726 - 0.247\right)^2 + \left(-0.424 - 0.538\right)^2 + \left(0.243 - 0.600\right)^2} = 1.4141\text{m}$$

步长 $d = v t_s = 1 \times 0.01 = 0.01\text{m}$

插补步数为 $N = \text{int}\left(L/d\right) + 1 = 142$

根据式（7-35）计算各轴的增量为：

$$\begin{cases} \Delta x = \left(-0.726 - 0.247\right)/142 = -0.0069\text{m} \\ \Delta y = \left(-0.424 - 0.538\right)/142 = -0.0068\text{m} \\ \Delta z = \left(0.243 - 0.600\right)/142 = -0.0025\text{m} \end{cases}$$

最后根据式（7-36）即可求出各插补点的坐标，其中 $i=0，1，2，\cdots，142$。具体计算比较繁琐，交给程序完成。

b. Robotics Toolbox 提供了球形六轴机械臂求逆解的函数 ikine6s，利用下面几行程序就可以完成题目的要求，绘制的图形如图 7-22 所示。

```
mdl_puma560          % 生成仿真机械臂 p560
Tc=transl([x,y,z]);      % 将插补好的末端坐标转换为齐次矩阵的形式
```

qc=p560.ikine6s(Tc);　% 求逆解，得到插补点对应的 6 个关节角时间序列
p560.plot(qc)　　　　　% 生成 Puma-560 沿直线运动的动画

扫描二维码可以获得该程序 NCUT7_7a.m、动画视频及其讲解视频。

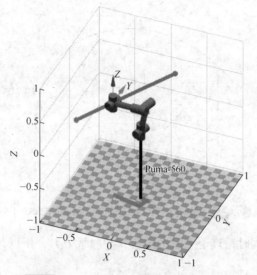

图 7-23　Puma-560 在操作空间的直线插补轨迹

思考：例 7.7 假设整个过程机械臂末端一直是匀速运动的，如果要求起点和终点速度均为 0，应如何做轨迹规划？扫描二维码获得思考题答案、程序 NCUT7_7b.m、动画视频及其讲解视频。

7.3.2　空间圆弧插补

空间圆弧是指空间任意平面内的圆弧，即空间一般平面内的圆弧。空间圆弧的插补可分如下三步进行。

（1）建立圆弧所在平面坐标系，将三维插补问题转换为二维插补问题

在圆弧所在平面上建立坐标系 $\{R\}$，其 Z 轴垂直于圆弧平面，原点位于圆心，如图 7-23 所示。只要求出 $\{R\}$ 对应的齐次变换矩阵 T，则通过坐标变换，可将参考坐标系内已知的 P_1，P_2，P_3 三点坐标转换为 $\{R\}$ 坐标系的坐标，这时空间一般平面上的圆弧就变为 $X_R O_R Y_R$ 平面上的圆弧，从而将三维问题转化为二维问题。因此关键在于如何建立圆弧平面坐标系 $\{R\}$，即如何确定平面的法向量作为坐标系的 Z_R 轴，以及如何确定圆心坐标，从而将坐标系 $\{R\}$ 原点置于圆心。

如图 7-24 所示，已知 P_1、P_2、P_3 三点决定了圆弧所在平面，根据叉积的定义可知，向量 $\boldsymbol{P_1P_2}$ 和 $\boldsymbol{P_2P_3}$ 的叉积即为该平面的法向量方向：

$$\boldsymbol{n} = \boldsymbol{P_1P_2} \times \boldsymbol{P_2P_3} = \begin{vmatrix} \boldsymbol{i} & \boldsymbol{j} & \boldsymbol{k} \\ X_2-X_1 & Y_2-Y_1 & Z_2-Z_1 \\ X_3-X_2 & Y_3-Y_2 & Z_3-Z_2 \end{vmatrix} \tag{7-37}$$

由圆的性质可知，线段 P_1P_2 和 P_2P_3 的中垂线交点即为圆心。所以首先需要求出两中垂线方程，再求其交点。

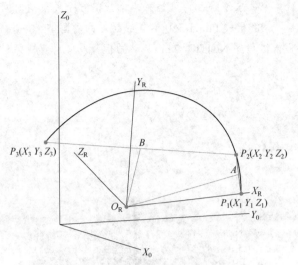

图 7-24　参考坐标系{O}与空间圆弧平面坐标系{R}的关系

由于 P_1P_2 中垂线 L_1 同时垂直于平面法向量 $\boldsymbol{n}$ 和向量 $\boldsymbol{P_1P_2}$，所以其方向向量可以通过叉积获得。

$$\boldsymbol{n_1} = \boldsymbol{n} \times \boldsymbol{P_1P_2} = \begin{vmatrix} \boldsymbol{i} & \boldsymbol{j} & \boldsymbol{k} \\ n_x & n_y & n_z \\ X_2 - X_1 & Y_2 - Y_1 & Z_2 - Z_1 \end{vmatrix} \tag{7-38}$$

中点 A 的坐标为：

$$X_A = \frac{X_1 + X_2}{2} \quad Y_A = \frac{Y_1 + Y_2}{2} \quad Z_A = \frac{Z_1 + Z_2}{2} \tag{7-39}$$

所以，过中点 A 且法向量为 $\boldsymbol{n_1}$ 的中垂线 L_1 所在的直线方程为：

$$\frac{x - X_A}{n_{1x}} = \frac{y - Y_A}{n_{1y}} = \frac{z - Z_A}{n_{1z}} = t \tag{7-40}$$

同理，P_2P_3 的中垂线 L_2 所在的直线方程为：

$$\frac{x - X_B}{n_{2x}} = \frac{y - Y_B}{n_{2y}} = \frac{z - Z_B}{n_{2z}} = t \tag{7-41}$$

其中：

$$\boldsymbol{n_2} = \boldsymbol{n} \times \boldsymbol{P_2P_3} = \begin{vmatrix} \boldsymbol{i} & \boldsymbol{j} & \boldsymbol{k} \\ n_x & n_y & n_z \\ X_3 - X_2 & Y_3 - Y_2 & Z_3 - Z_2 \end{vmatrix} \tag{7-42}$$

$$X_B = \frac{X_2 + X_3}{2} \quad Y_B = \frac{Y_2 + Y_3}{2} \quad Z_B = \frac{Z_2 + Z_3}{2} \tag{7-43}$$

求空间两直线交点有多种方法，这里采用将其转换为求直线与平面的交点的问题进行求解。Z_R 轴（$\boldsymbol{n}$）与 P_2P_3 的中垂线 L_2（$\boldsymbol{n_2}$）构成一个平面，其法向量为 $\boldsymbol{n_3}$，P_1P_2 中垂线 L_1 与该平面的交点即为 L_1 与 L_2 的交点，也就是圆心。交点具体计算过程如下。

Z_R 轴和中垂线 L_2（$\boldsymbol{n_2}$）构成平面的法向量为：

$$n_3 = n \times n_2 = \begin{vmatrix} i & j & k \\ n_x & n_y & n_z \\ n_{2x} & n_{2y} & n_{2z} \end{vmatrix} \tag{7-44}$$

L_1 直线参数方程中的 t 可由矢量间的点积运算获得，此处不做证明直接给出公式如下：

$$t = \frac{n_3 \cdot AB}{n_3 \cdot n_1} \tag{7-45}$$

将计算出的 t 代入 L_1 参数方程即可获得圆心坐标：

$$\begin{cases} X_C = X_A + n_{1x}t \\ Y_C = Y_A + n_{1y}t \\ Z_C = Z_A + n_{1y}t \end{cases} \tag{7-46}$$

半径为圆心到 P_1 点的距离：

$$R = \sqrt{(X_C - X_1)^2 + (Y_C - Y_1)^2 + (Z_C - Z_1)^2} \tag{7-47}$$

通过上面的计算确定了坐标系 $\{R\}$ 的原点（即圆心），确定了 Z_R 轴的方向向量（即 n），接下来还需要确定 X_R 和 Y_R 的方向矢量。取 X_R 轴的方向沿着 $O_R P_1$ 的方向，则其方向矢量：

$$a = O_R P_1 = [X_1 - X_C, Y_1 - Y_C, Z_1 - Z_C] \tag{7-48}$$

将 n 和 a 两个方向矢量单位化：

$$n = n / |n| \quad a = a / |a| \tag{7-49}$$

Y_R 的方向矢量则由 n 和 o 的叉积获得，即：

$$o = n \times a \tag{7-50}$$

这样坐标系 $\{R\}$ 的 n、o、a 三个方向矢量，以及平移矢量 $P = [X_C, Y_C, Z_C]^T$ 均已确定，所以参考坐标系到圆弧平面坐标系的齐次变换矩阵为：

$$T = \begin{bmatrix} a & o & n & P \end{bmatrix} = \begin{bmatrix} a_x & o_x & n_x & X_C \\ a_y & o_y & n_y & Y_C \\ a_z & o_z & n_z & Z_C \\ 0 & 0 & 0 & 1 \end{bmatrix} \tag{7-51}$$

因此参考坐标系坐标与圆弧坐标系的坐标转换关系如下：

已知 $\{R\}$ 坐标系坐标 (x, y, z)，求 $\{0\}$ 坐标系坐标 (X, Y, Z) ：$\begin{bmatrix} X \\ Y \\ Z \\ 1 \end{bmatrix} = T \begin{bmatrix} x \\ y \\ z \\ 1 \end{bmatrix}$ \qquad (7-52)

已知 $\{0\}$ 坐标系坐标 (X, Y, Z)，求 $\{R\}$ 坐标系坐标 (x, y, z) ：

$$\begin{bmatrix} x \\ y \\ z \\ 1 \end{bmatrix} = T^{-1} \begin{bmatrix} X \\ Y \\ Z \\ 1 \end{bmatrix} \tag{7-53}$$

（2）利用二维平面圆弧插补算法求出插补点坐标

利用上式即可求出 P_1、P_2、P_3 三点在 {R} 坐标系的坐标 $(x_1 \ y_1 \ z_1)$，$(x_2 \ y_2 \ z_2)$，$(x_3 \ y_3 \ z_3)$。此时各点 z 坐标均为 0，圆心坐标变换为（0,0,0），即位于坐标原点。所以该圆的参数方程为：

$$\begin{cases} x = R\cos\theta \\ y = R\sin\theta \end{cases} \tag{7-54}$$

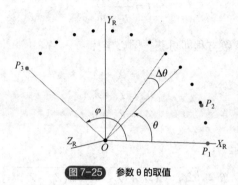

图 7-25　参数 θ 的取值

参考图 7-25 可知，P_1 点正好位于 X_R 轴上，对应参数方程中的 $\theta=0$，P_3 点对应的参数方程的 θ 即为图中的 φ，可由下列公式求出：

$$\varphi = \text{atan2}(y_3, x_3) \tag{7-55}$$

已知插补时间为 t_s，假设机械臂末端沿圆弧匀速运动，则 t_s 内的角位移量为

$$\Delta\theta = t_s v / R \tag{7-56}$$

计算总插补步数（取整数）：　　　$N = \text{int}(\varphi / \Delta\theta) + 1 \tag{7-57}$

每一步对应的转角为：

$$\theta_i = i\Delta\theta \tag{7-58}$$

其中 $i=0,1,2,\cdots,N$。

那么均分圆弧的插补点坐标为：

$$\begin{cases} x_i = R\cos\theta_i \\ y_i = R\sin\theta_i \\ z_i = 0 \end{cases} \tag{7-59}$$

其中 $i=0,1,2,\cdots,N$。

（3）坐标系转换

将 {R} 坐标系中的插补点坐标（x_i，y_i，z_i），通过齐次坐标变换矩阵 $\boldsymbol{T}$ 再转化为参考坐标系下的插补点坐标（X_i，Y_i，Z_i）。根据式（7-52）有：

$$\begin{bmatrix} X_i \\ Y_i \\ Z_i \\ 1 \end{bmatrix} = \boldsymbol{T} \begin{bmatrix} x_i \\ y_i \\ z_i \\ 1 \end{bmatrix} \tag{7-60}$$

通过以上三步，就完成了过空间三点的圆弧的插补。

例 7.8 已知 Puma-560 机械臂要用于打磨某圆弧形零件，该圆弧经过图 7-26 所示三点，坐标分别为 $P_1 = [700, 200, 0], P_2 = [200, 200, 500], P_3 = [200, 700, 0]$，单位为 mm。已知机械臂末端的运行速度 $v = 900$mm/s，插补时间 $t_s = 20$ms。请规划出机械臂末端从 P_1 经 P_2 到 P_3 的圆弧轨迹。请暂时只考虑位置插补，忽略姿态问题。

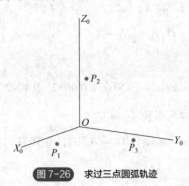

图 7-26 求过三点圆弧轨迹

求解过程如下：

（1）建立圆弧所在平面坐标系

① 求圆弧所在平面的法向量 $\boldsymbol{n}$。根据式（7-37）有：

$$\boldsymbol{n} = P_1 P_2 \times P_2 P_3 = \begin{vmatrix} \boldsymbol{i} & \boldsymbol{j} & \boldsymbol{k} \\ -0.5 & 0 & 0.5 \\ 0 & 0.5 & -0.5 \end{vmatrix}$$

对 $\boldsymbol{n}$ 做单位化

$$\boldsymbol{n} = \boldsymbol{n}/|\boldsymbol{n}| = [-0.5774 \quad -0.5774 \quad -0.5774]$$

② 求圆心坐标。根据式（7-38）～式（7-57）有：

$P_1 P_2$ 中垂线方向矢量

$$\boldsymbol{n}_1 = \boldsymbol{n} \times P_1 P_2 = [-0.2887 \quad 0.5774 \quad -0.2887]$$

$P_2 P_3$ 中垂线方向矢量

$$\boldsymbol{n}_2 = \boldsymbol{n} \times P_2 P_3 = [0.5774 \quad -0.2887 \quad -0.2887]$$

Z_R 轴（$\boldsymbol{n}$）与 $P_2 P_3$ 的中垂线 L_2（$\boldsymbol{n}_2$）构成一个平面，其法向量为 $\boldsymbol{n}_3$

$$\boldsymbol{n}_3 = \boldsymbol{n} \times \boldsymbol{n}_2 = [0 \quad -0.5 \quad 0.5]$$

$P_1 P_2$ 中垂线参数方程中的 t 可以由矢量间的点积运算获得，其中 A、B 为 $P_1 P_2$ 和 $P_2 P_3$ 的中点，容易求得其坐标为 $[0.05 \quad 0 \quad 0.05]$ 和 $[0 \quad 0.05 \quad 0.05]$，所以有：

$$t = \frac{\boldsymbol{n}_3 \cdot \boldsymbol{AB}}{\boldsymbol{n}_3 \cdot \boldsymbol{n}_1} = 0.2887$$

将计算出的 t 代入 $P_1 P_2$ 中垂线参数方程即可获得圆心坐标：

$$\begin{cases} X_C = X_A + n_{1x}t = 0.3667 \\ Y_C = Y_A + n_{1y}t = 0.3667 \\ Z_C = Z_A + n_{1z}t = 0.1667 \end{cases}$$

半径为圆心到 P_1 点的距离：

$$R = \sqrt{(X_C - X_1)^2 + (Y_C - Y_1)^2 + (Z_C - Z_1)^2} = 0.4082$$

③ 求齐次坐标变换矩阵 T

根据式（7-48）～式（7-51），取 X_R 轴的方向沿着 $O_R P_1$ 的方向，则其方向矢量：

$$a = O_R P_1 = [X_1 - X_C, Y_1 - Y_C, Z_1 - Z_C]$$

对 a 做单位化

$$a = a / |a| = [0.8165 \quad -0.4082 \quad -0.4082]$$

Y_R 的方向矢量则由 n 和 a 的叉积获得，即

$$o = n \times a = [0 \quad -0.7071 \quad 0.7071]$$

所得 $\{R\}$ 坐标系各坐标轴如图 7-27 所示。参考坐标系 $\{0\}$ 到圆弧平面坐标系 $\{R\}$ 的齐次坐标变换矩阵为：

$$T = \begin{bmatrix} a_x & o_x & n_x & X_C \\ a_y & o_y & n_y & Y_C \\ a_z & o_z & n_z & Z_C \\ 0 & 0 & 0 & 1 \end{bmatrix} = \begin{bmatrix} 0.8165 & 0 & -0.5774 & 0.3667 \\ -0.4082 & -0.7071 & -0.5774 & 0.3667 \\ -0.4082 & 0.7071 & -0.5774 & 0.1667 \\ 0 & 0 & 0 & 1 \end{bmatrix}$$

（2）利用二维平面圆弧插补算法求出插补点坐标

利用式（7-53）即可求出 P_1、P_2、P_3 三点在 $\{R\}$ 坐标系的坐标 $(x_1 \, y_1 \, z_1) = [0.4082 \ 0 \ 0]$，$(x_2 \, y_2 \, z_2) = [-0.2041 \ 0.3536 \ 0]$，$(x_3 \, y_3 \, z_3) = [-0.2041 \ -0.3536 \ 0]$。

圆弧的角度 θ 从 P_1 对应的 0 到 P_3 点对应的 φ，其中：

$$\varphi = \text{atan2}(y_3, x_3) = -2.0944 \text{rad}$$

已知插补时间为 t_s，假设机械臂末端沿圆弧匀速运动，则 t_s 内的角位移量为：

$$\Delta\theta = t_s v / R = 0.04 \text{rad}$$

总插补步数（取整数）

$$N = \text{int}(\varphi / \Delta\theta) + 1 = 54$$

所以 $\theta_i = i\Delta\theta$，那么均分圆弧的插补点坐标为：

$$\begin{cases} x_i = R\cos(i\Delta\theta) \\ y_i = R\sin(i\Delta\theta) \\ z_i = 0 \end{cases}$$

其中 $i = 0,1,2,\cdots,N$。

（3）参考坐标系转换

根据式（7-60），将 $\{R\}$ 坐标系中的插补点坐标（x_i，y_i，z_i）再转化为参考坐标系下的坐标值（X_i，Y_i，Z_i）。以上计算比较繁琐，需要借助软件进行。

通过以上三步，就完成了过空间三点的圆弧的插补，所绘制的插补点如图 7-26 所示。扫描

二维码可以获得该程序 NCUT7_8.m 及其讲解视频。

扫码获取视频

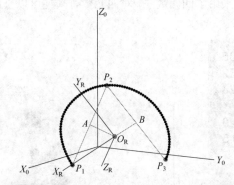

图 7-27　圆弧平面坐标系确定及规划出的圆弧插轨迹

7.3.3　机器人的末端姿态插补

机器人的末端位置用 X、Y、Z 三个元素表示，其姿态则有多种表达方法，比如旋转矩阵法、欧拉角法以及等效轴角坐标系表示法等。

（1）旋转矩阵法

旋转矩阵是 3×3 的正交矩阵，位于齐次变换矩阵的左上角。假设机器人末端的初始位姿对应的齐次变换矩阵为 T_0，终止位姿为 T_f，做姿态的轨迹规划时容易想到，直接在这两个矩阵的各对应元素间（比如 $T_0[1,1]^T$ 与 $T_f[1,1]^T$，$T_0[2,1]^T$ 与 $T_f[2,1]^T$ 之间）进行插补，从而生成中间姿态 T_i，但这样产生的矩阵将不再具有正交特性，因此这种方法是不可行的。

（2）欧拉角法

还可以采用一组带有顺序的旋转角对姿态进行描述，即欧拉角方式。欧拉角按照绕不同轴的旋转顺序可以分为多种，比如依次绕 X,Y,Z 或 Y,X,Z 或 Z,Y,X 轴旋转等等。如图 7-28 所示，机械臂当前的姿态由 $R=14.9°,P=30.5°,Y=-7.7°$ 描述，即从参考坐标系开始，依次绕动坐标系 X,Y,Z 三轴分别旋转 R,P,Y 角度后即可到达当前位姿。欧拉法与齐次变换矩阵法本质是一样的，比如通过下式获得的齐次矩阵 T 与 R,P,Y 代表的是同一位姿。

$$T = \mathrm{transl}(x,y,z) \cdot \mathrm{trotx}(R) \cdot \mathrm{troty}(P) \cdot \mathrm{trotz}(Y) \tag{7-61}$$

这样就可以从机器人初始姿态的三个欧拉角 R_0,P_0,Y_0 到终止姿态的三个欧拉角 R_f,P_f,Y_f 进行插补，从而得到每一中间各插补点位姿欧拉角 R_i,P_i,Y_i，再综合前两节规划出的末端位置插补点坐标（X_i，Y_i，Z_i）构成完整的位姿矢量（X_i，Y_i，Z_i，R_i，P_i，Y_i），就可以利用逆运动学计算得到各关节的角度时间序列，从而对机器人进行控制。

欧拉角能够较好地解决末端姿态的规划问题，但由于欧拉角存在万向死锁问题，而且欧拉角的旋转顺序对于最后的姿态影响很大，无法同时对三个欧拉角进行规划，因此并没有得到广泛应用。

（3）等效轴角坐标系表示法

采用欧拉法时默认从一个姿态到另一个姿态的变换，需要绕三个轴旋转三个角度，如图 7-28

所示。但数学上可以证明，任何两个姿态的变换，都可以通过绕空间某个轴旋转某个角度来获得。这个转换过程在数学上采用了四元数法，对四元数有兴趣可以查阅相关资料做进一步了解。

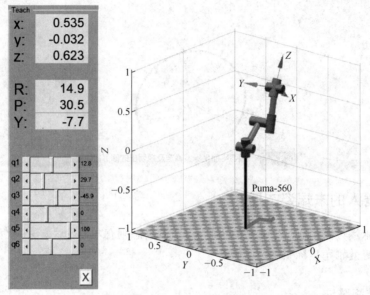

图 7-28　用欧拉角描述机器人的姿态

等效轴角插补法就是建立在这个理论基础之上的。机器人末端从一个姿态变换到另一个姿态的过程，可以等效地看作绕一单位矢量 r 旋转 θ 角的过程，单位矢量 r 称为等效轴，如图 7-29 所示。在等效轴角坐标系法中，终止末端位姿相对于初始末段位姿的姿态变化可以用 $R(r,\theta)$ 表示，所以末端姿态的变化可以在等效轴角空间中对角度从 0 到 θ 进行插补，从而计算出一系列中间插补角 θ_i，即第 i 个姿态 $R(r,\theta_i)$ 由初始姿态绕轴 r 旋转 θ_i 后获得，最后再将 $R(r,\theta_i)$ 转换为代表位姿的齐次变换矩阵 $\boldsymbol{T}_i$，这样就可以通过逆运动学计算得到各关节的规划角度时间序列，从而控制机器人进行运动。等效轴角插补法是应用最为广泛的机器人末端姿态插补方法。

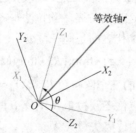

图 7-29　姿态 T_1 变换到姿态 T_2 的过程可等效为 T_1 绕等效轴 r 旋转 θ 角的过程
（扫描二维码可以观看旋转动画）

扫码获取视频

例 7.9　在例 7.8 圆弧位置轨迹规划的基础上，添加机械臂的姿态插补。要求机械臂经过 P_1、P_2、P_3 三点时，其末端 Z 轴指向圆弧中心，其 Y 轴沿着该点的切线方向，如图 7-30 所示；请借助 Robotics Toolbox 求插补点逆解，求出插补点对应的 6 个关节角时间序列，并绘制出 Puma-560 沿着该圆弧运动的动画。

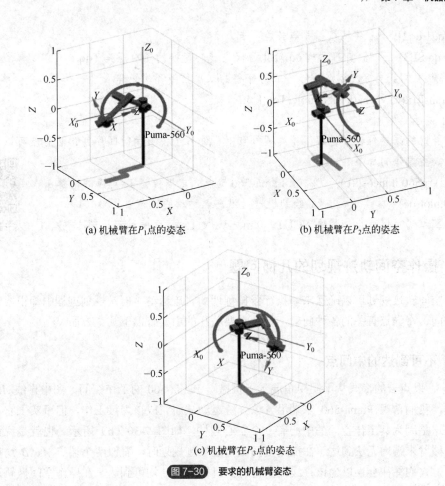

(a) 机械臂在 P_1 点的姿态　　　　　　(b) 机械臂在 P_2 点的姿态

(c) 机械臂在 P_3 点的姿态

图 7-30　要求的机械臂姿态

解： 主要分以下三步来求解该问题。

① 确定关键点的位姿矩阵

以 P_1 点为例，其 Z 轴指向圆心，即沿着 P_1O 的方向，X 轴沿着圆弧坐标系 Z_R 的方向，例 7.8 中已计算出其方向矢量为 n，Y 轴沿着圆弧坐标系 Y_R 的方向，例 7.8 中已计算出其方向矢量为 o，该点的位置坐标为 $P_1 = [700, 200, 0]^T$，因此就可以写出该点的位姿矩阵：

$$T_1 = \begin{bmatrix} n & o & \mathrm{norm}(P_1O) & P_1 \end{bmatrix}$$

同理可以求出 T_2 和 T_3。

② 等效轴角法进行姿态插补

首先将上一步求得的关键点位姿矩阵转换为四元数表达法，接着在四元数空间进行插补，最后再将插补好的插补点四元数转换回齐次矩阵。需要利用 Robotics Toolbox 工具箱的函数完成上述步骤，主要是语句如下：

q1=UnitQuaternion(T1);　% 表达位姿的齐次矩阵 T1 转换为四元数 q1

q2=UnitQuaternion(T2);　% 表达位姿的齐次矩阵 T2 转换为四元数 q2

q3=UnitQuaternion(T3);　% 表达位姿的齐次矩阵 T3 转换为四元数 q3

qq1=q1.interp(q2,N1);　% 利用四元数法进行插补，从 q1 绕等效轴旋转到 q2，共 N1 个姿态

qq2=q2.interp(q3,N2);　% 利用四元数法进行插补，从 q2 到绕等效轴旋转到 q3 共 N2 个姿态

qq=[qq1 qq2];　% 将两段插补点连在一起
Tqq=qq.SE3;　　% 将四元数 qq 转化为代表旋转变换的齐次矩阵 Tqq
% 将末端位置坐标及姿态矩阵合成为完整的末端位姿齐次矩阵
Tc=transl([x(k),y(k),z(k)])*double(Tqq(k));
③ 求逆解

对插补好的末端位姿求逆解，得到插补点对应的 6 个关节角时间序列，然后就可以将动画绘制出来。主要语句如下。

qc(k,:)=p560.ikine6s(Tc);　　% 求 Puma-560 机器人末端位姿 Tc 对应的逆解 qc
p560.plot(qc)　　　　　　　% 绘制机器人沿圆弧运动的轨迹
扫描二维码可以获得该程序 NCUT7_9.m、动画视频及程序讲解视频。

扫码获取视频

7.3.4　操作空间轨迹规划的几何问题

操作空间轨迹规划可以确保末端执行器按预期的轨迹运动，但是规划过程中却很容易出现与工作空间、奇异点有关的各种问题，特别需要关注的主要有以下几个方面。

（1）不可到达的中间点

图 7-31 以点云的形式从不同视角展示了机械臂 Puma-560 的工作空间，图中直线 AB 代表一条焊缝，我们希望 Puma-560 末端沿着该焊缝运动从而完成该焊接工作，但事实上它是无法做到的。这是因为其工作空间的中心有一个空心圆柱，如图 7-30（b）所示。也就是说该圆柱内的点机械臂末端均无法到达。在操作空间做直线轨迹规划时，看似两个端点 A、B 均在工作空间之内，人们往往会误以为该直线上的所有点机械臂末端均可到达。在操作空间做轨迹规划时，需要特别关注轨迹上是否有中间点落在该空心圆柱之内，如果确有点落入其中，就必须重新规划路径，比如调整机械臂和焊接台之间的距离，使焊缝远离空心圆柱（比如图中虚线的位置），从而确保机械臂末端可以到达直线上所有点。此外，由于各关节都有运动范围限制，机器人的工作空间并非完美的球形，做轨迹规划时一定要充分了解特定机器人工作空间的形状和大小，确保轨迹上所有点都是机械臂可以到达的。

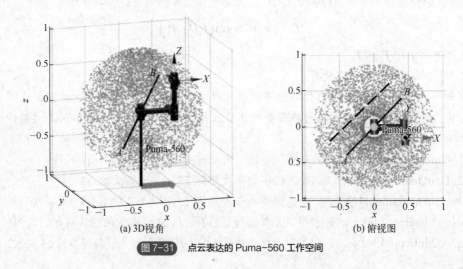

（a）3D视角　　　　　　　　（b）俯视图

图 7-31　点云表达的 Puma-560 工作空间

思考：在例 7.8 和例 7.9 中，如果我们将三点坐标修改为 $P_1 = (500\ 0\ 0)$，$P_2 = (0\ 0\ 500)$，$P_3 = (0\ 500\ 0)$，那么 Puma-560 末端还能到达圆弧上所有点吗？为什么？扫描二维码看思考题答案。

扫码获取答案

（2）奇异点附近的高关节速率

在机械臂的工作空间中，如果期望机械臂末端在奇异点附近以较大速率运行，可能会导致很大的问题。这是因为机械臂沿着直线路径接近某奇异位姿时，其对应的一个或多个关节速率会猛增，甚至增加至无穷大，而关节都是由电机驱动的，电机能够输出的速率有限，不可能为关节提供指定的速率，所以末端执行器也无法在奇异点附近按照期望速度运行。

如图 7-32 所示，二关节机械臂末端沿着直线运动，到达终点时，机械臂完全展开，关节 2 的关节角 $\theta_2 = 0$，该形位称为奇异形位或奇异点。要求机械臂末端以 2m/s 的速度沿直线方向运行，插补时间为 20ms，在操作空间做直线插补并通过求逆解得到各关节转角，据此可以并绘制各两关节位置和速度图如 7-33 所示。很明显，在奇异点附近关节速率急剧增大。

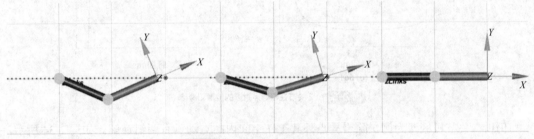

图 7-32 机械臂运行轨迹逐渐靠近奇异点

为什么会出现这种现象？在第 4 章中介绍过，关节速度与机械臂末端速度之间的关系为 $\dot{q} = J(q)^{-1} V$，其中 $J(q)^{-1}$ 为速度逆雅可比矩阵。在例 4.3 中，我们讨论了 2 自由度机械臂的速度逆雅可比矩阵为：

$$J^{-1} = \frac{1}{L_1 L_2 \sin(\theta_2)} \begin{bmatrix} L_2 \cos(\theta_1 + \theta_2) & L_2 \sin(\theta_1 + \theta_2) \\ -L_1 \cos\theta_1 - L_2 \cos(\theta_1 + \theta_2) & -L_1 \sin\theta_1 - L_2 \sin(\theta_1 + \theta_2) \end{bmatrix}$$

已知操作空间中机械臂的末端速度为 $V = \begin{bmatrix} V_x \\ V_y \end{bmatrix}$ 时，则可通过下式求出对应的关节速度：

$$\begin{bmatrix} \dot{\theta}_1 \\ \dot{\theta}_2 \end{bmatrix} = J^{-1} \begin{bmatrix} V_x \\ V_y \end{bmatrix}$$

当关节角 θ_2 接近 0 或 π 时，J^{-1} 分母中的 $\sin\theta_2$ 接近 0，因此求出的两个关节速率就会很大，甚至出现无穷大的情况。对于六轴机械臂，奇异点更多，轨迹中各点是否会靠近奇异点更要多加小心。

如何解决这类问题？首先还是要尽量避免轨迹经过机械臂的奇异点，如果实在难以避免，则必须减小机械臂末端在奇异点附近的运行速度，比如从上面要求的 2m/s 降低到 0.5m/s，从而将各关节速度控制在容许范围之内。

（3）逆解的合理选择问题

在第 3 章中介绍过，对于机械臂工作空间内的任一点都至少有一组逆解，对于大多数点还存在多组逆解。也就是说机械臂能以不同姿态到达同一个位置。

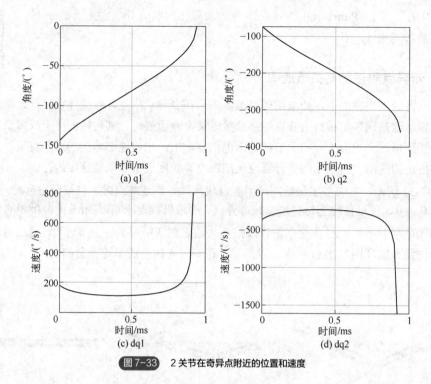

(a) q1

(b) q2

(c) dq1

(d) dq2

图7-33　2关节在奇异点附近的位置和速度

仍以二关节机械臂为例，除奇异点外其工作空间内的点均具有两组逆解。如图7-34所示，机械臂末端沿直线运动时，有两种姿态可以到达 A 点：一种上位，一种下位。我们希望其在运动过程中一直采用类似的姿态，如图7-32中的机械臂就一直采用下位。如果在上一个插补点还是上位，运行到下一点就变成了下位，就会导致关节位置发生突变，这必然会对机器人系统造成冲击。因此，在操作空间轨迹规划时，应该从当前点的多个逆解中选择出与上一组逆解最接近的一组，从而避免相邻两组关节角发生突变，最大限度保证运行连续丝滑。

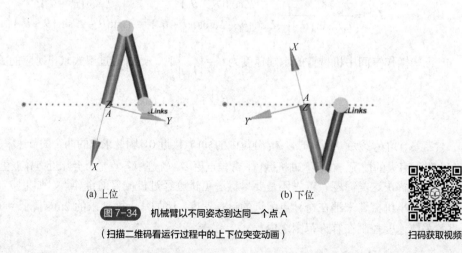

(a) 上位

(b) 下位

图7-34　机械臂以不同姿态到达同一个点A

（扫描二维码看运行过程中的上下位突变动画）

扫码获取视频

从以上分析可以看到，在操作空间做轨迹规划可谓处处是雷，不得不防。工业机器人一般都同时具有关节空间和操作空间的轨迹规划功能，通常默认使用关节空间轨迹规划，只有在非常必要时才使用操作空间轨迹规划，以便最大程度降低出问题的概率。

本章小结

本章主要讨论了工业机器人的轨迹规划相关的内容。

在第一节中首先明确运动规划包含路径规划与轨迹规划。路径是一个空间概念，它描述的是机器人位姿随空间的变化；轨迹则在路径基础上引入了时间，所以它是一个时空概念，描述的是机器人位姿随时间的变化。路径规划时，常用工具坐标系相对于工件坐标系的运动来描述作业路径。根据路径约束和障碍约束的有无，机器人的轨迹规划与控制方式划分为四类，本章主要研究的是两种情况：一种无障碍也无路径约束对应点位控制；另一种是无障碍有路径约束，对应连续轨迹控制。轨迹的生成有多种方式，首先是示教-再现方式，其次是生成关节空间轨迹，此外还可以沿直线、圆弧等生成操作空间的轨迹，再经过运动学逆运算，获得用于控制机器人的期望轨迹 $q(t_i)$。关节空间的轨迹规划计算量小且可以确保机器人在起始点和终止点的位姿符合要求，操作空间的轨迹规划可以确保机械臂末端沿指定曲线运动，但计算量大且容易发生奇异点等几何问题。二者优势互补，需要视情况选用。所以接下来的两节详细介绍了两种轨迹规划方式。

在关节空间的轨迹规划中主要介绍了多项式插补和线性插补两大类。因为多项式多阶连续可导，规划出的轨迹比较光滑，而且计算比较简单，因此得到广泛应用。利用三次多项式做插补，可以保证轨迹起末点的位置和速度要求，但如果对加速度也有要求，则需要使用五次多项式做插补。多项式插补函数也可用于多个路径点之间的轨迹规划。多项式插补的缺点是运行速度多变，导致机器人工作效率不高，而抛物线过渡的线性插补可以弥补这个不足。抛物线过渡的线性插补同样也可以用于多个路径点之间的插补。

在操作空间的轨迹规划中，主要介绍了空间直线插补和空间圆弧插补两种方式，其他非直线和圆弧轨迹都可以用空间直线和圆弧去逼近，并通过合适的算法将误差控制在允许范围之内。直线和圆弧插补解决的是位置插补问题，姿态的插补也有多种方式，应用最为广泛的是等效轴角法。在本章的最后，还归纳了操作空间轨迹规划中的三大类几何问题，提醒读者注意、避雷。

 习题

【工程基础问题】

1. 什么是路径规划？什么是轨迹规划？两个概念有何异同？

2. 根据路径约束和障碍约束的有无，机器人的轨迹规划与控制方式划分为哪四类？各有什么特点？

3. 为描述一个完整的作业，需要将多种轨迹生成方式进行组合，通常需要哪几个步骤才能获得用于控制机器人的期望轨迹 $q(t_i)$？请对照图 7-3 进行说明。

4. 举例说明关节空间和操作空间的轨迹规划各有什么优劣？它们分别适用于什么情况？规划过程有何异同？

5. 做轨迹规划时，对插补函数的基本要求是什么？为什么会有这种要求？

6. 三次多项式做轨迹规划插补函数有何优点？简述在关节空间的两点插补中，三次多项式插补函数的系数是如何确定的？

7. 三次多项式做轨迹规划插补函数有诸多优点，为什么还需提出五次多项式插补函数？

8. 确定用于多点间轨迹规划的三次多项式系数时，需要增加路径点过渡速度约束，简述有哪几种方式可以获得过渡速度？

9. 用多项式做轨迹规划插补函数的主要缺点是什么？

10. 为什么不可以直接采用线性插补？而要使用抛物线过渡的线性插补？

11. 使用抛物线过渡的线性插补时，抛物线过渡区的加速度 $\ddot{\theta}$ 或过渡时间 t_a 可以任意指定吗？为什么？

12. 抛物线过渡的线性插补用于多点间轨迹规划时，为了在不同直线段间平滑过渡，轨迹往往并不会经过路径点。如果希望过渡更平缓，抛物线过渡区的加速度应该取大一些还是小一些？

13. 操作空间中最常用的是空间直线插补。已知操作空间中两点坐标，请简述如何求得沿直线的各插补点。

14. 已知空间三点坐标，求过这三点的圆弧，请简述求圆弧圆心和半径的思路。

15. 已知过空间三点的圆弧的圆心和半径，现要建立一个坐标系 {R}，要求该坐标系原点位于圆心，Z 轴垂直于三点所在平面，X 轴从圆心指向圆弧起点。简述建立该坐标系的思路。

16. 假设 15 题建立的 {R} 坐标系相对参考坐标系 {0} 的位姿可以用齐次坐标变换矩阵 T 来表达。已知某点在 {R} 中的坐标为 (x,y,z)，请写出该点在 {0} 中的坐标 (X,Y,Z) 的计算公式。

17. 机器人的末端姿态主要有哪几种表达方式？

18. 应用最广泛的机器人末端姿态插补方法是哪一种？它的主要插补原理是什么？

19. 在操作空间进行轨迹规划时，需要关注的三类几何问题是什么？

20. 以关节机械臂为例，简述为什么在奇异点附近会出现高关节速度问题？应如何避免这种问题？

【设计问题】

21. 如题图 7-1 所示，该上下料机器人的任务是将工件台上的工件抓起，并在 5s 内将其准确插入加工中心的卡盘中。请完成该作业的轨迹规划，要求机器人送料过程运行平稳且不会与障碍物发生碰撞。为简单起见，可以直接使用我们熟悉的 Puma-560 机械臂完成该题目。下面给出完成该任务的具体步骤和建议供大家参考。

① 工作场景分析　这一步可以参考题图 7-1 完成，加工中心的尺寸、工件的位置、机器人的位置等可以自己视情况拟定。

② 关键路径点的确定　为了顺利准确地将工件送入卡盘，且途中不发生碰撞，应确定几个机器人必经的路径点（包括位置和姿态）。

③ 根据工作场景要求选择合适的插补方式　机器人运送工件的运动并不严格要求其在空中走特点的轨迹，只要不发生碰撞即可，所以可以使用关节空间的轨迹规划方法。但机械臂最后应该沿着与卡盘对中的直线运动一小段距离，从而确保准确地将工件送入卡盘，这一段则应采用操作空间的轨迹规划。

④ 借助软件完成轨迹规划，获得用于控制机器人的期望轨迹 $q(t_i)$　要充分利用 Robotics Toolbox 提供函数的和本章例题配套的程序，从而极大地减少工作量。注意观察规划出的轨迹

的位置、速度、加速度曲线，确保其合理性。对于操作空间的轨迹规划，还需要确保不会出现三类几何问题。

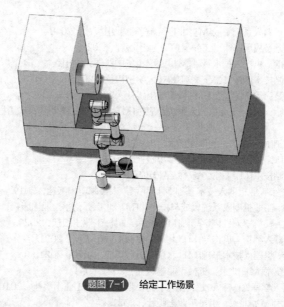

题图 7-1　给定工作场景

⑤ 生成机器人沿期望轨迹运动的动画。

参考文献

[1] 蔡泽凡，余志鹏. 工业机器人系统集成[M]. 北京：电子工业出版社，2018.

[2] 丁度坤. 工业机器人基础及应用[M]. 北京：电子工业出版社，2020.

[3] 黄俊杰，张元良，闫勇刚. 机器人技术基础[M]. 武汉：华中科技大学出版社，2018.

[4] 郝丽娜. 工业机器人控制技术[M]. 武汉：华中科技大学出版社，2018.

[5] 兰虎. 工业机器人技术及应用[M]. 北京：机械工业出版社，2019.

[6] 马克·R. 米勒，雷克斯·米勒. 工业机器人系统及应用[M]. 张永德，路明月，代雪松，译. 北京：机械工业出版社，2019.

[7] 李卫国. 工业机器人基础[M]. 北京：北京理工大学出版社，2018.

[8] 蒋志宏. 机器人学基础[M]. 北京：北京理工大学出版社，2018.

[9] 陈万米，等. 机器人控制技术[M]. 北京：机械工业出版社，2019.

[10] 林燕文，陈南江，许文稼. 工业机器人技术基础[M]. 北京：人民邮电出版社，2019.

[11] 李慧，马正先，马晨硕. 工业机器人系统集成与模块化[M]. 北京：化学工业出版社，2018.

[12] 朱大昌，张春良，吴文强. 机器人机构学基础[M]. 北京：机械工业出版社，2020.

[13] 程丽，王仲民. 工业机器人结构与机构学[M]. 北京：机械工业出版社，2021.

[14] 胡兴柳，司海飞，腾芳. 机器人技术基础[M]. 北京：机械工业出版社，2021.

[15] 宁祎. 工业机器人控制技术[M]. 北京：机械工业出版社，2021.

[16] 约翰·J. 克雷格. 机器人学导论[M]. 负超，王伟，译. 北京：机械工业出版社，2018.

[17] 李宏胜. 机器人控制技术[M]. 北京：机械工业出版社，2021.

[18] 凯文·M. 林奇，朴钟宇. 现代机器人学[M]. 于靖军，贾振中，译. 北京：机械工业出版社，2021.

[19] 战强. 机器人学（机构、运动学、动力学及运动规划）[M]. 北京：清华大学出版社，2019.

[20] 郭彤颖，安冬，等. 机器人技术基础及应用[M]. 北京：清华大学出版社，2017.

[21] 陶永，王田苗. 机器人学及其应用导论[M]. 北京：清华大学出版社，2021.

[22] 蔡自兴，谢斌. 机器人学[M]. 北京：清华大学出版社，2022.

[23] 杨辰光，程龙，李杰. 机器人控制[M]. 北京：清华大学出版社，2020.

[24] 郭洪红. 工业机器人技术[M]. 西安：西安电子科技大学出版社，2016.

[25] 姜金刚，王开瑞，赵燕江，等. 机器人机构设计及实例解析[M]. 北京：化学工业出版社，2022.

[26] 王飞跃. 智能控制五十年回顾与展望：傅京孙的初心与萨里迪斯的雄心[J]. 自动化学报，2021，47(10)：2301-2320.